本书承蒙

宁夏大学优秀学术著作出版基金

宁夏大学"211工程"建设资金

联合资助

毛乌素沙地
历史时期环境变化研究

何彤慧　王乃昂　著

人 民 出 版 社

目　　录

前　　言

　　毛乌素沙地是位于蒙、陕、宁三省区交界处的一片总面积在4万余平方千米的风沙堆积区,在我国十大沙漠和沙地中,长期以来被比喻为"最年轻的沙漠"。

　　毛乌素沙地的环境变化研究,通常集中在其沙漠化问题上。上世纪中叶的防沙治沙研究工作中,前苏联专家和国内一些学者提出了毛乌素沙地形成的"人为主导论"观点,限于当时的研究手段,这一观点成为主流学说,此后的几十年中,毛乌素沙地为"人造沙漠"的结论基本上已在学术界以外站稳根基,治理和改造这一"人造沙漠"让它恢复到"风吹草低见牛羊"的草原状态,已不仅仅是人们单纯的愿望,也是所有关注生态环境、渴望和建设美好家园的人们共同的奋斗目标。

　　然而,20世纪80年代以来,基于地质学的分支学科——第四纪地质学的相关研究,将毛乌素沙地的形成时代从历史时期推演至地质时期,诸多的科学证据表明:从距今200万年的第四纪初期以来,毛乌素沙地就断续存在着,气候冷暖及干湿波动是其扩大和缩小的决定性因子。近年来,越来越多的研究发现表明:即使在近1 万年的全新世,毛乌素沙地也存在着沙漠化过程和沙漠化逆转过程的交替,气候波动与越来越强的人类活动干扰都影响着这两个过程。至于哪个是主导因素,20 多年来,具有地质学、历史学、地理学、考古学等不同学科背景的专家学者,展开了激烈的学术争论,至今莫衷一是,毛乌素沙地遂成为我国沙漠化问题研究的重点和热点地区。

2003 年~2005 年,我们在"973"(国家重大基础研究发展计划)项目"中国北方沙漠化过程及其防治研究"第一课题的支持下,开始介入毛乌素沙地的环境变化研究。2005 年该课题结题后,我们又陆续获得了其他一些课题的资助继续本项研究。从2003 年 10 月至 2008 年 5 月,先后对鄂尔多斯高原进行了多次野外科学考察,借鉴环境考古学、自然地理学、第四纪地质学及人文地理学等多学科的研究方法,获取了有关毛乌素沙地历史时期环境变化的大量信息。在全面分析历史文献和总结前人研究成果的基础上,完成了初稿,后采纳专家意见加以修改完善,形成本书。

本书集成了毛乌素沙地 70 余所古城的相关信息,并以《水经注》记载的河流水道、战国秦长城、秦直道为空间坐标,借助了大量的历史文献和考古发现,考证了毛乌素沙地诸多古城的时代和归属。通过梳理和整合不同时代指标获取的信息,尝试综合反演其环境变化的过程和原因。

本书勾勒出的毛乌素沙地历史时期环境变化的过程和成因主要有以下方面:

①毛乌素沙地的地表水环境在秦汉以来的 2000 多年中发生了显著的变化,表现为湖沼湿地的萎缩和消失、外流河下切加剧水量减小、常年河变成时令河、众多泉眼消失等。与此同时,也存在

着局部的水环境改善,突出表现为红碱淖等湖沼在清末民初的出现和扩大。

②毛乌素沙地的植被在历史时期经历了群落种类组成渐趋简单、旱生沙生植物增加、荒漠植被地位明显上升等变化,但是并不存在由森林草原到干草原的地带性植被变化。

③沙漠化是毛乌素沙地土地退化的主要表现形式,在人类活动强烈干预以前就存在着,秦汉以来,有大约 64.5% 的土地发生了程度不同的沙漠化。沙漠化过程则具有明显的阶段性:第一次发生于东汉至南北朝时期;第二次发生于唐末至宋夏时期;第三次发生于明清时期。沙漠化的程度是东南部最强,中北部、南部和东部次之,而后向其他方向呈递减趋势。

④毛乌素沙地历史时期的环境变化是受百年乃至千年尺度的气候冷暖、干湿变化控制的,之所以形成目前这样的沙漠化土地空间分布格局和环境特征,则与其地的自然地理特征和人类活动有密切关系,其中冬季风及地形阻挡是动力因素;地层中的沙物质是物源因素;地表水环境恶化是区域环境变化的表现之一,同时又是植被退化和沙漠化的引致因素;人类活动总体上是叠加在自然因素之上的。

⑤毛乌素沙地人类活动的环境影响在先秦时期就已出现,早期的影响的程度是轻微的,不足以造成大范围、长时段的环境变化。但是,明清以来人类活动的强度逐渐增强,在改变局地环境方面开始成为控制因素,尤其在改造水环境方面影响极为强烈。由于人类对环境的作用既可能是建设性的,也可能是破坏性的,而且无论是哪一方面的作用,后续的环境效应都非常复杂,前期的生态环境建设成果可能是后期土地盐渍化、沙漠化等的诱因。因此,现阶段毛乌素沙地的生态建设应当立足于对其成因有正确认识的基

础之上,彻底改造是不可能的,用大量地下水灌溉来改造沙漠的做法也是不可取的,保护和改善水环境才是毛乌素沙地生态恢复的关键点。

　　本研究先后受到"973"项目课题"历史时期沙漠化过程研究"、国家自然科学基金项目(40661014)、教育部重点项目(170170)等资助。本书的主要研究方法和观点系兰洲大学地球系统科学研究所课题组的集体成果,野外工作也是该所的集体行为,特此说明! 在此对兰洲大学资源环境学院黄银洲、程弘毅、李育、赵力强,中科院青海盐湖所隆浩,山西省忻洲师范学院地理系冯文勇老师等的辛勤劳动和大力协助深表谢意!

作者
2009 年 12 月

绪　　论

一、环境变化研究的背景及意义

在地球45亿年的漫长发展史中,环境变化贯穿始终,大到小行星撞击等天文事件,中至构造运动的沧海桑田,小如生物种群的扩大与缩小等,都是环境变化的诱导因素,其中,中小尺度的环境变化往往也是更大尺度环境变化的结果。因此,地球发展史也是地球环境的变化史。进入全新世以来,气候和环境发生了频繁的、不同尺度的变化,人类社会在这一万多年中虽然经历了诸如由蒙昧向文明的跃变、农业的兴起、社会经济的空前进步等,但这种发展并不是一帆风顺的,研究表明:文明演化的历程中存在着阶段性的衰落和倒退,而其发生的重要原因之一就是气候的变冷和生存环境的恶化,环境变化无疑是文明兴衰的重要推动力。在近2000年的环境变化史研究中,由于人类活动越来越强烈的介入,使成因问题有时变得更加扑朔迷离,对诸如秦汉温暖期、中世纪暖期、小冰期等一系列气候振荡过程存在与否,观点上就存在极大差别。

18 世纪中期的工业革命以来,人类社会对自然界的干预程度迅速增加,而且越来越强烈,一方面是人口的急剧增长,从 17 世纪末的5 亿人口,到 19 世纪末的 10 亿人口,再到 20 世纪末的 60 亿人口,2006 年的 66 亿人口,300 年中翻了十几番;另一方面是人类物质需求和供应的高速增加,科学技术的发展虽然极大地满足了人口增加与生活水平提高的双重要求,但结果则是森林的锐减、土地的退化、环境污染的加剧、资源的加速耗竭等一系列环境后果,在叠加了人类作用因素后的全球环境变化,也越来越复杂和剧烈。

环境变化影响着世界粮食、水资源的供给和自然灾害的发生频率与强度,进而影响人类的生存发展方式,人类社会文化的发展与文明的演进都不可避免地打下环境变化的深刻烙印。由于环境变化与人类的关系问题在世界范围内越来越得到广泛重视,从全球到区域,从地质时期到历史时期,从现代到未来,各种时空尺度的环境演化研究正在深入开展。

1980 年,由国际气象组织(WMO/World Meteorological Organization)与国际科学联合会(ICSU/ International Council of Science Union)共同制定了世界气候研究计划(WCRP),旨在提高对气候变化的可预报程度和确定人类活动对气候的影响[1]。1986 年,国际科学联合会理事(ICSU/International Council of Scientific Unions)实施了以全球变化为核心的国际地圈生物圈计划(IGBP/International Geosphere & Biosphere Program – A Study of Global Changes),力求预测未来数十乃至上百年的全球变化,为全球和地区的资源管理和环境战略服务。进入 90 年代,国际社会已广泛地认识到环境变化是人类正面临的重大的、全球性的环境问题之一,全球变化研究成为科学界共同关注的"热点"研究内容[2]。国际全球环境变化人文因素计划(IHDP/International Human Dimension of Global

Environmental Change Program)及与其联合进行的土地利用/覆被变化(LUCC)研究、生物多样性研究计划(SCOPE)等,代表着全球尺度的环境变化研究方向,标志着自然科学家与社会人文科学家正携手开展全球环境变化的研究。"过去的全球变化"(PAGES/Past Global Changes)是1990年IGBP制定的六大核心研究计划之一,我国学者利用冰芯、黄土沉积、湖泊沉积、孢粉、树木年轮和历史文献等对地质时期和人类历史时期中国环境及环境要素变化过程的重建,已经受到国际学术界的广泛关注。过去是认识今天的镜子,是预测未来的钥匙,现代环境在自然演变中的位向及发展的趋势只有放在环境演变历史过程的背景下才能确定下来[3],历史时期的环境演变研究因此是必不可少的,这一时段的研究成果有助于衔接地质记录与器测资料,有助于认识人类活动与自然的相互作用,更好地为未来气候趋势预测服务。

　　在进入"人类世"的今天,人类活动对环境变化的干预程度越来越大,人类社会对气候与环境变化或极端事件的脆弱性程度也不断增强,只有很好地了解人类对自然环境曾经的干预方式和引发的结果,才能很好地认识目前的干预方式,预测可能引起的后果[4]。地区性的环境变化的研究,是对全球环境变化统一行动的响应,同样具有重要的科学意义。以更宏观的视角来看,环境变化研究同时还是学术界服务于人类可持续生存与发展总目标的历史使命[5]。

二、沙漠地区历史时期环境变化研究的意义

　　沙漠化(Sandy Desertification)也即沙质荒漠化,按1977年联合国沙漠化问题会议上所下的定义,沙漠化是"减少或破坏土地的生物学潜力,最终造成沙漠样的状态,是生态系统在有害和不稳

定的气候与过度开发的共同压力下普遍恶化的一个方面"。朱震达、王涛等将其定义为"沙漠化是在具有一定沙物质基础和干旱多风的动力条件下,由于过度人为活动与自然资源环境不相协调所产生的一种以风沙活动为主要标志的土地退化过程",沙漠化无疑是土地荒漠化的最主要表现形式,也是环境变化的表现方式之一[6-7]。1977 年的联合国荒漠化大会(UNCOD),制订了防治荒漠化的行动纲领,沙漠化作为荒漠化的最主要表现形式,据估计在1972 年到 1982 年间,全球每年有 6 万 km² 的土地由于荒漠化而转变为沙漠,因而沙漠化问题备受国际社会重视,是目前研究的热点之一[8]。我国的沙漠化土地主要分布在半干旱地带的草原区和干旱地带绿洲边缘及内陆河下游地区,尤以贺兰山以东的半旱区分布最为集中,因而半干旱的农牧交错区既是全球环境变化的敏感区域,也是中国北方沙漠化研究的重点区域,由于生态环境脆弱,对全球气候变化响应敏感、是气候环境演变研究中的热点地区之一[9]。

国家林业局 2002 年发布的第二次荒漠化监测结果显示:1999年全国沙漠化土地总面积已达 174.31 万 km²,占国土总面积的18.2%,自 1995 至 1999 年的 5 年中,沙漠化土地面积净增17180km²。沙漠化作为我国北方广大地区主要的土地退化形式,其产生的原因是"气候变异"还是"人类活动",抑或是二者兼备缺一不可、或者是以其中某一个因素为主? 这是国内外争论的焦点问题[10]。针对半干旱草原区沙地开展的历史时期环境演变研究,也就是历史时期的沙漠化过程与驱动力研究,能够系统地揭示研究区域历史时期环境变化和土地退化的原因、过程与机制,有助于界定"气候变异"与"人类活动"在沙漠化发生过程中各自发挥的作用和影响的程度,也可以昭示人地关系的作用机制,深化人地关系的理论研究。

　　全世界很多的沙漠地区都曾经孕育过古老的文明,北非的撒哈拉沙漠、阿拉伯半岛的大小内夫德沙漠、印度的塔尔沙漠、我国的塔克拉马干大沙漠等,都曾是古老文明的发祥地,许多古代的建筑遗迹与古老的绿洲一道,随着岁月的流逝逐渐隐没在漫漫黄沙之中,但却给后人留下了无限的遐想空间,许多人为此所吸引,沙漠探险与考察,很久以来就是国际学问。仅以我国的塔克拉马干沙漠为例,早在公元 9 世纪,就有阿拉伯的一位哈里发派遣一支50 人的西域考察队涉足此地;到了 13～14 世纪,以朗嘉宾、卢布鲁克、马克·波罗、鄂本笃为代表的众多旅行家都在游记中记载过这里绿洲城市的繁荣;19 世纪末至 20 世纪初,斯文·赫定、斯坦因、杨·哈斯本、西尼村、奥勃鲁切夫、桔瑞超等多位外国学者来此从事过科学考察和大规模的考古发掘活动,神秘的沙漠古遗存强烈地吸引着海内外的学者和探险家们,众多高品位的考古发现使其蜚声海内外。沙漠地区环境变化与文明消失的关系长久以来一直是一个热点命题,它不仅具有科学意义,同样也具有重要的文化与社会意义,对于沙漠地区的历史学、文化人类学、考古学研究都具有重要的价值[11]。

　　从当前沙漠地区区域开发的需求来看,对沙漠地区历史时期环境变化与人类活动关系的研究,有助于人们了解人类活动与环境变化之间的相互影响,从而比较全面地认识和了解区域的古气候环境变迁与人类活动的相互关系,总结其演变规律,为沙漠地区人地关系的协调发展、生态恢复与建设提供科学依据;为沙漠化、盐碱化、旱涝灾害等的防治,生物、矿产资源等的保护和合理开发,区域开发政策拟定和区域规划的制订提供重要的科学指导;同时也为沙漠地区近期、中期及长期的环境变化预测、预警,提供极有价值的参考资料。

三、沙漠地区环境变化研究概述

国外有关沙漠地区环境变化的研究可以追溯到 20 世纪 30 年代,Stebbing(1937)首先研究了撒哈拉沙漠在植被破坏以后的推进过程[12];1949 年,Aubreville 提出了"沙漠化"(Desertification)的概念,认为这是草原退化的极端情形,其标志是土壤的侵蚀、理化性质的变化和旱生植物的侵入[13]。20 世纪 50~70 年代,撒哈拉地区一直是全球沙漠化研究的重点区域,研究内容主要集中在植被破坏与沙漠化的关系、沙漠化的成因与危害、沙漠化过程中人为活动的作用问题等[14]。1973 年的国际沙漠化会议和 1977 年的联合国沙漠化会议之后,沙漠化问题成为国际上相关学科的热点问题,地质学家、气象气候学家和历史学家等都加入到这个研究领域中来,研究区域逐步扩展到全球其他荒漠半荒漠区域,沙漠化的成因机制为气候作用的观点在这一时期被提了出来。随着时间的推进,沙漠化人文因子作用的研究则渐趋综合,人口、生产方式、耕地与畜群的扩大、能源紧缺等与沙漠化的相互关系研究更加深入。沙漠化防治技术、沙漠化的生物地球化学过程等,都是沙漠地区环境变化研究的重要分支方向[15-22]。

我国沙漠地区环境变化的研究也可以追溯到 20 世纪 20 年代,德日进(Teihard de chardin)和桑志华(Licent)1924 年就提出鄂尔多斯地区马兰黄土与萨拉乌苏组沉积的"同期相变"关系;张印堂(1937)在考察岱海后,提出内陆湖水面变化与气候变迁有密切关系的认识[23]。50~70 年代,在我国针对沙漠地区开展的综合科学学考察与沙害防治研究中,沙漠的形成原因和过程问题一直为学者们关注,是沙漠地区地学理论研究的核心问题,历史时期不合理的人类活动是某些沙地形成的主要因素的观点在这一阶段形成并广为社会认可[24-26]。80年代以后,基于第四纪研究而开展的沙漠地区环境变化研究显示出强劲的势头,对全新世中晚期古风成砂的研究表明,我国半干旱地区的一些沙地在第四纪一直断续地存在着,随着气候的变化在扩大与缩小之间变动[27-30]。历史时期的沙漠化成因主要是气候波动,其次才是人类不合理的经济活动。基于历史地理学的沙漠地区环境变化研究可谓仁者见仁,智者见智(董光荣等,1983,1988,1990;高尚玉,1985,1988;关有志,1986;邵亚军,1987;李保生,1988),但对于农牧交错区域的沙漠化原因,多数研究者都认为:历史时期沙漠化的形成与发展主要是干旱半干旱地区脆弱生态条件下,人类的不合理活动造成的,人类的过度利用是其主要根源[28]。

近年来,我国沙漠地区环境变化研究在一系列国家自然科学重点基金项目和重点基础研究发展规划项目的支撑下取得了长足的进步,立足于环境考古学和历史地理学的国内外沙漠地区环境变化与人地关系研究也取得了重大进展,但是对过去2000~3000年以来生态环境演变的序列研究缺少对重要人文要素的定量研究。随着孢粉、树轮、古地磁、易溶性盐等环境代用指标的广泛应用以及遥感与GIS手段的普及,沙漠地区环境变化研究的精度越来越高,成因分析也越来越深入,沙漠地区重大环境变化事件备受关注而成为重要的研究领域。

四、本选题的目的、内容和研究方法

1. 研究目的

毛乌素沙地有"最年轻的沙漠"之称,历史上曾是重要的农牧业地区,长期以来被看成是近千年来人类的过度开垦与放牧,引起就地起沙而形成,特别是近现代的大规模土地利用,使地表松散的沙质沉积物活化,沙漠化进程加剧。据研究,解放后毛乌素沙地已有 800 多万亩草地沙化,其中 10 万亩已成流沙[29]。但是 70 年代后期以来,有关毛乌素沙地沙漠化成因的另一种声音却越来越响亮,这就是以毛乌素沙地第四纪古风成沙的与古土壤的数次交替沉积,反演出沙漠化形成原因的自然主导论[30],由此越来越多的研究者认为毛乌素沙地历史时期沙漠化原因是自然和人为因素共同作用。纵然研究中还有很大分歧,但毛乌素沙地近几十年来开展的治沙活动和近年来开展的生态建设工程,则少有例外地在毛乌素是"人造沙地"的主旨下进行。

有关毛乌素沙地历史时期沙漠化过程和成因的研究可谓仁者见仁、智者见智,研究方法也多种多样,目前形成一种多学说并存、多手段互不关联、研究者各执一词难以被说服的状态,迫切需要借助新的手段或更加综合的方法,将定性的分析与定量的实验结合起来进行综合研究,只有这样,才能使毛乌素沙地历史时期沙漠化研究工作深入下去。

本研究论文尝试用古城古建筑、古今地名、古代物产、考古成果、地层学证据等环境变化的代用指标,结合历史文献,重建沙地区环境变化的过程,揭示历史时期沙漠化发生、发展的机制,借助于文献资料的分析和第四纪地层学的研究成果,界定自然因素与人文因素各自的作用,匡正对毛乌素沙地历史时期沙漠化原因和过程的片面或模糊认识,为区域沙漠化的防治、沙化土地的治理和沙区的土地开发与合理利用提供科学指导和服务。

2. 研究内容

第一,在全面涉猎有关毛乌素沙地历史时期沙漠化相关研究的基础上,对研究中存在的关键问题和意见分歧加以分析,透视该区域历史时期沙漠化问题研究的焦点问题、主要观点和发展趋势。

第二,总结整理毛乌素沙地古城考察资料,依据秦直道、秦长城及古今水系对照,建立毛乌素沙地的时空坐标,对古城归属进行考释,以其作为主要代用指标,反演历史时期毛乌素沙地人类活动强度的时空特征。

第三,从历史文献、历史地名、物产等其他人文要素和人文资源中提取环境变化信息。

第四,从现有的各类文物点和文化遗存、典型地层剖面等提取环境变化信息,透视环境变化的过程与规律。

第六,综合多种代用指标反应的环境变化信息,系统分析毛乌素沙地的沙漠化过程。

3. 研究方法

第一,系统收集、整理历史文献和以往的相关研究成果,运用资料互补、文献考据、古今对比、逻辑推证和文化生态学研究方法,去伪存真,获取有价信息,粗线条地反演本区域历史时期人口、资源、生产方式、植被、土地利用等方面的时间变化序列。

第二,通过野外考察,掌握以古城为主的古遗址、遗迹的特征及分布、文化堆积与自然沉积物叠压关系等,获取古代人类生活与生产活动的具体信息,研究其对环境变化的指示意义。

第三,依据环境考古学的方法,寻求既含有气候变化信息、又留有人类活动印记的典型文化地层,借助已发表的湖泊沉积等方面的环境变化信息,从中提取气候变化、古植被、水资源、物候学等环境指标,并借助史志资料,建立年代可靠的、较高分辨率的环境演化序列。

第四,利用历史文献、结合古遗址的数量和分布,半定量地研究不同时期毛乌素沙地人类活动的空间演变图式,推定人类活动对沙漠化的影响程度和沙漠化发展过程,综合评价区域环境变化与人地关系的内在联系。

第五,以微观视角综合评价研究区域历史时期的人地关系,透视区域人类活动,特别是重大事件的环境背景,耦合机制。通过与当代区域人类活动与环境变化关系的对比,探讨人地关系的变迁过程,对研究区域当前的生态建设、生产活动及规划建设目标进行科学评价,探索区域人地关系协调发展的可行性。

参考文献

1　张兰生等:《全球变化》,高等教育出版社,2003 年。

2　陈宜瑜:《中国全球变化的研究方向》,《地球科学进展》,1999 年第 4 期。

3　叶笃正:《全球变化科学进展与未来趋势》,《地球科学进展》,2002 年第 4 期。

4　倪绍祥:《论全球变化背景下的自然地理学研究》,《地学前缘》,2002 年第 1 期。

5　安芷生等:《全球变化科学的进展》,《地球科学进展》,2001 年第 5 期。

6　朱震达等:《中国的沙漠化及其治理》,科学技术出版社,1989 年。

7　王涛等:《沙质荒漠化的遥感监测与评估》,《第四纪研究》,1998 年第 2 期。

8　董玉祥等:《沙漠化若干问题研究》,西安地图出版社,1995 年。

9、10　王涛等:《我国沙漠化研究的若干问题》,《中国沙漠》,2004 年第 1 期。

11　舒强:《历史时期以来南疆地区的气候环境演化与人地关系研究》,新疆大学学位论文,2001 年。

12　Stebbing E. P. The advance of the Desert. The Geographical Joural,1938(91).

13　ēAubrēvillē A. Climats,forests et dēsertification de L Afrique tropicals,Sociētē Dēdition Gēographiques. Mantimes et Colonialēs,Paris. 1949.

14　Halwagy R. Desertification Versus Potection for Recovery in Arid Lands in Transition Circum—Saharan Territories. Washington,D. C. 1962.

15　Sherbrooke W. G. World Desertification:Cause and Effect ,a Literature Review and An Notated Bibliography . University of Arizona Office of Arid Land Srudies, Arid Lands Resurces Information, 1973(3).

16　Hare F. K. Climate and Desertification. UNCOD. 1977.

17　Zonn I. S. Desertification – An Ecological Problem of the United Nation Environment Program . Problems of Desert Development, 1983(6).

18　Barrow C. J. Land Degradation. Cambridge University Press, 1991.

19　Grepperud S. Population Pressure and land degradation: the Case of EthioPia. Jounral of Environmental Economics and Management, 1996 (30).

20　Jonathan A. Foley, Michael T. Coe, et al. Regime Shifts in the Sahara and Sahel : Interactions between Ecological and Climatic Systems in Northern Africa. Ecosystems, 2003 (6).

21　Xunming Wang, Fahu Chen, Zhibao Dong. The relative role of climatic human factors in desertification in semiarid China. Global Environmental Change. 2005.

22　Elena Lioubimtseva. Climate change in arid environments: revisiting the past to understand the future. Progress in Physical Geography. 2004;28(4).

23　贾铁飞等:《90 年代内蒙古高原第四纪环境演变研究的新进展》,《内蒙古师大学报》(自然科学版),1999 年第 4 期。

24　严钦尚:《陕北榆林定边流动沙丘及其改造》,科学通报,1954 年第 11 期。

25　罗兴来:《陕北榆林靖边的风沙问题》.《科学通报》,1954 年第 3 期。

26　侯仁之:《走上沙漠考察的道路》,《科学通报》,1964 年第 10 期。

27 – 30　董光荣等(1983,1988,1990)、高尚玉等(1985,1988)、关有志(1986)、邵亚军(1987)、李保生(1988)都提出此类观点,具体参考文献见本书第二章参考文献。

28　侯甬坚:《环境营造:中国历史上人类活动对全球变化的贡献》,《历史地理论丛》,2004 年第 4 期。

29　孙金铸:《五十年代以来毛乌素沙地荒漠化扩展及其原因》,《第四纪研究》,1998 年第 2 期。

第 一 章

毛乌素沙地的自然地理条件、政区沿革及区域开发

第一节 毛乌素沙地的地理位置、范围和面积

毛乌素沙地位于黄河几字形大湾内侧蒙、陕、宁三省区交界处。20 世纪 50~80 年代的研究认为:毛乌素沙地的范围是在北纬 37°27.5′~39°22.5′、东经 107°20′~111°30′之间,包括内蒙古自治区鄂尔多斯市中西部——伊金霍洛旗南部、乌审旗全部、鄂托克前旗东中部、鄂托克旗东南部;陕西省榆林市的北部——神木、榆阳、横山、靖边、定边五县区的西部、北部及佳县的西北境;宁夏回族自治区盐池县的东北部。沙地的总面积为 39835km^2(图 1 – 1)[1]。但是后来的研究也将宁夏河东沙地看成是毛乌素沙地的一部分。前者我们称之为狭义的毛乌素沙地;加上后者我们称之为广义的毛乌素沙地。

狭义的毛乌素沙地的四界大至如下:北界是敖伦淖 – 毫庆召 – 木肯淖尔 – 苏贝淖尔 – 巴汗淖尔一线;东北界是巴汗淖 – 通岗浪沟 – 红碱淖一线;东南和南面大致以长城为界,即从神木到榆林,

然后沿榆溪河南下,直至鱼河堡,再向西沿无定河到芦河口,折向
西南沿芦河至高家沟,再沿小毛乌素沙带南缘向西至孟家沙窝;西
界为孟家沙窝－北大池－三段地东部再向东北。广义的毛乌素沙
地还包括宁夏盐池、灵武、陶乐(今分属平罗县和银川市)境内的
沙地。

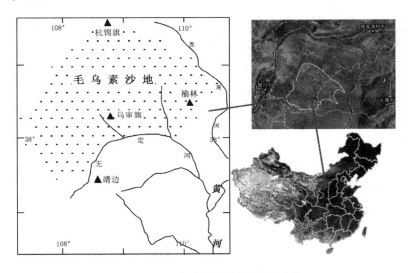

图1-1　毛乌素沙地位置图(狭义)

另据王涛等人对我国沙漠代化土地近几十年变化动态进行的
遥感监测研究,毛乌素沙地的沙漠化土地面积虽然在20世纪80
年代表现出局部沙漠化逆转趋势,但80年代中期到2000年以来,
出现沙漠化土地发展趋势,至90年代可监测到的沙漠化土地面积
有46302km^2(表1-1),占到总监测面积的56.9%。

表 1 − 1 毛乌素沙地沙漠化土地动态变化(km²)²

地区	70 年代中期			80 年代中期			90 年代中期		
	监测面积	沙漠化土地	%	监测面积	沙漠化土地	%	监测面积	沙漠化土地	%
榆林	6511	5729.8	87.5	6551	5248.1	80.1	6891	4360	63.3
横山	2584	1596.5	61.8	2584	1292.4	50.0	4219	782.5	18.6
定边	4493	2093.5	4606	4493	1729.8	38.5	6847	2295	33.5
靖边	3485	1917.5	55.0	3485	1815.5	52.1	4972	1227	24.7
神木	4463	3772.9	84.5	4463	3345.8	75.0	7509	3195	42.5
盐池	6761	1369	20.2	6761	1846	27.3	6744	3495	51.8
乌审旗	11645	10164	87.3	11645	9561	82.1	11627	10779	92.7
鄂托克旗	5251	4721	89.9	5251	4165	79.3	20245	13103	64.7
鄂托克前旗	7713	6321	82.0	7713	6306	81.8	12321	11426	92.7
合计	52906	26347	49.8	52946	25223	47.6	81375	46302	56.9

第二节 毛乌素沙地的自然地理条件

一、地质地貌

毛乌素沙地及其周边地区的地质基础是一个轴向近南北的大型向斜式沉积盆地,盆地的基底是前寒武系结晶变质岩,经过多旋回沉积,形成了总厚度超过 6000m 的下古生界碳酸岩、上古生界 − 中生界碎屑岩和各种成因的新生界地层,经过第三纪准平原过程,到喜马拉雅运动才开始在北面抬升,南部相对俯倾,四周发生断裂,在今阴山以南、白于山与横山以北地区形成"河套古湖"。

黄河河道基本形成以后,"河道古湖"经流水的冲积洪积作用,形成台地;再经第四纪中后期以来的风沙活动,造就了今天的地貌景观。毛乌素沙地的石炭系 - 侏罗系的砂岩、泥岩层总厚度在3000m以上,含有丰富的煤炭、石油、天然气、煤层气及铝土矿物;新生界地层以第四系为主,而第四系又以洪积湖积物、风成砂和黄土为主,其中洪积湖积物厚度在40m～120m之间;风成砂层厚数米至数十米、黄土在毛乌素东南部达200m左右不等。

毛乌素沙地的中西部为波状高原,海拔主要变化在1600m～1300m之间,由梁地和其间的滩地组成,多呈西北 - 东南或南北向延伸,东北 - 西南向更替。梁地主要有北部的大小尔各图梁、中部的西黑梁、桃图梁和南部的大吴公梁等,海拔多在1300m～1500m之间。梁地之间为西北 - 东南向延伸的湖积冲积平原,俗称"滩地",海拔多在1100m～1400m之间,梁地和滩地相间分布,构成波状起伏的地表形态。梁地主要由近水平的白垩纪紫红色砂岩和侏罗纪灰绿色砂岩组成,上覆不同厚度的沙层,少有裸露,梁面平坦,有水蚀沟谷;滩地实际上是冲积、湖积平原和小盆地,主要地层是河湖相沉积物和风积物,厚度数米至数百米不等,有的滩地中低洼处尚有积水湖泊。中南部地区的梁地基岩出露减少,风沙堆积增厚,向东南逐渐过渡到黄土高原的梁峁丘陵区,海拔在1000m～1300m之间,其中无定河下游、榆溪河等河谷地带海拔只有900m左右,地形起伏较大,相对高差由数十米至百米不等,主要发育马兰期的沙黄土。毛乌素沙地区地表为多种风沙地貌类型,流动沙丘、半固定沙丘和固定沙丘广泛分布,也同还有大面积的平漫沙地[4-5]。

二、大气环流与气候

毛乌素沙地位于北半球中纬度的西风环流控制区,同时处于我国东部季风边缘区,属温带干旱、半干旱的大陆性季风气候,其季风环流的影响强度因季节变化而不同。冬季受到来自高纬度地区的蒙古－西伯利亚反气旋的控制,盛行西北季风,寒冷干燥;夏季主要受到北太平洋副热带高压和印度洋低压共同控制,在东南季风和西南季风暖湿气流的影响下,降水集中,常形成暴雨;春秋季节则受到两个气团拉锯作用的影响,秋季多晴好天气或出现绵绵秋雨,春季多大风[6]。

毛乌素沙地年平均温度 6.0℃ ~ 9.0℃,最冷月(1 月)－8.5℃ ~ －10℃,极端最低温为 －28℃ ~ －31℃;最热月(7 月)均温在 20℃ ~24℃,极端最高温为 43℃ ~45℃。10℃的积温在 2700℃ ~ 3000℃之间,由西北向东南逐步增加。日照时数和辐射量则表现出相反的变化趋势,前者在西北部分别为 3000h ~ 3100h,在东南部则降至 2800h ~ 2900h;后者从西北部的 150kcal/cm^2.y,渐减至东南部的 138kcal/cm^2.y。毛乌素沙地的降水量则自西北向东南呈现递增趋势,由 200mm 至 490mm,年内分配集中在 7 ~ 9 月,约占全年降水量的 70% 以上,降水的年变率很大,一般在 20% ~ 70% 之间,西北部甚至大于 100% ,多雨年与少雨年的降水量差可达 2 ~ 4 倍,而且多呈暴雨(甚至暴雪)形式降落,极易形成干旱的洪涝灾害,而且旱灾频发。水热平衡状况也表现出自西北向东南的有规律变化,潜在蒸散率(PER)由西北的 2.5 逐步递减为东南部的 0.8,而大部分地区的 PER 值为 1.1 ~ 1.5。年蒸发量多在 1800mm ~2500mm 之间,是降水量的 4 ~ 10 倍。沙区盛行风向为西北风,冬春两季风力强劲而且频繁,年平均风速 4.8m/s,最大风速 28m/s；夏季以偏南风为主，年大风日数变化在 100～190 日，个别地方（如泊江海子）可达 220 日以上[6-7]。

三、植被土壤

自西北向东南，毛乌素沙地的植被呈现由荒漠草原－典型草原－森林草原的地带性变化，其中典型草原带的范围占沙区总面积的 90%，西北部的荒漠化草原带范围和东南部的森林草原带范围都很小。典型草原和荒漠草原等地带性植被类型，主要分布在未覆沙的硬梁地上，前者主要由长芒草、短花针茅、兴安胡枝子、阿尔泰狗哇花、小白蒿等旱生植物构成；后者主要由戈壁针茅、沙生针茅、小白蒿等旱生草本植物和狭叶锦鸡儿、猫头刺、拟芸香、兔唇花、伏地肤、驼绒藜等超旱生的灌木、半灌木等构成。但是在毛乌素沙地，广泛分布的还是各种隐域植被类型，包括沙生植被、草甸植被和盐生、沼生植被等，其中与各类沙地相伴而生的沙生植被面积最广大。沙生植被又以沙蒿群落和沙蒿－柠条群落为主，分布最广，其次还有沙柳、沙米、沙竹、鸡爪芦苇、麻黄、臭柏、牛心朴子等群落。草甸植被主要分布在滩地和河谷地带，主要为寸草草甸、碱茅草甸、芨芨草草甸、马蔺草甸、假苇拂子茅草甸等；盐生植被主要分布在滩地中低洼处的盐渍土上，由多种碱篷、盐爪爪、白刺、海蓬子等为建群种。另外在梁地上的阴坡半阴坡，还有少许灌丛片段，如黑格兰灌丛、蒙古沙冬青灌丛、沙樱桃灌丛、川青锦鸡儿灌丛等。

毛乌素沙地的地带性土壤自西北向东南由半荒漠棕钙土和灰钙土－典型草原淡栗钙土－黄土高原淡黑垆土，其中以淡栗钙土为主体，土质普遍偏沙。以上显域性土壤主要分布在比较高亢的显域地境上，在沙地、滩地、低洼地、水域等隐域地境上，随着地表堆积物和地下水埋深、水化学等的影响,与植被相对应地分布着隐域性的土壤类型,主要有风沙土(新积土)、盐土、草甸土和沼泽土等。在滩地中,从边缘到中心地带,土壤类型依次由草甸土－盐化草甸土－盐土;临时性或永久性的积水洼地,从边缘到中心地依次为草甸土－草甸沼泽土－沼泽土;在内流湖盆区,则为盐化草甸土－草甸盐土和盐土;在东南部的深切河谷中,则由阶地至河滩依次为淡栗钙土－草甸栗钙土－盐化草甸土。各地带性和非地带性土壤的性质虽然各有不同,但毛乌素沙地现代土壤的机械组成普遍偏沙性,结构疏松、肥力低、保水力差,易起风沙[8-10]。

四、水文及水资源

毛乌素沙地所在的鄂尔多斯台地,其构造基础——鄂尔多斯盆地是一个巨型地下水盆地,它有多个地下含水层,主要有埋藏在千米以下的寒武系－奥陶系碳酸盐岩类岩溶含水层、白垩系碎屑岩类孔隙－裂隙含水层和埋深在数百米的石炭系－侏罗系碎屑岩类裂隙含水层等三大含水层系统,深层地下水非常丰富。毛乌素沙地的浅层地下水也相当丰富,是我国主要沙漠和沙地中很少见的,丘间地上潜水埋深一般在 1m～2m 之间,有的地方只有 0.5m,地下水矿化度偏高,水质以淡水和微咸水为主,也有部分是苦咸水[11-13]。

毛乌素沙地的地表水分属内外流两个系统。其中西部及西北部属内流区,面积约占沙地总面积的 60%,有数百个大小湖泊和众多短小的、永久性或季节性河流,湖泊有的含盐量较高,有的则比较低,如神木县与伊金霍洛旗交界处的红碱淖,就属于淡水湖或微咸水湖,湖泊周边的短小河流分别注入大小盐湖、碱湖,或消失于流沙中。东部、东南部及西北边缘区为外流区,面积占毛乌素沙地总面积的大约 40%,主要有无定河、秃尾河、窟野河及其各级支流,西北边缘为都思兔河及苦水河,都属于黄河水系,河流多呈树枝状,主要依靠降水直接补给和降水下渗补给,受降水变差的影响,河水流量的年内年际变化很大[14-15]。

第二节　毛乌素沙地区的政区沿革与区域开发

一、夏商时期

夏商时期,毛乌素沙地区为雍州所辖,居民为獯鬻、鬼方等部族。西周时期,该区域及周边生息着猃狁、戎狄等部族,由于猃狁部落在营游牧生活方式时不断向东南扩张,一度曾"侵镐及方,至于泾阳"[16],即到达泾水(今渭河北侧支流泾河)北岸,对中原王朝构成极大威胁,至周宣王时,曾于前827年和822年,分别派大将南仲、尹吉甫两次出兵征讨,迫使猃狁向西北退却,为巩固胜利成果并防御猃狁、犬戎等的南进,而筑起城障守备,其中朔方城筑于今毛乌素沙地的东南部,榆中城大约在其东北部外围地区。春秋时期,晋文公(前636~628)曾兴兵讨伐白狄、赤狄等部族,白狄、赤狄也即赤翟、白翟,据《史记·匈奴列传》记载,其"居于河西圁、洛之间",即今窟野河与北洛河之间;秦穆公(前659~628)则逼迫和引诱活动在这一区域的乌氏、朐衍、林胡、楼烦游牧部族投降归附,农耕生产方式开始向今毛乌素及其周边渗透。战国时期,赵武灵王率先"变俗胡服,习骑射,北破林胡,楼烦,筑长城,自代并阴山下,至高阙为塞,置云中、代、雁门等郡"[17]。即于前306年,赵国已拓疆扩土至阴山以南的河套一带,并设立九原郡、云中郡、代郡等,将收降的林胡、楼烦等游牧民族安置在鄂尔多斯东部,毛乌素地区主要居住着狄的后裔匈奴人。魏襄王毫不示弱,随后也于前

302年向九原一带拓殖，派"邯郸命吏大夫奴迁于九原，又命将军大夫适子、戍吏皆貉服矣"[18]。赵武灵王也不肯罢休，于二十六年（前300）再次出兵占领了云中、九原一带。秦昭王四十六年（前261），秦国宣太后设计谋杀了义渠王，秦国出兵讨伐义渠残部，一举占领了原属义渠的毛乌素沙地以南的广大地区，而后筑起一道西起临洮郡，东至黄河的长城以拒胡[19]，在今毛乌素东南部划出了一条人为的农牧分界线，并在今毛乌素沙地西南设北地郡、东南设上郡以隶之，这种情势一直维系至战国末期。

二、秦汉时期

秦始皇二十六年（前221）统一六国并建立了大一统的秦国之后，置三十六郡，其中毛乌素周边有九原郡（治所位于今包头市郊）、云中郡（治所在今内蒙古托克托东北）、北地郡（治所在今甘肃庆阳西南部）、上郡（治所在今陕西粗青圣绥德一带），毛乌素沙地主要为后三郡所辖。秦始皇三十三年（前214），大将蒙恬受命率兵30万（抑或10万）"北击胡"，占领了整个河套地区，并沿黄河筑城，设置了三、四十个县。《史记·秦始皇本纪》载：始皇三十三年（前214）"西北斥逐匈奴，自榆中并河以东属之阴山，以为三十四县，城河上为塞"。同书《蒙恬列传》则记："秦已并天下，乃使蒙恬将三十万众，北逐匈狄"。同书《匈奴列传》又记："后秦灭六国，而始皇帝使蒙恬将十万之众北击胡，悉收河南地，因河为塞，筑四十四县城临河，徙适戍以充之……"秦国将囚犯迁逐于此筑城守备，从此，毛乌素沙地所在的鄂尔多斯地区（秦时称为河南地）整个纳入秦之版图，也开始了其大规模的农业开发史，一度成为富庶可与关中一带相比的"新秦中"。与此同时，秦始皇一方面派蒙恬在黄河以北、阴山以南修筑长城；另一方面又修筑了南起甘泉宫

（今陕西淳化县境内），北至九原郡的交通干道——秦直道，该道路在今毛乌素沙地自东南向西北穿过，加强了这一地区的交通。秦始皇死后，胡亥借圣谕赐死太子扶苏和大将蒙恬，使秦国的军事力量锐减，匈奴冒顿单于乘势南下，夺取了河南地（即今鄂尔多斯地区），汉王朝与匈奴接壤处又恢复为秦王朝以前的边界，毛乌素成了匈奴的游牧地。

汉代（前206～222）初期，主要采取和亲及通关市的方法，与匈奴修好以休养生息，由于匈奴不断入侵，对西汉王朝构成隐患。元朔二年（前127），汉武帝一改以往消极的防御策略，派卫青引大军北上，一举夺取了河南地，在今鄂尔多斯及其周边设西河、朔方、云中、北地、五原及上郡六郡，郡下设县共计115个，其中分布在鄂尔多斯及其周边地区的大约有43个（表1－2），如西河郡的虎猛县、大成县；上郡的奢延县、白土县、高望县；北地郡的朐衍县等。元狩三年（前118）又将贫民70余万迁入鄂尔多斯与河套等地，其后又实施了军屯，采用了铁犁、耕牛、代田法等当时最先进的农具与耕作方法，有条件的地方还引水溉田，使鄂尔多斯地区成为"沃野千里，谷稼殷积"[20]之地。王莽时期（9～25），将朔方郡改为渠搜郡，五原郡改为获降郡，云中郡改为受降郡，西河郡改为归新郡。东汉初鉴于国家财政困难，光武帝刘秀对地方行政单位进行撤并，于建武十一年（35）和建武二十年（44）先后撤销朔方郡、五原郡，将今鄂尔多斯地区划归并州（今太原市）领有。建武25年（50），又重恢复西汉时的建置，但辖境有所变动。这种情势延续至东汉末期，由于北方鲜卑族逐渐强大和黄巾起义带来的政治军事压力，东汉王朝对北方广大领土无暇顾及，于中平五年（188）放弃了今河套、陕北、晋西北、河北长城以北的广大地区，毛乌素一带成为北方匈奴、鲜卑、羌胡等游牧民族与汉族的杂居地[21]。

表1-2 汉代鄂尔多斯地区的郡县[22]

郡名	西汉县名	东汉县名
朔方郡	三封、朔方、沃野、广牧、临戎、呼遒、修都、渠搜	三封、朔方、沃野、广牧、临戎、大城
北地郡	朐衍、弋居*、五街*	富平、弋居*
西河郡	富昌、美稷、圜阴、圜阳、鸿门、增山、虎猛、大城、谷罗、广衍、平定、翁龙、埤是	美稷、乐街、圜阴、圜阳、广衍
上郡	肤施、独乐、阳周、白土、龟兹、奢延、雕阴、推邪、桢林、高望、雕阴道、望松	肤施、白土、奢延、雕阴、桢林、龟兹属国
五原郡	九原、河阴、武都、宜梁、曼柏	九原、河阴、武都、宜梁、曼柏
云中郡	沙南	沙南

（*为存疑）

三、魏晋隋唐时期

魏晋－南北朝时期,鄂尔多斯地区成为匈奴、鲜卑、乌桓、敕勒等游牧民族演绎军事与政治历史的大舞台。公元三世纪末,漠北的鲜卑拓跋部渡过黄河占领了这一区域;四世纪到五世纪初,屠各（匈奴的一支）的前赵（304～329）、羯族的后赵（319～351）、氐族的前秦（301～394）、羌族的后秦（312～417）等先后占领过这一区域。公元407年,匈奴铁弗部首领赫连勃勃建立了以毛乌素为核心的国家——大夏国,发十万之众于413年在毛乌素中南部营造都城——统万城（今靖边县红墩界乡白城子古城）。公元425年,北魏在今伊盟北部沿边一带设置沃野、怀朔、抚冥、柔玄、怀荒、武川六镇。北魏太武帝灭夏（427）以后,控制了整个鄂尔多斯地区,在今准格尔旗黄河沿岸一带建立朔州,在今鄂托克前旗一带建立西安郡。毛乌素一带以统万镇（即前代之统万城）为中心设夏州,夏州下设化政郡、金明郡、阐熙郡和代名郡,其中化政郡下辖革融县、岩绿县;阐熙郡下辖山鹿县、新囵县;金明郡下辖永丰县、启宁县、广洛县;代名郡下设呼酋县、渠搜县。今毛乌素沙地区的西部和西南部,分属灵州、盐州、五原郡、上郡及东夏州活野城、悦跋城等管辖。公元525年,裁朔州,将朔州在今鄂尔多斯的地盘归入并州[23]。

隋唐时期,鄂尔多斯地区主要活动着突厥、党项、吐谷浑等游牧民族。公元589年,隋文帝统一全国,建立起州、县(后更为郡、县)两级的地方区域管理区划单位,鄂尔多斯地区主要在榆林郡(东北部)、五原郡(北部)、朔方郡(南部)、灵武郡(西部)和盐川郡(西南部)的辖境中,其中毛乌素沙地区主要属后三郡所辖,主要的县份有朔方郡的岩绿县、宁朔县、德静县、长泽县;灵武郡的灵武县、弘静县、丰安县;盐川郡的五原县等。为防止突厥汗国南下,隋文帝还在鄂尔多斯南部筑起长城。唐初鄂尔多斯地区被划归关内道,下辖四个州,即南部入夏州、东北部入胜州,西北部入盐州,西部入灵州。由于政局动荡,唐代鄂尔多斯地区的行政区域单位变动频繁,最突出的一例是建于调露元年(679)的"六胡州",它是鲁、丽、含、塞、依、契六个州的统称,在唐初到中唐的一百多年中,数次撤并和恢复,其间出现过十数个行政地名,其归属也频繁变动,直至公元820年,其所在区域才以宥州之名相对固定下来。唐庭还在鄂尔多斯地区实施羁縻政策,对随东突厥内附的各部族实行分割管理,如在夏州一带,649年设定襄都督府,下辖阿德州、执失州、拔延州、苏农州;630年设云中都督府;663年设桑乾都督府,下辖郁射州、艺失州、卑失州、咤略州;设达浑都督府,下辖安化州、宁朔州、仆固州;设静边州都督府,下辖北夏州,等等。"六胡州"实际上也是有羁縻州性质的正州(表1-3)[24-26]。

表1-3　隋唐时期鄂尔多斯地区的郡州县[27]

隋代		唐代		
郡名	区域内辖县	州郡名	区域内辖县	羁縻府州(下辖小州略)
雕阴郡	大斌、延福、儒林、真乡、开光、银城、抚宁	夏州朔方郡	朔方、静德、宁朔	
灵武郡	岩绿、宁朔、长泽	宥州宁朔郡	延恩、长泽	燕然州、烛龙州、鸡鹿州、鸡田州、燕山州
朔方郡	回乐、灵武	盐州盐川郡	五原、兴宁(白池)	云中都督府、呼延州都督府、桑乾都督府、定襄都督府、达浑都督、安化州都督府、宁朔州都督府、仆固州都督府
盐川郡	五原	胜州榆林郡	榆林、河滨	
榆林郡	富昌、金河、榆林	银州银川郡	儒林、真乡、开光、抚宁	静边州都督府
五原郡	九原	麟州新秦郡	新秦、连谷、银城	
		灵州灵武郡	灵武、回乐、温池	
		丰州九原郡	九原	

四、五代至宋夏时期

　　五代十国时期,鄂尔多斯地区的行政归属虽随时代变化(即由后梁至后唐、后汉、后周),但基本上是掌控在灵武节度使(即朔方节度使或灵盐节度使)、振武节度使和定难节度使之下的。916

年，阿保机建立辽国，将内蒙古河套一带与鄂尔多斯西北部地区纳入辽朝疆界。960 年，北宋在今毛乌素地区设麟州新秦郡，下辖新秦县；沿袭前代政区设夏州、宥州，在西南部设盐州。而鄂尔多斯中北部地区这一时期一直没有有效的行政建置。唐代中期以后，党项拓跋氏即割据毛乌素及其周边地区。唐末，党项首领拓拔思恭因镇压黄巢起义有功，被唐僖宗授予定难军节度使之职，赐姓李，封夏国公，领夏（治所为今白城子古城）、绥（治所在今绥德县）、银（治所疑在今横山县党岔）、宥（治所在城川古城），辖境相当于今陕西榆林市和内蒙古鄂尔多斯市全境，这种格局一直延续到五代十国时期，后汉又将静州（治所待考）隶属定难军，党项平夏部贵族在此"虽未称王，但自其王久矣"[28]，夏、绥、银、宥、静五州自此成为西夏立国的基业所在，他们主要活动在其东北部水草丰美的地斤泽与东南部夏州、绥州、银州一带。自拓跋思恭在夏州称王（881），到其后人李继迁据有银、夏、绥、宥、静等五州，再到李德明继位（1002），李元昊称帝（1038），党项拓跋族对中原王朝时叛时附，即使在西夏立国后的 191 年中（1038～1227），战事也不绝史志，今毛乌素沙地主体在西夏境内，但同时又是宋夏之争的主要战场[29-30]。

五、元明清以来

元灭西夏以后，于 1271 年，在鄂尔多斯东缘置中书省河东山西道宣慰司大同路云内州、东胜州；将乌审旗、鄂托克前旗南部划归陕西行省之榆林卫；鄂托克旗、鄂托克前旗西部划归甘肃行省之宁夏卫；而今毛乌素沙地的主体，包括今乌审旗大部、鄂托克旗西部、杭锦旗南部、伊金霍洛旗南部、东胜市一带为皇室封地，名察汗脑儿（亦称察汗淖尔），先后为忽必烈第三子——安西王忙哥剌、忙哥剌之子阿难答、元武宗时的皇太子爱育黎拔力八达、元武宗的皇后阿纳纳失里等皇室家族成员所领,元朝灭亡前传至当朝太傅、中书左丞相、河南王扩廓帖木尔手中。明代初期,扩部帖木尔势力一度被挤出鄂尔多斯一带,1371 年,明朝在今鄂尔多斯南部设察罕脑儿卫,在东胜北部设东胜卫管辖这一地区。但不久蒙元势力重新进驻,明王朝多次进攻均未能如愿收复,不得不采取"弃套"之举,将鄂尔多斯地区弃于蒙古部族,并于成化十年(1474)在毛乌素南部筑起边墙和一系列关隘,以加强防御,同时在边墙内推行军屯和民屯,使明长城一线成为真正的农牧分界线。明代本区域南部分属宁夏镇之宁夏后卫、延绥镇之榆林卫、绥德卫、定边卫和靖边卫管辖,其中宁夏后卫有营堡 11 个,延绥镇有堡城 36 个。

清代在蒙古地区推行盟旗制度,清顺治六年(1649),将鄂尔多斯蒙古部落分归 6 个旗,分别是鄂尔多斯左翼中旗(原郡王旗,现东胜及伊金霍洛旗一带)、鄂尔多斯左翼前旗(现准格尔旗)、鄂尔多斯左翼后旗(现达拉特旗)、鄂尔多斯右翼中旗(现鄂托克旗及前旗)、鄂尔多斯右翼后旗(现杭锦旗)。后又增设鄂尔多斯右翼前旗(即扎萨克旗,现乌审旗)(表 1-4),并于光绪三十三年(1907)在鄂尔多斯左翼中旗东部被开垦的地区设东胜厅。毛乌素南部地区属陕西省所辖榆林府,西南部为甘肃省朔方道(即宁夏道)花马池分州管辖。清朝前期实行蒙汉隔离的封禁政策,将边墙内 50 里划为禁地,但后来则推行了截然相反的"借地养民"政策,开耕范围从禁留地开始,逐渐外推,形成一条东西长 1300里,南北宽 50 到 200 里不等的垦荒带,特别到了光绪二十八年(1902)以后,垦荒更是在鄂尔多斯全境推开。民国时期鄂尔多斯蒙古部保留清代 7 旗 1 厅的建置,但将东胜厅改为东胜县。南部分属陕西省榆林道、宁夏省盐池县等管辖,1935 年后,成为陕甘宁革命根据地的一部分。直至中华人民共和国成立,目前的行政区划格局基本形成(表1-5)[31]。

<h3 style="text-align:center">表1-4　伊盟七旗官俗称谓对照表[32]</h3>

官称	左翼中旗	左翼前旗	左翼后旗	右翼中旗	右翼前旗	右翼后旗	右翼前末旗
俗称	郡王旗	准格尔旗	达拉特旗	鄂托克旗	乌审旗	杭锦旗	札萨克旗

<h3 style="text-align:center">表1-5　毛乌素沙地一带历代政区沿革一览表 *</h3>

时代	年代	政区地名	附注
先秦	~前221	雍州	先后为獯鬻、鬼方、猃狁、戎狄等的居地,西南部属秦昭王以后归北地郡
秦代	前221~206	上郡 北地郡 云中郡 九原郡	辖东南部及腹地(包括阳周等县) 辖西南部 辖东北边缘 辖西北边缘
汉代	前206~220	朔方郡 北地郡 上郡 西河郡 五原郡 云中郡	在鄂尔多斯及周边共有44县。详见表1-2
三国两晋南北朝	220~581	分别为前赵、后赵、前秦、后秦、夏、北魏等国占据	北魏时属夏州、灵州、盐州、朔州等管辖。其中夏州设化政郡、金明郡、阐熙郡和代名郡,其下共有9县。

时代	年代	政区地名	附注
隋代	581～618	榆林郡 五原郡 朔方郡 灵武郡 盐川郡	辖东北部,有榆林、富昌、金河等县 辖北部,境内有永丰、安化等县 辖南部,境内有岩绿、宁朔、德静、长泽等县 辖西部,境内有灵武、迴乐、丰安等县 辖西南部,境内有五原县
唐代	618～907	灵州都督府 夏州都督府 丰州都督府 胜州都督府 麟州都督府	境内辖灵州、盐州、及六胡州等若干羁縻州 境内辖夏州、绥州、银州及若干羁縻州 （化、长、祐等）开元二十六年析灵、盐、 夏三州之地置宥州 辖西北境,领丰州 辖东北境,领胜州 开元九年置,辖东南境,领连谷、新秦、 银城3县。
五代十国	907～960	五代十国	前后为后梁、后唐、后汉、后周占据由灵 武节度使、振武节度使、定难节度使等 地方势力掌控。北部归辽国版图。
宋夏时期	960～1279	麟州、府州 夏州 绥州、银州 宥州 静州 灵州 辽、金版图	辖东部 辖南部 辖东南部 辖中北部 辖境不详 辖西部及西南部 辖北部
元代	1206～1368	大同路 宁夏路 延安路 察罕脑儿封地	辖东北部 辖西南部 辖东南部 辖中部及西北部
明代	1368～1644	大同镇 宁夏镇 延绥镇	境内东北部有东胜卫、中北部有察罕脑儿卫 境内归属宁夏后卫 境内归属榆林卫、绥德卫、定边卫、靖边卫

（续表）

时代	年代	政区地名	附注
清代	1644~1911	伊克昭盟 宁夏府 榆林府 延安府	鄂尔多斯左翼中旗、左翼前旗、左翼后旗、右翼中旗、右翼后旗、右翼前旗 境内有灵州 境内有榆林县、怀远县、靖边县、定边县 境内有绥德州、神木县、葭县等
民国	1911~1949	绥远省 宁夏省 陕西省	东胜县 盐池县、灵武县 榆林县、神木县、横山县、靖边县、定边县
中华人民共和国	1949~	伊克昭盟（鄂尔多斯市）	杭锦旗、达拉特旗、准格尔旗、伊金霍洛旗、乌审旗、鄂托克旗、鄂托克前旗、东胜市

　　*秦代鄂尔多斯一带也称为"河南地"、"新秦中"；表中唐代鄂尔多斯政区为其要者，政区的频繁变动析置等略。

　　由上可知，毛乌素沙地历史时期的行政区划变动频繁，而且在一半左右的时段内处于民族交绥或小国割据的状态，目前该地区分属三省九县管辖。由于人口与物产的数量、分布、各种信息的文献记载等多是统一在某一级行政单位之下的，所以本研究在一定程度上存在着研究区域的不一致性。笔者在研究中以狭义毛乌素沙地范围为主，部分研究内容扩展到广义毛乌素沙地、乃至毛乌素沙地周边九县（称毛乌素沙地周边）或更广范围（鄂尔多斯地区及周边），严格依据原始资料从事研究，尽可能地从大区域资料上提取小区域环境变化的信息。

参考文献

1、15　朱震达等：《中国的沙漠化及其治理》，科学技术出版社，1989 年。

2、　王涛、吴薇、薛娴等：《近 50 年来中国北方沙漠化土地的时空变化》，《地理学报》，

2004 年第 2 期。

3、　王德潜、刘祖植、尹立河:《鄂尔多斯盆地水文地质特征及地下水系统分析》,《第四纪研究》,2005 年第 1 期。

4、8、10、12　北京大学地理系等:《毛乌素沙区自然条件及其改良利用》,科学出版社,1983 年。

5、13　榆林市志编纂委员会编:《榆林市志》,三秦出版社,1996 年。

6、9　肖春旺:《毛乌素沙地优势植物对全球气候变化的响应研究》,中国科学院博士论文,2001 年。

7、11　陕西省农牧厅:《陕西农业自然环境变迁史》,陕西科学技术出版社,1986 年。

14　郝成元:《毛乌素地区沙漠化驱动机制研究》,山东师范大学硕士论文,2003 年 4 月。

16　《诗经·小雅·六月》。

17　《史记·匈奴列传》。

18　《水经注·河水注》引《竹书纪年》。

19　《汉书》卷 6《武帝纪》。

20　《后汉书》卷 117《西羌传》。

21、23　陈育宁:《鄂尔多斯史论集》,宁夏人民出版社,2002 年。

22　据《汉书·地理志下》、《文献通考》卷 322《舆地考八》整理。＊为存疑。

24、29、31　伊克昭盟地方志编撰委员会:《伊克昭盟志(第一册)》,现代出版社,1994 年。

25　《元和郡县图志》卷 4。

26　朱士光:《内蒙城川地区湖泊的古今变迁及其与农垦之关系》,《农业考古》,1982 年第 1 期。

27　据《隋书·地理志》和《新唐书·地理志》整理。

28　《宋史》卷 486《夏国传》。

30　许成:《宁夏考古史地研究论集》,宁夏人民出版社,1989 年。

32　周之良:《清代鄂尔多斯高原东部地区经济开发与环境变迁关系研究》,陕西师范大学硕士论文,2005 年。

第 二 章

毛乌素沙地历史时期环境
变化问题研究述评

　　毛乌素沙地历史时期的环境变化研究是围绕着沙漠化问题展开的。沙漠化(Sandy Desertification)是由于气候变化与人类活动等因素作用下所产生的一种以风沙活动为主要标志的环境退化过程,它是干旱半干旱地区环境变化的重要表现方式[1],历史时期的沙漠化发生发展问题是环境变化研究的重要内容之一。

　　毛乌素沙地是我国治沙研究的重点区域,对其历史时期与现阶段沙漠化问题的研究成果非常之丰富,但分歧之大也是其他区域的相关研究中所未有过的。沙漠化产生的原因是"气候变异"还是"人类活动",抑或是二者兼备缺一不可、或者是以其中某一个因素为主? 这是国内外争论的焦点问题[2],这些不同意见在毛乌素的研究中都有所反映。爬梳前人的研究,找出争论的焦点与论据,对于我们廓清研究思路是非常必要的,也是下一步对相关问题进行深入研究的基础。

第一节　毛乌素沙地环境变化的研究历程

毛乌素沙地有科学意义的环境变化研究,最早见于 20 世纪初俄国探险家 B. A. 奥布鲁契(切)夫的《鄂尔多斯》一书,他于 1893 年从磴口经乌兰镇、过柠条梁到达定边,纵穿了毛乌素沙地的西南部,对所经区域的沙漠做了有地理意义的记述。1924 年,法国人 T. D. Chardin(中文名德日进)和 E. Licent(中文名桑志华)来到毛乌素沙地南缘考察,在对萨拉乌素河(红柳河,即无定河上游)的第四系地层研究后,提出了风成马兰黄土与萨拉乌素地层的"同期相变"论,对后期这一地区的第四纪研究产生了巨大影响。1926 年~1928 年,美国人 G. B. Gressey 在鄂尔多斯进行了考察研究,其"内蒙古鄂尔多斯荒漠"一文,描述了该区域的自然地理环境特征。1945 年,苏联学者 B. M. 西尼村发表了《鄂尔多斯与阿拉善地质》一书,对毛乌素所在区域的地质基础进行了研究,认为鄂尔多斯是一个很大的陆台内部凹陷部分即鄂尔多斯陆向斜,从太古代起就开始为陆相沉积环境,沙层的基底是白垩纪灰绿色和红色沙岩。

20 世纪 50 年代,以国内学者为主的毛乌素沙地沙漠与环境变化研究拉开了序幕。在 50 年代中期开展的黄河中游水土保持的研究中,严钦尚、罗来兴研究了毛乌素沙地南部的自然地理要素,特别是地貌特征[3-4]。1957 年,中国科学院内蒙古宁夏综合考察队对毛乌素及其周边地区开展了自然地理、自然资源的系统考察,苏联专家 M. П. 彼得罗夫就这次考察撰写了调查报告[5-6]。1959 年,中科院联合多家单位成立的治沙队在毛乌素沙地、库布齐沙漠、宁夏河东沙地等地展开大规模的自然地理与自然资源调查,侯仁之先生也是在这次考察中第一次涉足沙漠区域,他集多年研究之长,在毛乌素沙地、乌兰布和沙漠和宁夏河东沙区展开了广泛的历史地理考察,发现这些沙漠区域"埋藏着那么丰富、那么众多的古人类活动遗迹,从细小的遗址遗物一直到巨大的古城废墟,为历史时期沙漠的变化提供了非常丰富的参考资料"[7]。在广泛调研的基础上,侯先生开创了我国的沙漠历史地理学新方向[8]。

1960 年,侯仁之先生在《人民日报》上以《沙行小记》为题,发表了他在鄂尔多斯沙漠地区的考察见闻,初步对毛乌素沙地中古遗址的废弃与环境变化的关系做了剖析[9]。1962 年,科学出版社出版的《治沙研究》第 3、4 号上刊出了中科院治沙队 50 年代后期的沙漠考察研究成果,对毛乌素沙地提出了具体的治理意见[10-11]。同年,杨理华概括了鄂尔多斯高原的地质、地貌、气候、水文等自然要素,对以往的地质和地理研究有了全面的总结[12];李博则完成了植被地带的划分,提出鄂尔多斯地区自东南向西北由典型草原到荒漠草原,再到草原化荒漠三个亚地带[13]。1964 年,侯仁之先生在《科学通报》上发表了我国沙漠历史地理学研究的两篇开山之作[14-15];陈传康等对鄂尔多斯的地貌、土壤和植被,做了自然区域划分[16]。1966 年,中科院治沙队在 50 年代后期大规模调查与后期补查研究的基础上,初步完成了毛乌素沙地的治沙规划。

1973 年,侯仁之的《从红柳河上的古城废墟看毛乌素沙漠的变迁》一文在《文物》杂志上发表,该文后来成为毛乌素沙地环境变化问题研究的经典,是相关研究的必引文献[17]。1976 年,中科院兰州沙漠所朱震达等学者总结了前期对毛乌素沙地、宁夏河东沙地等的考察研究成果,编制了《1:300000 宁夏沙漠化类型图》、《1:300000 陕北沙漠化类型图》。70 年代后期,兰州沙漠所的董光荣等在萨拉乌素河一带开始了第四纪地层剖面的研究,从毛乌素沙地开始,开创了我国沙漠地区第四纪环境变化研究的新方向。

进入 80 年代,毛乌素沙地及其沙漠化问题研究进入一个新的活跃期,多侧面、多观点的研究成果纷纷问世[18]。1980 年,史念海通过研究"两千三百年来鄂尔多斯高原和河套平原农林牧地区的分布及其变迁",探索生业方式的变化对毛乌素沙地及其周边产生的环境影响[19]。1981 年,赵永复在《历史地理》创刊号上撰文,率先置疑毛乌素沙地是"明、清以后三、四百年"产物的看法[20];史培军对毛乌素沙地南部沙带的成因进行了初步分析[21]。1982 年,张波在"陕北黄土高原农牧业消长的历史过程及有关问题的初步探讨"一文中,提出过度农耕是陕北黄土高原水土流失和毛乌素沙地耕地沙化的原因[22];周廷儒在其《古气候学》一书中也谈及毛乌素沙地沙漠化形成与土地的不合理利用、草场植被退化的关系[23];董光荣、高尚玉等撰文探讨了鄂尔多斯第四纪古风成沙的发现及其科学意义,明确地指出历史时期沙漠化的气候背景是决定性因素[24-26];林雅贞等根据毛乌素沙地的变化过程探讨国土整治的方向[27]。1983~1986 年间,王北辰分时段、分地段研究了毛乌素沙地的历史演变[28-29];1984 年,吴祥定等在总结我国沙漠变迁研究时指出,毛乌素沙地变迁的分歧在于两方面,一是成因,二是形成时代[30]。1986 年,朱士光对毛乌素沙地形成与变迁问题 30 年中的争议做了系统的梳理,辩正地分析了两种成因观的主要论据[31];陈育宁阐述了鄂尔多斯不同历史时期的政治、军事、生产、人口等对环境变化的影响[32]。1987 年,王尚义分析了农牧业的交替对自然环境的影响[33];吴正等的研究强调了晚更新世以来我国北方沙漠化发生发展的同步性,由此说明毛乌素沙地形成有大的气候背景[34]。

20 世纪 90 年代,毛乌素沙地历史时期环境变化的成因机制及沙漠化时代问题,依然是学术界争论的焦点。1991 年,黄赐璇在《地理研究》上撰文,用孢粉手段研究毛乌素沙地全新世自然环境[35]。1992 年,贾铁飞从地貌发育规律入手,探讨毛乌素沙地的形成发展[36];1993 年,陈渭南用全新世毛乌素沙地的孢粉组合反演其气候变迁[37],并在 1994 年又发文从沉积重矿物和土壤养分特点来追溯全新世毛乌素沙地的环境变迁[38]。其后,孙继敏等进行的有关毛乌素沙地环境变化研究的时间尺度缩短至 2000a. B. P.[39],次年的有关研究则将时间尺度放量至 50 万年[40]。1997 年,杨志荣等发表的有关论文,展示了毛乌素沙地北缘的泊江海子近 800 年来气候变化的地层信息记录[41];那平山等也研究了历史时期生态失调与沙漠化的关系[42]。1998 年,李保生等在《科学通报》D 辑上发表文章,探讨"150ka 以来毛乌素沙漠的堆积与变迁过程"[43];1999 年,苏志珠等用湖沼沉积物代用指标特征反演晚冰期以来毛乌素沙漠的环境变化[44];韩秀珍研究了历史时期毛乌素沙地发展演化的气候因素[45];景爱运用考古学手段研究毛乌素沙地的形成过程[46]。2000 年,牛俊杰、赵淑贞用历史地理学方法综合研究了毛乌素沙地的形成时代,阐述了毛乌素沙地与库布齐沙漠皆形成于北魏之前的论点[47]。

迈入新世纪以来,毛乌素沙地历史时期环境变化问题研究,由于代用指标的时空整合与人地关系相互作用研究的深入,呈现多元化与专业化研究并行向纵深发展的趋势。邓辉、夏正楷等以统万城的兴废为例研究了人类活动对生态环境脆弱地区的影响[48];王尚义也以统万城为时空坐标,阐述其兴废所揭示的毛乌素沙地沙漠化过程[49];呼林贵则研究榆林长城沿线的文物考古资料反映的毛乌素沙地变迁[50]。2002 年,许清海等研究了鄂尔多斯东部4000 多年来的环境变迁[51]。曹红霞对整个毛乌素沙地全新世地层粒度变化进行了时空分异研究,认为毛乌素沙地经历了从西北向东南的空间演化过程[52];韩昭庆的研究论文,则着重探索明代的垦殖和清末西垦与毛乌素沙地变迁的关系,其结论显示明清时代该区域的人类活动并非引起沙漠化的主要原因[53-54]。艾冲研究了唐代六胡州土地利用与毛乌素沙地形成的关系[55];孙同兴等则以统万城作为唐宋时期干草原的北界,研究近1000多年来毛乌素沙地自然景观的变迁和沙漠迁移速率[56];王乃昂等研究了鄂尔多斯地区古城夯层沙的环境意义[57-58];张维慎研究了农业开发与森林破坏及毛乌素沙地西南缘土地沙化的对应关系[59];宋乃平、汪一鸣等从历史时期自然要素变化入手提出了宁夏河东沙地荒漠化发展与人类开发活动的滞后效应[60]。杨改梅的博士论文与郝成元的硕士论文,都进行了毛乌素沙地环境变化的驱动力研究[61-62]。李智佩等人的系列文章侧重于进行毛乌素沙地的地质成因方面的研究[63]。最值得一提的是,2007年9月,陕西师范大学西北历史环境与经济社会发展研究中心与北方民族大学文史学院主办了"鄂尔多斯高原及其邻近地区历史地理"学术研究会,会议辑录的文章涉及该区域历史时期的水旱灾害、地貌变化、植被变化、环境变化、土地利用及诸多经济活动等,可谓是集近年来的鄂尔多斯区域历史地理研究之大成[64]。

第二节 毛乌素沙地历史时期环境变化
研究的关键问题与观点分歧

一、毛乌素沙地的成因问题

毛乌素沙地的成因问题,是近50年有关其环境变化相关研究争论的焦点之一。有关成因的观点,不外乎以下三种:自然主导论、人为主导论、自然与人为共同作用论。

1. 自然主导论

从 20 世纪 70 年代末开始,中科院兰州沙漠所董光荣率领的学术团队在毛乌沙地开展了广泛而深入的第四纪研究。他们对野外地层剖面进行系统采样,通过粒度、沉积构造、颗粒形态测试分析等,确定了沉积物的古风成沙特征;通过碳 14、古地磁、热释光等测年手段和地层年代的对比衔接,确定古风成沙的形成时代;通过对地层中孢粉、动物化石、矿物及可溶性盐的分析,地球化学元素的迁移、磁化率的测定以及古冰缘与石膏多边形等地质证据,确定古风成沙的沉积环境和气候;通过与新构造运动、冰期气候、海平面变化揭示的气候信息以及人类活动等的对比分析,确立了毛乌素沙地在第四纪形成的"自然因素说",对于其秦汉以来的环境变化过程,也不否定人类活动的强烈作用,其核心观点主要有:

①　毛乌素沙漠至少在第四纪初以来一直断续存在;它是以流动、半流动、半固定、固定沙丘与大片黄土草地镶嵌分布为特色的草原型沙漠;其演变不是直线式地往单一方向发展,而是被动式地经历流沙出现、扩大与固定、缩小乃至生草成壤的一系列正、逆变化过程。

②　不同时间尺度环境变化的成因是有差异的:1 万年前的更新世期间,环境变化的出现和逆转主要受地球轨道要素制约的万年以上时间尺度的全球气候变化控制;1 万年来的全新世,特别是近 2000 年的历史时期,人类对生态环境的作用已越来越大,但环境变化尤其是沙漠化仍然主要受制于千年和百年尺度的气候波动;20 世纪以来的现代时期,人类不合理的经济活动渐渐成为沙漠化发展的主要影响因素[65]。

③　决定沙漠化正逆过程频繁交替的根本因素是末次冰期和冰后期气候波动所导致的水平生物气候带的移动。在现代,土地沙漠化的正过程迅速扩展,则是自身脆弱的生态系统与气候干旱化和人口增加引起的不合理经济活动三者共同作用的结果。

④　全新世时期我国沙漠化正逆过程的变动主要是由千年或百年尺度上的气候干湿波动主宰,人类活动对沙漠化的影响始终处于从属地位,仅在气候变化基础上,对气候变化导致的沙漠化正逆过程起某种加速、加剧作用[66]。

基于第四纪环境学的其他有关毛乌素沙地成因的研究,大多也持以上观点。史培军从地层剖面的综合研究出发并结合史前考古发现和历史文献资料分析、恢复了不同阶段鄂尔多斯的自然地理分区,并认为全新世10000多年来,鄂尔多斯地区"地理环境的演变主要表现出干湿的明显变化规律,而且存在有大约2000年的波动周期"[67]。李容全认为包括毛乌素沙地在内的中国北方农牧交错带,存在着千年尺度的气候变化并决定着区域环境,全新世至少经历了4个温湿期与4个冷干期,其中2300～1970a. B. P. 是第二冷干期;公元初～1350年为第三暖湿期;1350～1495年为第三冷干期;1495年之后为第四暖湿期[68]。杨志荣认为毛乌素沙地在内的北方农牧交错带内三大片沙地的形成发展与湖泊的发育和演化密切相关[69];那平山认为毛乌素沙地生态环境失调的决定性因素是地质构造和地势[70];曹红霞的研究证明毛乌素沙地的形成过程与东亚季风强弱关系密切[71]。

基于历史地理学和环境考古学的毛乌素沙地成因研究,有的也得出沙地成因为自然因素的结论。赵永复(1981)在从历史文献中提取了毛乌素沙地开发过程、强度和作用方式等方面的信息,并加以系统分析后,认为毛乌素沙带在汉代曾有所开发,但为时不长,所以它的产生应该早于汉代之前,如果是这样,那么今毛乌素沙地主要为自然因素的产物,是第四纪以来就已存在的,而不是什么"人造沙漠"。王乃昂等基于"六胡州"的研究证明毛乌素西南部在唐代以前已有大面积的沙丘分布。韩昭庆(2003,2006)认为明代毛乌素沙地南界基本沿长城一线分布,政府与游牧民族的冲突和战争极大地限制了沿边垦殖活动的范围,有限的垦殖不足以使明代长城沿线的流沙形成,流沙范围的扩大更可能是自然原因。曹永年也从垦殖规模的分析得出结论:明万历年间大规模沙壅平墙(明边墙)的现象是自然界突变的结果。

2. 人为主导论

20世纪50年代,严钦尚(1954)、罗来兴(1954)等从流动沙地形成与植被的关系出发,率先提出毛乌素沙地的形成为就地起沙,认为人类活动的强烈影响造成的植被破坏致使地下伏沙活化,在风力作用下古沙翻新,堆积成新的沙丘。以彼得洛夫为代表的苏联专家,在对我国的干燥区进行了自然地理综合考察的基础上,得出结论:"中国目前所有的大片流动沙地的形成基本上都是由于人类不合理的活动"造成的;鄂尔多斯地区在不同的地貌区内有不同的沙质来源,其中在鄂尔多斯高地区域及库布齐沙地内,风成沙源于白垩纪和侏罗纪沙岩的吹蚀;湖泊洼地的小片风成沙为河湖相河流沉积物的吹蚀;东南部洼地深厚而大面积的风成沙是河湖相冲积物吹蚀的结果。由于苏联专家的观察比较细致,论述的环境变化现象也非常普遍,因此其观点得到我国学者的广泛认同。但是同一时期的国内学者更强调毛乌素沙地的沙源为古沙翻新和就地起沙[72-73]。

由于以上的研究都是基于现状自然地理环境特征的,人类活动的强烈干预在半干旱草原区引起环境变化等土地退化过程是非常普遍的,因而毛乌素沙地是纯粹的"人造沙漠"的观点在这一时期形成。但是随着对区域地质特征,特别是第四纪地质研究的深入,毛乌素沙地在人类影响介入之前就存在着已是不争的事实,后来的研究成果一般也认可自然的作用,但强调人类作用是历史时期毛乌素沙地形成的主导因素。

侯仁之在毛乌素沙地进行的沙漠历史地理研究,认为宁夏河东沙地形成是"由于不断地开荒和撂荒"以及"过度的樵采和放牧"[74]。马正林也认为毛乌素沙地即使原来有沙漠,范围也比较小,后来的扩张是历史时期人类不合理的耕垦、放牧造成的[75]。朱震达等的研究则认为"民族战争和过度开发使沙地活化",结果"流沙不断扩大发展","气候因素对于荒漠化的发展进程只是起影响作用而不是决定作用"[76]。陈育宁(1986)、景爱(1999)等也都强调在本地原有的脆弱的生态系统下,秦汉以来的过度开垦是引起土地发退化,特别是沙漠化的主要原因[77-78]。

有关毛乌素沙地在人为作用下形成的引致因子还有不同的表述。李并成认为"唐中后期的民族间纷争频繁,军事行动每每引起生产破坏,战火焚烧林木、战马践踏草地屡屡发生,遂招致风蚀作用强化,流沙兴起"[79]。邓辉认为统万城一带唐以后生态环境的恶化,主要是由于南北朝以来"人类过度使用当地的土地资源"[80]。艾冲认为毛乌素沙漠的形成与有唐一代这一地区的过牧超载有直接关系(2004)[81]。马雪芹提出毛乌素沙地的形成是夏国都城的修建及其他一系列人为活动所导致的[82]。

3. 自然与人文要素共同影响论

自然与人文双重影响论是建立在前两种学说基础之上的,它强调毛乌素沙地的形成是自然与人文因素相互叠加、共同作用的结果,但可能在不同时段有一个主导因素。

薛娴、王涛等认为秦汉时期的强烈人类活动与魏晋南北朝时期的气候波动是今天鄂尔多斯土地沙漠化的肇端,唐朝的大规模开垦、明代在长城沿线的屯垦开田、清末与民国初期的放垦都是毛乌素沙地扩展的根本原因[83]。孙继敏等认为毛乌素沙地大面积的沙漠化是以丰富的沙源(第四纪古风成沙)为前提,特定的风场与气候构成了强大的沙漠化外营力条件,人类活动被积累放大并超过临界值后便诱发了土地的沙漠化(1995)[84]。朱士光认为:"毛乌素沙地按当地今之自然地理特点论之,当属温带半干旱典型草原地带,本不应出现流沙现象。但目前却有80%的面积呈现沙化景象,且流动与半固定沙地占总面积的一半以上,这既背逆其地带性属性,也不是非地带性因素所使然,而是在其自然因素本身缓慢变化的基础上添加了一种非自然力和外来因素共同作用下形成的。"[85]

许清海等认为:全新世中期毛乌素沙地发育的黑垆土层在全新世晚期气候变干和人类活动的共同作用下,遭到严重破坏,流动沙丘再次活跃起来(2002)[86]。北京师范大学的相关研究认为毛乌素沙地目前的形成是"就地起沙",原因有自然因素,也是人为破坏环境而造成,但近一千多年来沙漠化发展的原因主要是战争和人为破坏[87]。王尚义等也认为鄂尔多斯地区沙漠的形成自然和人为因素都发挥了作用,认为统万城的兴废主要是由于人为的军事原因,同时也有自然环境演化的因素,长城沿线沙漠化的形成也如此[88]。

二、毛乌素沙地的形成时代

关于毛乌素沙地的形成时代,可以笼统地划分为"地质历史时期形成说"和"人类历史时期形成说",但对具体变迁过程的认识上,存在着较大的分歧。

1. 地质历史时期形成说

坚持这一学说的研究者无疑认为毛乌素沙地第四纪以来的发生发展是自然因素作用的结果。由于学者们各自选择的研究时空区间长短、大小不一,有关毛乌素沙地环境变迁过程的分辨率也就有很大差别。仅就全新世而言,就有以下代表性观点:

① 董光荣等的第四纪综合研究认为:全新世早期毛乌素沙漠总体趋于固定、缩小,其中期沙漠大部处于固定、缩小状态,晚期沙漠有所扩大,但未达到末次冰期的最大规模。近 2000 年来我国气温经历了多次冷暖波动,温度的变化必然导致降水变化,进而导致沙漠化正逆过程互相转变。在公元初到 6 世纪,11 ~ 13 世纪、14 世纪后期到 19 世纪初是沙漠化正过程为主的发展时期;而在 2500 ~ 2000a. B. P. 左右(战国初至西汉),公元 6 世纪中叶至 11 世纪(南北朝至五代十国)、13 世纪下半叶到 14 世纪中叶(元朝)主要为沙漠化逆过程发展时期。

② 黄赐璇从孢粉分析得出结论:毛乌素沙地全新世早期(距今 13000 ~ 9000 年)为干旱偏凉型气候,植被为散生松、桦、柳的蒿、麻黄草原;全新世中期(距今 9000 ~ 4000)为干旱偏暖型气候,植被先为散生松、栎的蒿、莎草的草原,后为藜、蒿草原;全新世晚期(距今 4000 以来)为干旱温和型气候,植被为蒿、藜草原。

③ 陈渭南等从毛乌素沙地全新世地层沉积构造、岩性、重矿物特点、有机质及无机养分含量分析,认为毛乌素沙地"全新世沉积环境有过多次正逆变化,其中 11 ~ 10ka. B. P. 左右、8500 ~ 5000a. B. P. 左右、4000 ~ 3500a. B. P. 左右、2700 ~ 2000a. B. P. 左右和 1500 ~ 1000a. B. P. 左右时期气候相对湿润,植被、土壤发育较好,风沙活动受到限制,化学风化作用较强。介于其间的时期则

分别为以机械风化占主导地位的高能环境,植被衰亡,土壤风蚀和风沙活动频仍,气候相对较为干燥"。

④　史培军、张兰生等认为:鄂尔多斯高原古土壤发育形成的时段,分别在距今 10000、8000、6000、4000、2000 的前后 500 年期间,各古土壤层上下则被风沙层、风水两相沉积物或沙黄土隔断,反映气候干湿变化。毛乌素沙地年降水量大体变化于 150 ~ 450mm 之间,即存在相当于草原化荒漠与森林草原之间的摆动。

⑤　杨志荣的研究表明:全新早中期(10000 ~ 4000a. B. P.)古土壤较为发育,以沙丘固定为主,晚全新世以来气候干旱,是重要的起沙作用和古沙翻新时期。2200 ~ 1800a. B. P. 、1400 ~ 650a. B. P. 是近 3000 年以来气候较为温湿的阶段;1800 ~ 1400a. B. P. 、650 ~ 270a. B. P. 为气候较干冷的阶段。

⑥　高尚玉等在毛乌素沙地南缘榆林三道沟剖面的马兰黄土地层上发现 6 道砂质古土壤层,其中明显的 4 条具体形成时间分别是 6200 ~ 5100aB. P. 、4300 ~ 3500aB. P. 、2700 ~ 2300aB. P. 和 1600 ~ 1100a. B. P. 之间,而这几个时段之外的时段,则是气候干燥、植被退化与沙丘复活的时期。

⑦　曹红霞认为毛乌素沙地在全新世早期(10 ~ 8ka. B. P.)的干冷阶段向南扩展;在全新世中期(8 ~ 2ka. B. P.)的气候适宜期沙漠面积缩小,甚至消失;全新世晚期(2ka. B. P.)气候总体向干冷方向发展,面积开始扩大。

⑧　田广金用环境考古学方法研究岱海地区史前文化与环境的关系,认为 6300a. B. P. 之前原始农业文化对应着暖湿的环境(仰韶适宜期);经过海生不浪文化(5800 ~ 5000a. B. P.)可能性降温时段,进入老虎山文化(4800 ~ 4300a. B. P.)的凉湿稳定期;其后经短暂的文化空缺,进入夏商时期的干冷段;直至 2500a. B. P.

前后,气候重又变得暖湿,该区域的环境因此有相应的变化。

2. 人类历史时期形成说

这一论点强调毛乌素沙地形成的主导因素是人类活动,但是对人类活动导致沙漠形成和扩大的时间段的认识又有分歧,主要有四种看法。

① 认为毛乌素沙地在三、四百年前是被灌木、草本植物固定的,十八世纪初叶以后,由于不合理的开垦和过度放牧,"天然植被受到破坏,使得沙地流动起来,以致形成榆林城北深厚的新月形沙丘地"。也就是说,毛乌素沙地流沙的发生不过是近二、三百年间的事情[89-92]。

② 认为毛乌素沙地在南北朝时期还是水草丰美、景物宜人的好地方,但从唐代开始明显恶化,沙漠得以形成。景爱通过对鄂尔多斯地区的古长城、古城池、墓葬群、交通线、文物形制等文化考古学研究,也支持毛乌素沙地始于隋唐前后的观点,但是同时认为秦汉时期的垦殖与后期的环境变化不无干系,而明边墙的修筑与清代的垦荒加深和加剧了沙漠的形成。艾冲认为毛乌素沙地于唐代后期扩散,宋明时期向东南扩张,明末迄今则继续扩张。马正林认为中唐以后毛乌素的风沙危害与黄河下游下溢泛滥频繁在时间上不谋而合,应该不是一种偶然现象。

③ 认为毛乌素沙地形成的时间不会迟于二三百年前,也不会早于秦汉以前,主要证据:其一是自然条件较差的毛乌素沙地西北部的沙化重于自然条件较好的东南部;其二是古城时代由西北向东南呈现由古到新的趋势。朱震达等认为明长城以北是唐宋时期形成的,长城沿线及以南是明代以来300年间的产物。

④ 认为毛乌素沙地形成时期可能在东汉甚至更早。许清海等认为全新世晚期初(2400a. B. P. 左右),黑垆土在鄂尔多斯东部

的分布比现在大得多,但随后的开垦后很快酿成沙化。王炜林根据汉代墓穴中出现填沙的现象,蠡测毛乌素沙地可能形成于东汉以前,又引张忠培先生的观点,将形成时代前推至夏代。赵永复以历史地理的研究法也得到相似结论。考虑到秦汉之前鄂尔多斯地区的人类活动对环境的影响力微不足道,故此,将毛乌素沙地形成时间定于秦汉以前,实际上也契合了"地质历史时期形成说"[94]。

三、毛乌素沙地的范围问题

毛乌素沙地的范围问题也一直是近 50 年来相关研究所关注的重要问题之一。综合地看,与沙地范围问题相关的研究主要集中在以下几个方面。

1.沙地范围大小的时空关系

毛乌素沙地第四纪研究基本认定其范围的大小是在不断变化之中,其中全新世时期"作为万年尺度的暖期,总体是相对的暖湿期,沙丘固定、沙漠规模缩小……。全新世晚期至现代,沙区虽有所扩大,但无论现代气候处于长期气候冷干—暖湿波动的哪个阶段,以及人类不合理的经济活动对土地退化的强烈影响,沙漠扩张的范围仍不及末次冰期时期之大"[95]。人类历史时期毛乌素沙地范围呈现单纯扩大趋势是历史地理研究者们达成的基本共识,也有个别研究认为人类历史时期鄂尔多斯地区沙漠范围还是存在一定变化的,即唐朝沙漠化范围扩大,无定河流域是沙漠化主要地区;明朝长城以北沙漠化有所缓和,以南则呈迅速扩大趋势;清朝末年和民国时期沙漠化向鄂尔多斯周边地区进一步扩展[96-97]。

2.沙漠—黄土界限及移动

毛乌素沙地属于季风边缘型沙地,自然主导论学者大多认为其形成的主要自然因素取决于东亚季风的强弱,冬季风占优势时经历沙漠化正过程;夏季风占优势时经历沙漠化逆过程,因此,冬夏季风的边界可以表征毛乌素沙地的边界。董光荣等的研究说明:目前夏季风的北界在榆林西北200km,末次间冰期时夏季风北界在现界以北400～500km,毛乌素全境都为生草成壤的沙漠化逆过程阶段;末次冰期时夏季风北界则退到了古长城沿线,毛乌素全境都在沙漠化正过程的控制之下;全新世最佳期的夏季风界线远在现今界线的西北,但未达到末次间冰期的水平[98]。

　　沙漠－黄土边界带的时空迁移对于全球变化引致的东亚冬、夏季风变化有着很好的响应,同时也能反映沙地范围的大小。董光荣、靳鹤龄等的研究表明:全新世沙漠经历过多次活化扩大和固定缩小过程,沙漠—黄土边界带也频繁摆动,摆动幅度最大的时期当属全新世大暖期,现代的沙漠—黄土边界带内彼时普遍发育砂质黑垆土和黑色土等半湿润草原土壤[99-100]。在毛乌素及我国北方季风边缘区,相对于现状的沙漠－黄土边界带南界,几个特征时段中,早全新世偏西北,中全新世更偏西北,晚全新世则偏东南。

3. 不同时段沙漠的南界

　　基于历史地理学和环境考古学的环境变迁研究,在利用文献资料和考古发现界定沙漠范围方面有着较强的优势[101-105]。侯仁之与袁樾方在确定了现今的榆林城非秦汉的榆林郡以后,认定这里在东汉时期还不曾有流沙危害,说明毛乌素沙地在东汉时南界还未到达今榆林一带;侯仁之还根据长城的修筑和铁柱泉城的兴废,判断宁夏河东沙地在明代实行军屯以前还未成形,藉此可以说明毛乌素沙地西南界明代初年未过今边墙,这一观点得到国内同行的普遍赞同。王天顺等则认为在宋夏时期,鄂尔多斯地区就存在着广大的荒漠甚至流沙带,南界已到达横山和白于山北侧沿线[106-107]。王北辰认为"早在统万城建都之时,灵、夏之间就出现沙丘了"。而毛乌素沙地的南界在明代修筑边墙时已到达长城沿线,这也是许多历史地理学者共同的认识[108]。

4. 不同时代沙漠分布的地段

　　王北辰以历史文献为基准,以山水为脉络,以古城为参照,揭示沙漠出现的时段和地段。根据他的研究,在唐代中后期夏州城(今靖边与乌审旗交界处的白城子)四周有流沙;银州(今米脂县)以北有沙地;六胡州(今鄂托克前旗与宁夏盐池县、陕西定边县交界处)以北有沙地;灵州、丰州间(宁夏吴忠市与内蒙古临河市之间)有沙地;盐州－夏州－银州间(宁夏盐池县－陕西靖边县北－米脂县之间)有沙地。王尚义的研究表明北魏时期鄂尔多斯就有三条沙带,北沙带相当于今库布齐沙漠的位置;中沙带横亘在统万城北部;南沙带位于统万城西南,而统万城在建城伊始附近就有沙,而且环境特征可能是"沙草并存"。景爱认为无定河流域在唐宋时期流沙已广泛出露。朱永杰、顾琳等认为明代中叶在明边墙中段北部尽为流动沙地,兴武营以东一带地表也呈现土沙并存特点[109]。对毛乌素沙地沙带分布的地段的认识尽管并表达各异,但多数研究都显示有北部先形成,南部后形成的特征[110-112]。

第三节　毛乌素沙地历史时期环境
变化研究的总体评价

一、研究成果的统计分析

　　毛乌素沙地古今环境变化问题研究,目前在国内八大沙漠四大沙地中是最多的,也是争论最热烈的一个。根据笔者目前掌握的资料,直接涉及毛乌素沙地地质时期和人类历史时期环境变化问题的研究成果有一百篇(部)以上,对其发表的时间、研究方法与手段、沙漠成因认识等几方面进行统计,可以发现,其研究工作有如下特点:

1. 研究成果的数量近年来呈上升趋势

由 20 世纪 50 及 60 年代的各 5 篇(部),70 年代的 2 篇(部),剧增到 80 年代的 25 篇(部)、90 年代的 30 篇(部),2000～2005年共有 52 篇(部)。数量的直线增加,说明毛乌素沙地历史沙漠化问题自上世纪 50～60 年代引起学界关注以后,在 80 年代成为当之无愧的热点问题,目前依然如此。

2. 建立在野外工作基础之上的研究成果数量呈下降趋势

50～60 年代的毛乌素沙地沙漠化问题研究是建立在大规模的自然地理野外考察工作基础之上的,70～90 年代,兰州沙漠所、北大地理系等单位的研究人员,在毛乌素及其周边地区也进行过广泛的治沙工作和野外调查,积累了大量的一手资料,考古学与侯仁之先生开拓的历史地理学野外调查工作在这一时期也有长足进展。进入 90 年代以后,基于野外工作的毛乌素沙地历史沙漠化研究的数量只占到半数左右,说明目前进入了原始资料的消化整理阶段,这也预示着要将毛乌素的相关研究推向深入,还需要开展新一轮的更有新意的野外工作。

3. 研究方法和手段趋于多样化

上世纪 50～70 年代,有关毛乌素历史沙漠化的研究一方面是建立在自然地理学野外调查基础之上并结合土地利用方式而开展的;另一方面是依托历史地理学的文献考据和野外实地考察而进行的。进入 80 年代,毛乌素沙地的第四纪研究迅速开展,其研究内容包括地层结构、地球物理(如粒度组成、古地磁)、地球化学(如碳酸盐、沉积重矿物)、孢粉、气候背景等,毛乌素沙地的历史地理学研究在这以后也逐渐深化,而揭示历史沙漠化的自然地理研究则逐渐淡出。90 年代以来,在延续 80 年代的研究方法和手段的同时,考古工作的进展为毛乌素沙地的成因深化研究注入了新鲜血液,综合集成研究也成为一个新趋势,特别是在课题支持下的涉及毛乌素沙地环境变迁的学位论文,往往采用多种手段相互印证,将毛乌素沙地历史时期环境变化问题研究提高到一个新的高度。

4. 三种成因理论逐渐开始分庭抗礼

在毛乌素沙地历史沙漠化的 50 余年研究历程中,"人造沙漠"的观点最先出现,在 20 世纪 50～70 年代没有形成太多争议。80 年代初,赵永复基于文献资料的研究率先提出了毛乌素沙地形成的自然主导论,其后,强有力的毛乌素沙地第四纪研究从多个角度和层面阐述了相似的观点,而且挖掘了自然主导论后的气候背景,到 90 年代逐渐成为强势理论。而中和前两种观点的"双重影响说"对解释毛乌素沙地在全新晚期抑或人类历史时期扩展的机制时更令人信服,近年来支持者甚重。

二、研究中存在的问题和不足

从以上总结分析可以看出:毛乌素沙地古今环境变化的演变过程、成因机制等方面的研究在这 50 余年中取得了长足进展。尽管如此,依然存在着这样或那样的问题,存在的争论离彻底明辨还有很大差距。

1. 各种研究方法的局限性使得研究存在盲点

由于第四纪研究中采用典型剖面提取信息的工作方法,对揭示不同时间尺度的环境变化过程非常有利,而若获取空间变化信息,则需通过大量的样点和典型剖面才能提取面源数据,如果这样做将需要大量的人力、物力和财力,一般的课题是难以实现的,考古学与环境考古学研究亦如此。历史地理学虽然能够较多揭示面上信息,但存在断章取义、以今论古、文学语言缺乏科学性等一系列问题,同样的文献由于研究者的专业特长不同很易形成完全不同的结论,对沙漠在各时代的空间范围、成因等的界定也很难保证其科学性。基于自然地理学的历史时期环境变化研究往往缺乏时空把握力,易将问题简单化与表象化。正是由于每种研究方法都各有优劣,而且由于研究者各自知识背景的局限,相互之间往往很难接轨,因此存在着研究的真空地带,同类研究方法依据相同资料,有时得到的结论也很难调和。例如,不同学者得出的全新世晚期气候波动的周期不尽统一;在人类活动方式对各时期的环境影响方面,有时观点是完全对立的;第四纪研究得到的人类历史时期环境变化信息与历史文献中提取的信息有时也很难协调,等等。要解决这些问题,一方面需要加强学科间合作研究,另一方面则需要运用新的研究手段进行更深入的研究。

2. 不同研究成果的时间尺度相差悬殊

　　基于第四纪地质学的毛乌素沙地历史环境变化研究往往提取的是大尺度的环境变化信息,从第四纪、晚更新世以来,到全新世、全新世晚期,再到近2000年或数百年不等,尺度的大小除与研究者的研究目的有关外,同时在很大程度上取决于所取剖面的发育情况。基于历史文献的研究由于不同时代的参考资料丰缺程度不一,唐代、宋夏时期、明清两朝较多,因而对这些时段的研究也比较多,对其他时段的研究则较少,而且一般还是根据各种事件进行推理,很难排除臆断的成分。基于考古学的研究也特别受制于考古点的时代分布,很难在一个小区域找到完整的、时间连续的文化层并获取完整的环境变化信息。因此,有关毛乌素沙地历史环境变化的研究虽然已经勾勒出第四纪以来,特别是人类历史时期以来的变化框架,但各时段详简不一,难以达成具有说服力的完整的环境变化图谱。

3. 对人类历史时期沙漠化与环境变化的分辨率普遍较小

第四纪地质学对毛乌素沙地历史时期沙漠化研究的分辨率从数万年、万年,到千年或千年以下不等,很少有到数百年或百年以下的,这样的分辨率反映地质历史时期的环境变化应当说是足够了,但是相对于人类历史时期而言,就太小了,不足以系统反演人类活对环境变化的影响。目前在毛乌素沙地,只有个别研究利用湖泊沉积物的高分辨率记录,重建了 2000 年或数百年以来的环境变化历史,但离建立令人信服的高分辨度环境变化序列还相差很远。历史地理学、自然地理学、考古学等研究手段,由于以上提到的种种局限,也不可能有很高的分辨率。遥感与 GIS 手段在研究近 50 年环境变化时无疑能有很高的分辨率,但对历史时期环境变化问题的研究最多只能提供些参照。

4. 一些先入为主的观点制约研究工作的深入

在毛乌素沙地历史时期环境变化问题研究中,似乎不同学科背景的研究者们已经就一些问题达成了共识,研究工作往往在一定的框架下进行。其中最突出的一个共识就是:毛乌素沙地在人类历史时期的形成和发展过程,是其北部地带先行形成,然后往南、东南和西南扩散开来,北部界线基本就固定在现在的位置上。正因为如此,有关毛乌素沙地边界的研究都是关于其南界的,没有人尝试对北界有否变化作过研究。又如,在战争、移民、生产、生活等各项人类活动对环境变化的正面和负面作用认识方面,很长一段时期都存在着"农垦破坏环境、放牧生态恢复"思维定式,一些研究者不是立足于探寻环境要素变化的证据,而是就人为活动类型和强度,推导其对环境的影响,建立起完全与人类活动对应的环境变化变化序列。这种研究法,势必将复杂问题简单化,值得欣慰的是这种情况近年来有很大改变,越来越多的研究者开始从搜寻环境变化证据入手去探索人地关系相互作用,而不再是反其道而行之。再譬如对军事活动的环境影响方面,也绝不可能是简单地单向破坏,有时放火烧荒还有利于植物繁殖体的发育。凡此等等,笔者认为只有扬弃掉某些先入为主的看法,才能将毛乌素沙地历史环境变化问题研究进一步引向深入。

第四节　小结

　　毛乌素沙地的历史时期环境变化研究是从区域自然地理学研究开始,区域历史地理学研究紧随其后,第四纪研究则使之成为国内地学界的热点问题,至今依然为国内外同行们广泛关注。在60年的研究历程中,有关毛乌素沙地的成因问题,已形成三类代表性观点,即自然主导论、人为主导论和自然与人为共同作用论;有关毛乌素沙地的形成时代,则有地质历史时期形成说和人类历史时期形成说两类,每一类内部还存在很大的分歧;有关毛乌素沙地历史时期边界问题的研究,主要集中在沙地范围大小的时空关系、沙漠与黄土界限的移动、不同时段沙漠的南界、不同时代沙漠分布的地段等方面。虽然研究工作已取得长足进步,但由于各种研究方法都存在局限性,一些思维定式也对研究有不利影响,使得研究工作存在盲点,研究的时间尺度相差悬殊,分辨率也普遍较小。目前,毛乌素沙地历史环境变化研究进入了资料消化和对多种信息盘整时期,研究方法和手段越来越多样化、各类观点学说分庭抗礼,谁也不能被说服。今后的发展方向一方面是学科间要加强合作研究,另一方面则需要运用新的研究手段进行更深入的研究;同时还要越来越多地开展定量研究,使定性研究与定量研究有机结合起来。只有这样,毛乌素沙地历史环境变化研究工作才能继续向纵深发展。

参考文献

1　董玉祥等:《沙漠化若干问题研究》,西安地图出版社,1995 年。

2　王涛:《我国沙漠化研究的若干问题》,《中国沙漠》,2004 年第 1 期。

3、91　罗兴来:《陕北榆林靖边的风沙问题》,《科学通报》,1954 年第 3 期。

4、92　严钦尚:《陕北榆林定边流动沙丘及其改造》,《科学通报》,1954 年 11 期。

5　彼得洛夫:《中国北部的沙地(鄂尔多斯和阿拉善东部)》,见《沙漠地区的综合调查研究报告(第二号)》,科学出版社,1959 年。

6　彼得洛夫:《鄂尔多斯(自然地理)》,见《沙漠地区的综合调查研究报告(第二号)》,科学出版社,1959 年。

7　侯仁之:《走上沙漠考察的道路》,《科学通报》,1964 年第 10 期。

8　邓辉:《论侯仁之历史地理学的"环境变迁"思想》,《北京大学学报》,2002 年第 3 期。

9　侯仁之:《沙行小记》,见《步芳集》,北京出版社,1981 年。

10、73　李孝芬:《宁夏河东地区沙漠考察》,见《治沙研究(第 3 号)》,科学出版社,1962 年。

11　黄兆华等:《鄂尔多斯地区草场的利用和改良》,见《中国科学院兰州沙漠研究所集刊》,科学出版社,1982 年。

12　杨理华:《黄河中游第四纪调查报告——鄂尔多斯第四纪调查报告》,见《治沙研究(第 3 号)》,科学出版社,1962 年。

13　李博:《中国西北部及内蒙古沙漠地区的植被及改造利用的初步意见》,见《治沙研究(第 4 号)》,科学出版社,1962 年。

14、74　侯仁之:《从人类活动的遗迹探索宁夏河东沙区的变迁》,《科学通报》,1964 年第 3 期。

15　侯仁之等:《乌兰布和沙漠的汉代垦区》,《科学通报》,见《治沙研究(第 7 号)》,科学出版社,1965 年。

16 陈传康:《内蒙古伊斯霍洛旗的自然区划》,见《中国地理学会 1962 年自然区划讨论会论文集》,科学出版社,1964 年。

17 侯仁之:《从红柳河上的古城废墟看毛乌素沙漠的变迁》,《文物》,1973 年第 1 期。

18 孙庆伟:《鄂尔多斯地区沙漠化的研究》,中国科学院研究生院博士学位论文,2003 年 11 月。

19 史念海:《两千三百年来鄂尔多斯高原和河套平原农林牧地区的分布及变迁》,《北京师范大学学报(哲学社会科学版)》,1980 年第 6 期。

20 赵永复:《历史上毛乌素沙地的变迁问题》,见《历史地理(创刊号)》,上海人民出版社,1981 年。

21 史培军:《中国北方农牧交错带环境考古研究》,见北京师范大学环境科学研究所《北方资源开发与环境研究》,海洋出版社,1992 年。

22 张波:《陕北黄土高原农牧业消长的历史过程及有关问题的初步探讨》,《中国农业科学》,1982 年第 6 期。

23 周廷儒:《古地理学》,北京师范大学出版社,1982 年。

24 高尚玉等:《萨拉乌素河第四纪地层中化学元素的迁移和聚集与古气候的关系》,《地球化学》,1985 年第 3 期。

25 董光荣等:《毛乌素沙漠的形成、演变和成因问题》,《中国科学(B 辑)》,1988 年第 6 期。

26、95 高尚玉等:《全新世中国季风区西北缘沙漠演化初步研究》,《中国科学(B 辑)》,1993 年第 2 期。

27 林雅贞等:《从自然条件讨论毛乌素沙区的治沙和生产发展方向问题》,《地理学报》,1983 年第 3 期。

28 王北辰:《公元六世纪初期鄂尔多斯沙漠图说——南北朝、北魏夏州境内沙漠》,《中国沙漠》,1986 年第 4 期。

29 王北辰:《毛乌素南沿的历史演化》,《中国沙漠》,1983 年第 4 期。

30 吴祥定等:《历史时期黄土高原植被与人文要素的变化》,海洋出版社,1994 年。

31、85 朱士光:《关于毛乌素沙地形成与变迁问题的学术讨论》,《西北史地》,1986 年第 4 期。

32、77 陈育宁:《鄂尔多斯地区沙漠化的形成和发展述论》,《中国社会科学》,1986 年第 2 期。

33　王尚义：《历史时期鄂尔多斯高原农牧业的交替及其对自然环境的影响》，《历史地理》，1987 年第 5 期。

34　吴正：《浅议我国北方地区的沙漠化问题》，《地理学报》，1991 年第 3 期。

36　黄赐璇：《毛乌素沙地边缘全新世自然环境》，《地理研究》，1991 年第 2 期。

36　贾铁飞：《中国北方季风气候与内陆气候过渡地带全新世环境演变》，《内蒙古师大学报（自然科学汉文版）》，1995 年第 1 期。

37　陈渭南：《毛乌素沙地全新世孢粉组合与气候变迁》，《历史地理论丛》，1993 年第 1 期。

38　陈渭南、宋锦熙、高尚玉：《从沉积重矿物与土壤养分特点看毛乌素沙地全新世环境变迁》，《中国沙漠》，1994 年第 3 期。

39、84　孙继敏、丁仲礼、袁宝印：《2000aB. P. 来毛乌素地区的沙漠化问题》，《干旱区地理》，1995 年第 1 期。

40　丁仲礼等：《50 万年来沙漠－黄土边界带的环境演变》，《干旱区地理》，1995 年第 4 期。

41　杨志荣：《鄂尔多斯泊江海子地区 800 余年来的气候与环境变化》，《湖南师范大学自然科学学报》，1996 年第 4 期。

42、70　那平山等：《毛乌素沙地生态环境失调的研究》，《中国沙漠》，1997 年第 4 期。

43　李保生等：《Processes of the deposition and vicissitude of Mu Us Desert, China since 150ka B. P》，《中国科学（D 辑）》，1988 年第 3 期。

44　苏志珠等：《晚冰期以来毛乌素沙漠环境特征的湖沼相沉积记录》，《中国沙漠》，1999 年第 2 期。

45　韩秀珍：《历史时期鄂尔多斯沙化的气候因素作用分析》，《干旱区资源与环境》，1999 年增刊。

46、78　景爱：《沙漠考古通论》，紫禁城出版社，1999 年。

47　牛俊杰等：《关于历史时期鄂尔多斯高原沙漠化问题》，《中国沙漠》，2000 年第 1 期。

48　邓辉等：《从统万城的兴废看人类活动对生态环境脆弱地区的影响》，《中国历史地理论丛》，2001 年第 2 期。

49　王尚义等：《统万城的兴废与毛乌素沙地之变迁》，《地理研究》，2001 年第 3 期。

50 呼林贵:《由榆林长城沿线文物考古资料看毛乌素沙漠变迁》,《中国历史地理论丛》,2001 年增刊。

51、86 许清海等:《鄂尔多斯东部 4000 余年来的环境与人地关系的初步探讨》,《第四纪研究》,2002 年第 2 期。

52 曹红霞等:《毛乌素沙地全新世地层粒度组成特征及古气候意义》,《沉积学报》,2003 年第 3 期。

53 韩昭庆:《明代毛乌素沙地变迁及其与周边地区垦殖的关系》,《中国社会科学》,2003 年第 5 期。

54 韩昭庆:《清末西垦对毛乌素沙地的影响》,《地理科学》,2006 年第 6 期。

55 艾冲:《论毛乌素沙漠形成与唐代六胡州土地利用的关系》,《陕西师范大学学报(哲学社会科学版)》,2004 年第 3 期。

56 孙同兴等:《陕北统万城地区历史自然景观及毛乌素沙漠迁移速率》,《古地理研究》,2004 年第 3 期。

57 王乃昂等:《六胡州古城址的发现及其环境意义》,《中国历史地理论丛》,2006 年第 3 期。

58 王乃昂等:《鄂尔多斯高原古城夯层沙的环境解释》,《地理学报》,2006 年第 9 期。

59 张维慎:《试论宁夏中北部土地沙化的历史演进》,《古今农业》,2005 年第 1 期。

60 宋乃平、汪一鸣:《宁夏中部风沙区的环境演变》,《干旱区资源与环境》,2004 年第 4 期。

61 杨改梅:《毛乌素沙地沙漠化驱动因素的研究》,西北农林科技大学博士论文,2007 年。

62 李智佩等:《毛乌素沙地沉积物粒度特征与土地沙漠化》,《吉林大学学报(地球科学版)》,2007 年第 3 期。

63 李智佩等:《全新世气候变化与中国北方沙漠化》,《西北地质》,2007 年第 3 期。

64 侯甬坚:《鄂尔多斯高原及其邻近地区历史地理研究》,三秦出版社,2008 年。

65 董光荣等:《中国北方半干旱和半湿润地区沙漠化的成因》,《第四纪研究》,1998 年第 2 期。

66 董光荣等:《晚更新世初以来我国陆生生态系统沙漠化过程及其成因》,见《黄土·第四纪地质·全球变化》,科学出版社,1990 年。

67 史培军:《地理环境演变研究的理论与实践——鄂尔多斯地区晚第四纪以来地理

环境演变研究》,科学出版社,1991 年。

68　李容全:《中国北方农牧交错带全新世环境演变》,见《中国北方资源开发与环境研究》,海洋出版社,1992 年。

69　杨志荣:《中国北方农牧交错带全新世环境演变综合研究》,北京师范大学博士论文,1996 年。

71　曹红霞:《毛乌素沙地全新世地层及沉积环境记录》,西北大学硕士论文,2003 年。

72　楼桐茂:《沙漠成因类型及风沙移动特点》,见《治沙研究(第 4 号)》,科学出版社,1962 年。

75　马正林:《人类活动与中国沙漠地区的扩大》,《陕西师范大学学报》,1884 年第 3 期。

76　朱震达等:《中国的沙漠化及其治理》,科学技术出版社,1989 年。

79　朱震达:《中国土地荒漠化的概念、成因与防治》,《第四纪研究》,1998 年第 2 期。

80　李并成:《我国历史上的沙漠化问题及其警示》,《求是》,2002 年第 5 期。

81　艾冲:《论毛乌素沙漠形成与唐代六胡州土地利用的关系》,《陕西师范大学学报(哲学社会科学版)》,2004 年第 3 期。

82　马雪芹:《地理环境变迁与人类活动的关系——西部地区部分沙漠形成原因之分析》,《内蒙古社会科学(汉文版)》,2004 年第 3 期。

83、96　薛娴等:《中国北方农牧交错区沙漠化发展过程及其成因分析》,《中国沙漠》,2005 年第 3 期。

87　北京大学地理系等:《毛乌素沙区自然条件及其改良利用》,科学出版社,1983 年。

88　王尚义:《历史时期鄂尔多斯高原农牧业的交替及其对自然环境的影响》,见《历史地理(第五辑)》,上海人民出版社,1987 年。

89　М. П. 彼得罗夫:《研究和开发中华人民共和国干燥区流沙的任务》,见《干燥区和黄土区的地理问题》,科学出版社,1958 年。

90　М. П. 彼得洛夫:《鄂尔多斯、东阿拉善和黄河中游河谷的沙子的矿物成分及其成因》,《地理学报》,1959 年第 1 期。

93　王炜林:《毛乌素沙漠化年代问题之考古学观察》,《考古与文物》,2002 年第 5 期。

94　郝成元:《毛乌素地区沙漠化驱动机制研究》,山东师范大学硕士论文,2003 年。

97　冷疏影:《人类活动对鄂尔多斯环境退化的影响》,《干旱区资源与环境》,1994 年第 1 期。

98　董光荣等:《末次间冰期以来我国东部沙区的古季风变迁》,《中国科学(D辑)》,
　　　1996年。

99　董光荣等:《末次间冰期以来沙漠－黄土边界带移动与气候变化》,《第四纪研究》,
　　　1997年第2期。

100　靳鹤龄等:《全新世沙漠·黄土边界带空间格局的重建》,《科学通报》,2001年第
　　　7期。

101　王尚义:《历史时期鄂尔多斯高原农牧业的交替及其对自然环境的影响》,见《历
　　　史地理(第五辑)》,上海人民出版社,1987年。

102　王尚义等:《统万城的兴废与毛乌素沙地之变迁》,《地理研究》,2001年第3期。

103　李大伟:《明代榆林镇沿边屯田与环境变化关系研究》,陕西师范大学西北环发中
　　　心硕士学位论文,2006年。

104　闫希娟:《鄂尔多斯境内的长城修建与沿线环境变迁——以隋至宋代为限》,《中
　　　国历史地理论丛》,2001年增刊。

105　曹永年:《明万历间延绥中路边墙的沙雍问题——兼谈生态环境研究中的史料运
　　　用》,《内蒙古师范大学学报(哲学社会科学版)》,2004年第1期。

106　侯勇坚:《"人造沙漠"到"沙漠化"概念的实践过程》,见《史地新论——浙江大学
　　　(国际)历史地理学术研讨会论文集》,浙江大学出版社,2002年。

107　王天顺:《西夏历史地理》,甘肃文化出版社,2002年。

108　侯甬坚:《长城分布地带的生态指示意义——立足于沙漠/黄土边界带的观察》,
　　　《中国历史地理论丛》,2001年增刊。

109　顾琳:《明清时期榆林城遭受流沙侵袭的历史记录及其原因的初步分析》,《历史
　　　地理论丛》,2003年第4期。

110　武吉华等:《中国北方农牧交错带中段全新世环境演变及预测》,《中国生存环境
　　　历史演变规律研究(一)》,海洋出版社,1994年。

111　侯仁之等:《风沙威胁不可怕"榆林三迁"是谣传——从考古发现论证陕北榆林城
　　　的起源和地区开发》,《文物》,1976年第2期。

112　田广金:《岱海地区考古学文化与生态环境之关系》,见《环境考古学文集(第二
　　　辑)》,科学出版社,2000年。

第 三 章
毛乌素沙地的历代古城

　　兰州大学地球系统科学研究所于 2003 年 10－11 月、2005 年 4－5 月及 8 月、2006 年 4－5 月、2007 年 4 月、10 月,先后 6 次在蒙、甘、陕三省区交界的鄂尔多斯地区进行了累计 130 多天的野外考察,行程共计约 30000km。考察内容之一即是针对古城、古遗址点,勘察其形制、建成和沿用的时代、区域自然地理现状特征、土地利用状况等,对典型地段也做了一些沉积地层剖面调查。另外笔者还两次参于当地文物部门组织的考古调查,多次参与其他研究课题在此区域进行的资源开发和生态环境方面的实地调查,积累了丰富的一手资料,为本选题的研究奠定了基础。在野外工作的基础上,结合前人调查研究成果,在此首先将主要古城遗址情况辑录如下,为后续分析研究工作奠定基础。

第一节　鄂尔多斯市域内的毛乌素沙地古城

1. 大场村古城
位于鄂托克前旗城川镇大场村,当地人称大圐圙。遗址原有墙基,据村民介绍,数十年前被公社平田整地时推掉了,目前无法确定城池范围大小。遗址地表可见粗绳纹板瓦,布纹、粗绳纹、剔刺纹灰陶片,锯齿纹、细绳纹筒瓦等。村民称原墙体下有长半米多的大砖。虽已夷为耕地,但仍可见大小不一的碎骨遗迹。碎砖瓦片分布大东西大约450m,南北大约600m范围内,总面积逾27万m²。

2. 阿日赖村古城

亦称呼和诺日古城。位于鄂托克前旗毛盖图苏木阿日赖嘎查,其西墙南段和南墙西段有明显残存,残高0.5m～1.2m,其他墙体只隐约存在。古城城廓近乎方形,南北长约405m,东西长约250m,西墙走向北偏东22°,残墙上有明显夯窝,直径3cm左右。城内有平坦的夯筑平地,未积沙的地面上有大量粗绳纹、布纹瓦片与灰陶片,陶罐口沿很多,陶器有轮制痕迹,锈铁块很多,仅次于张记场古城。2005年随当地文物部门考察时发现1/6块铜镜,背面有方块字,其中有个“佀”字,很清晰。城址附近出土过货布,货泉等古钱币。

阿日赖村古城暴露出的地表文物都属汉代,故认为该城池为汉代城池。城址位于呼和诺日滩地上,沙化比较严重,周位有半固定和流动沙丘,但古城址所在为平漫沙地。据附近居住的村民介绍,公社化时期大队曾在此兴修水利,开垦种地,目前还能见到当时的引水渠渠拜,古城西北角还有半坍的土夯住宅,离城500m左右有机井。考虑到地表遗存与张记场古城比较相象,故认为其时代也与之相似。

3. 鄂托克前旗土城子古城

位于鄂托克旗上海庙镇圪圪塔乡土城子村南部,南侧距明长城二道边200m～300m,距宁夏盐池县高沙窝乡郭家坑村直线距离仅 2km 多。城址北墙和东墙较为完整,西墙仅保留北段,南墙已不见踪迹。城址内外多分布半固定沙丘,生长白刺等灌木。城址北侧为一季节性积水滩地,东、西两侧墙体的南端也伸入滩地中,故疑南墙因地势较低,因滩地积水而完全坍塌。城址内多见粗绳纹面、布纹里的灰色残瓦片,在城址中沙丘间的低地上极为密集,不亚于邻近的张记场古城。西南侧距该城址 500m 左右紧邻二道边处,有一方园 10 亩左右的干滩地,上面密集分布着灰色、黄褐色的粗绳纹、方格纹等陶片,当地村民称曾拾到过铜印章等物。

4. 乌审旗神水台古城

分布在乌审旗达布察克镇的巴彦柴达木嘎查神水台(亦称深水台)村,位于海流兔河左岸台地上。城垣四周不清晰,难以确定范围,但在河岸边有夯筑的台基,高出河面约 8m。遗址中有粗、细绳纹灰陶与红陶片,铜箭头,曾有较多半两,五铢钱出土。城址东西约 250m,南北 200m 左右。城周沙丘实测高 5m 左右,为生长油蒿的固定、半固定沙丘。古城址西北方向的海流兔河右岸有流动沙丘分布,高达 10m 左右。

5. 敖柏淖尔古城

位于乌审旗嘎鲁图苏木北部的滩地上,因时间久远又遭沙埋和开垦耕地,已难觅城墙踪影,城周围有沙丘分布。城址东缘在一斜坡地上,东侧 2km 外有湖水,古城沿湖滩因地而建,城址内部高低相差 1m ~ 2m,西南部较高,北侧低矮。城址东北有河道痕迹。城内有房屋遗迹为多边形(如六边行)。古城出土钱币已知有货泉、半两、五铢、开元通宝和西夏铁钱。另外有铜带钩、铜箭头、大盖弓帽(长 6.4cm,直径 1cm)、顶针等,铜箭头有五种之多。地表残留绳纹、酱色釉,粗绳纹,方格纹,细绳纹,筒瓦,板瓦很多,另有云纹瓦当,碎铁块,破锅等。城东南有墓地。城址东北部各种口沿的素面陶罐残片密集成层,地面覆盖率在80%以上。

6.木肯淖尔古城

位于鄂托克旗木肯淖尔(亦称木凯淖尔)乡木肯淖尔四队境内,城址东北为一咸水湖,当地群众称之木肯淖尔,但地图上显示这一地区有众多咸水湖,木肯淖尔可能是大湖分散为小湖群以前的名称。城址位于湖岸台地上,遗址残墙坍宽约8.0m,高约3.0m,因风沙堆积,有的地段城墙坍宽14m~15m,残高2m许,墙中多砖石。城廓不大,为长方形,西北 - 东南向延伸,因湖而建,地势西南高东北低。遗址内多有绳纹陶片、瓦片和素面内饰布纹的灰陶片,也有铜箭头,铜刀等,考察时(2005年)见乾隆通宝一枚。据当地老人介绍,该古城是大小两个城,小城占地4亩~5亩,大城占地20亩~30亩,我们勘查的只是内城。是否如此,野外调查研究已无法考证。

木肯淖尔一带已是毛乌素沙地的北缘,但古城遗址一带沙化严重,西南、西北均有高大新月形沙丘分布,高5m~8m。所见城池形状如图3 - 1 - a。

7.水泉古城

位于鄂托克旗沙井镇水泉村。2003年考察时已不见明显城垣,但据《鄂托克前旗文物普查资料》显示,80年代尚有明显城垣,艾冲著文也称其"城址内遗物显示为汉代古城。平面呈方形,边长约1000m。城墙系夯筑土墙,基宽1m~5m,残高1m~1.5m,夯层厚约10cm"。城址内地面上多见粗绳纹瓦片,有素面、绳纹的灰色和灰白色陶片,在一遗存集中的地段,拾到"长乐未央"瓦当及五铢钱一枚。另在城址外一竖坑中看到有沙层分布于地表以下1m左右,坑底部是用土坯纵横相间码砌,疑为古墓穴,但穴中积沙,看不到任何遗存,询问当地村民,未置否。

8.包乐浩晓古城

亦称水利古城。位于鄂托克旗包乐浩晓水利大队,东北距乌兰镇 20km 许,位于都思兔河上游苦水沟左岸。城东侧为沙丘压埋,因积沙和人为破坏,城垣已不太清楚,西城墙外侧高出地面 1.5m 左右,由青灰色湖泥夯筑。城廓大约为方形,由城址边缘几个点的 GPS 位置折算,城址大约为 $400 \times 400m^2$。城址内见有"长乐未央"瓦当、粗、细绳纹板瓦和筒瓦、斜格纹瓦、云纹瓦当、绳纹灰陶片,红陶片,陶管,铜箭头,碎铁块等物。沙丘高约 6m ~ 7m。

包乐浩晓古城的城北临近苦水沟凹岸,流水侵蚀和风蚀作用明显,有许多人骨出露,甚至有完整的人骨架,可能是战争导致城的废弃。原始地层中存有古沙丘(LGM),现周围多系流动沙丘,2003 年考察时访问一曹姓老者,他介绍说近些年此地沙化日益严重,过去无沙漠植被,现已长满城址区。但同时也称原来覆压在古城上的沙地,已从城址西北移向东南,使古城的原始地面出露。老人家中有近年才从古城及其附近捡到的古钱 7 枚,其中五铢 3 枚、半两 3 枚,天圣通宝 1 枚。此城应为汉代古城。

9.红庆河古城

位于伊金霍洛旗红庆河镇政府所在地,城垣痕迹已不太明显,但当地老年人能指认城墙的大概位置。南墙的西南部尚有部分残垣,残高约 3m。内城的大小已难以确定,外城的大小根据指向度量,应在 $500 \times 500m^2$ 以上。据当地村民郝风义介绍,该古城为大城套小城的形式,总共有三套城,早些年城址内很多的麻钱,死人骨头也非常之多。伊旗在 20 世纪 80 年代进行文物普查时曾量测过残存的城墙,据称"东西长 130m,南北长 131m,残墙最高 4.5m",估计量测的是内城部分。2003 年、2005 年两次考察至此,

遗址中地面上都见到大量的灰陶片和夹沙红陶片,还有陶纺轮、陶
甑残片、粗绳纹板瓦、骨块,砖块等物。史念海先生1964年来此考
察(当时还称洪州古城),城址内地表遍布人骨,因而推测此地曾
发生大的战事。古城址西南有多处汉墓。村民在放羊时常能拾到
五铢钱,货布,半两等古钱币。

10. 古城壕村古城

　　位于伊金霍洛旗新庙乡古城壕村,已无隆起残垣,但墙基依稀
能辩。城址方形或长方形,位于牸牛川谷口,北墙直抵牸牛川凹
岸,高出水面10m左右。城址南高北低,防御作用非常突出。古
城南北长300m～350m,东西至少330m以上,抑或600m左右,具
体已不可考。城内有耕地时翻出的瓦砾六大堆,主要是粗绳纹面
的板瓦、筒瓦、灰陶片等。据村民称此处多出土汉钱,60年代曾一
次性在城内捡到1麻袋铜钱。考察时附近农户展示半两一枚,乾
隆通宝一枚。

　　从铜钱和地表遗存判断,古城壕村古城应为汉城。新庙乡一
带已为土石山区,土地沙化不严重,但古城壕村古城中的耕地组成
物质比较粗,属于砂质耕地。

11. 大池子古城

　　位于鄂托克前旗二道川乡大池村南侧,距北大池湖面东侧
2km处,当地人称之为"烂城"。城墙已被白刺灌丛沙堆掩埋,积
压的沙堆宽达20m。城址大体呈方形,经测量东西长330m,南北
323m。古城的东西两面有缺口,根据残存情况可推知为城门所开
之处。地面多(带耳)灰陶片、碎砖块及碎石块,偶见白瓷、黑瓷
片,另有炉渣及黑色灰烬等物。陶片中的器型以卷沿及凸圆唇的
罐、盆、钵之类较多,均以素面灰陶为主。瓷器、瓷片不多,有高圈
足露胎的黑釉瓷瓶、酱色釉、粗胎瓷罐。内挂黑釉外露淡黄色细胎

的圈足碗,内挂灰黄色绿釉灰白胎、胎口遗有赭色釉细点的碗,浅黄绿釉淡赭胎的粗瓷瓮,厚1.1cm。二道川村二队村民张照才早年曾于城内挖掘2m深,发现一细口陶罐,内装有五铢1枚、货泉6枚、开元通宝3枚。大池子古城文化层堆积重叠,有的厚达0.8m,包含遗物早晚特点相当清楚。其城之形状如图3-1-b。

12. 城川古城

位于萨拉乌素河西岸腹地,鄂托克前旗城川苏木东偏北2.5km处。古城为长方形,南北长795m,东西宽600m,城墙的夯层明显,厚约8cm~10cm。遗址保存较为完整,东、南、西城墙均设置瓮城,瓮城开门。城墙有角楼、马面等防御设施。南墙由于取土而部分损坏,东墙外侧22m处有残存壕沟,其他各墙外似也有壕沟,地表植被比较异常。城墙之上长有1.0m~1.5m左右的芨芨草。城内除东南隅地下水位较浅未加以利用外,余则垦为耕地。地表遗物堆积较多,到处散布瓮、瓦碎片,砖、瓦、瓦当、陶瓷片等,还有子母扣砖块。20世纪60年代,当地曾采集到一些古代的文物和唐宋时代的铜钱数十枚,并出土黑釉大红缸和双耳黑釉罐等。后又在收集的一大批出土于城川古城内的铜钱中,清理到从西汉一直到西夏和金代的许多枚,其中唐至宋代的最多,唐代的以"开元通宝"为盛,北宋则从"太平通宝"一直到"宣和通宝"。其间各个年号的钱币20多种,还有不具年号的"皇宋通宝"、"圣宋元宝"和清代同治年以后的货币,无元、明代货币。2003年考察时在附近农家见到的古钱币种类有崇宁重宝、正隆元宝、皇宋通宝、五铢、开元通宝和周元通宝。其城之形状如图3-1-c。

13. 巴郎庙古城

位于鄂托克前旗三段地镇巴朗庙村,东南距大池子古城35km,处在起伏平缓的波状梁地中部,城址南侧及东侧地势则非常低洼。城池方形,东西 535m,南北 518m。残垣四边中间均有古城门遗迹,宽约 10m,为门阙所在。夯层厚度 10cm～12cm,城墙残高 1.7m～2.0m,厚 5m。在西城墙的缺口两侧,尚遗有隆起于地面的土丘,左右对峙,厚约 9m,残高 3.5m,当为城门上的阙楼建筑遗存。在古城南部,有一道南北长墙,与城垣的方向一致。它把整个古城划分为东西两部,应是城内的子城或其他城垣之一。城内有大小隆起于地面的土丘,当是城中的衙署、房舍等建筑遗存。北墙西端以内 80m 处有一南北 30m、东西 18m 的方形土台,附近散布着较多的残砖乱瓦。瓦有筒瓦、板瓦两种,城址中还发现有淡赭色素陶残盆等,均属唐代遗存。城区内分布有固定沙丘,生长沙蒿、沙柳、芨芨草等,部分地面垦为农田。2003 年 10 月考察至此,曾从巴廊庙村六社村民家中看到开元通宝 5 枚、景德元宝 1 枚、乾隆通宝 2 枚。其城之形状如图 3－1－d。

14. 查干巴拉嘎素

查干巴拉嘎素蒙语意为"白色古城",位于敖勒召其镇查干巴拉嘎素嘎查,村以古城而得名,显示该城如同城川古城一样,曾是当地标志性地物,但现今却深埋在流动沙丘中,露出地面的墙体只有大约 10%。当地人亦称该城为"五湖城",主要是当地湖泊众多之故。遗址东西 710m,南北 354m,城墙出露部分墙基宽约 4m 许,残高 1m～5m,夯层厚约 10cm～11cm,可见明显的夯窝,残存马面突出 11m,宽 7m,间距为 58m。城中沙丘的丘间低地,有青灰色夯土台基出露,其上遍布残砖瓦,其中青色残砖宽约 18cm,厚 6cm;板瓦有青、灰等色,宽 20cm 左右,厚约 1.8cm～2.2cm;筒瓦也有子母口,厚 1.5cm～2cm,残瓦正面光,反面一般为布纹。城中曾出土有铁锅、秤砣、陶罐等。

从查干巴拉嘎素附近坟墓、古钱币、砖瓦等遗物的分布,以及古城东南部发现的两个坟墓与北大池古城所发现坟墓的形制、葬法均一致,只是随葬物稍有区别,可以认为应系唐代所筑,并沿用至西夏。其城之形状如图3-1-e。

15. 乌兰道崩古城

位于鄂托克前旗二道川乡乌兰道崩村,距村委会约200m,土筑残垣东西320m,南北420m,残高3m～4m,坍宽6m～8m。北墙及东墙上有0.5m宽、0.5m～1m高的窄土墙,应为后期在废址上所建。城址东南几被沙丘掩埋,地面上残瓦片与陶片数量较少,见有乳丁纹陶片、黑釉陶片及红陶片,亦见有卷云纹残砖,但据当地村民介绍,早年在修水利工程时,在地下1m多深,挖出很多碎陶片和少量完整器物。

在古城内地下1.8m处,有一个厚5cm～10cm不等的炭灰层。此外在遗址上有明显的土窑遗迹和一些废弃的擦擦,土窑周围有残砖瓦和夹砂红陶,考虑到古城北侧的梁地上有规模很大的召庙,故认为土窑应为清代喇嘛教在蒙地兴起以后,修建召庙时所建,古城墙可能也曾为取土之地。城中长有芨芨草、白刺等盐生植物,周围多灌丛沙堆。其城之形状如图3-1-f。

16. 敖勒召其古城

敖勒召其古城当地人亦称包日巴拉嘎素,位于鄂托克前旗所在地敖勒召其镇北的包日嘎查,南距北大池古城约30km。其城址为土筑城墙,残垣东西396m,南北420m,城址已不甚明显,目前是一片乱葬岗子。城址北墙西段与西墙北段隐约可见,基本为白刺灌丛沙堆和流动沙丘掩埋,沙丘高者达7m～8m。北墙坍宽8m左右,高出附近地面约4.5m。东墙尚存有后期墙基,东北角墩高约3～4m,依稀可辨。城址内所见陶瓷片与灰陶片较厚,数量不多,乡人捡有"开元通宝"等古钱币。

敖勒召其古城附近东南方向文物部门曾发掘一座坟墓,其葬法为一般唐墓常见,只是尸骨头旁放有一个涂有绿色陶漆的方座,上有4个酒盅形状物(座盅相连),当从墓坑出来后,其绿色变为白色,应为唐墓无疑。其城之形状如图3－1－g。

17. 苏力迪古城

位于今鄂托克前旗昂素镇西北苏力迪嘎查。城池周长约1500m。城墙大部被流沙掩埋,仅有局部零星地段有白色夯土层,应为城墙,周围生长之柳树多已枯死。西面1km许有蒙古族民户从事半农半牧生业,附近有古墓一座,有盗洞,当地文化局同志根据墓葬形制判断为唐墓。古城西墙出露70m,坍宽6m。城西侧低洼地区有红柳、芦苇、芨芨草生长。南墙地表暴露约114m,坍宽约10m,其上发现厚1.1cm的布纹灰陶片和厚0.5cm的乳丁纹灰陶片。残留城砖宽12cm,厚4.5cm,长未可知。城址东北角已被高大流动沙丘掩埋不可寻,沙丘高约15m。城东近1km处,地表散布较多碎砖,厚约5.5cm,宽约18cm,残长16.5cm,上饰绳纹。

近年修鄂托克前旗至乌审旗公路时曾发现汉墓群,东距玛拉迪10km,东南距苏力迪古城约8km左右。根据地表遗存和汉墓分布情况,认为该古城最早可能建于汉代,唐时也在使用。城址东约4.5km处有一古井,井壁由青砖衬砌,砌井之砖长约30cm,宽16cm,厚5.3cm。井口直径为42cm,井水深4m许,周围长有枣树、苹果、梨树等。

18. 巴彦呼日呼古城

位于今鄂托克前旗昂素镇东南20km许,残垣东西305m,南北605m,北东－南西走向。城墙残存基宽8m,残高2m~6m,夯层厚约9.5m~11cm。南墙见有木椽眼,马面厚约2.5m,马面与瓮城结构很有特色,其中南城门瓮城残壁最高处有6m~7m。据前人考察,有东、南、西3个城门,均有角楼、马面。城内多见素面灰陶片、铁片、骨块等物,且城墙两侧犹多分布。

2003年10月考察至此城,古城附近牧民家中有开元通宝6枚,熙宁元宝、天圣元宝、宽永通宝、康熙通宝、乾隆通宝、嘉庆通宝各1枚。该古城应属唐至西夏时期的古城,可能为唐时古城西夏沿用。城周围多固定、半固定沙丘,北墙之上沙丘最高可达15~20m,城墙被黄沙湮没程度仅次于查干巴拉嘎素古城。城址周围地下水位3m许,生长芨芨草、沙蒿等植物。其城之形状如图3-1-h。

19. 三岔河古城

位于乌审旗河南乡三岔河村,萨拉乌素河东南,东距河南乡政府约20km。城址在平面上略呈方形,东墙长323m,西墙长540m,南北墙分别长660m、673m,城墙坍宽约10m,西墙被沙丘掩埋,残高7m,北墙大部陷入河中。墙中多骨块,布纹灰陶片,黑瓷片夹于墙体中。西墙有泥沙混合层,其中湖泥层灰白色,厚5cm;沙层厚10cm。城内文化层厚约2m,地表散见砖瓦、陶瓷片及铁镞等遗物。城南侧有弯曲小河自东向西流,近年水量很小。

城内遗物有梯行砖:长33.7cm,底宽17.5cm,尖端宽12.5cm,厚5.8cm,另有各种残碎砖瓦,钩瓷片等。东墙外淤沙厚1.5m~2.0m。有大量布纹灰陶片,黑瓷片。据当地村民介绍,早年供销社一次性收购铜钱就达2~3麻袋。70年代兴修水利时曾在城北面的沙土下推出一铁锅(直径65cm以上),仍然可用。在附近农户家见到古钱币85枚,由唐至清均有(见表3-1)。三岔河古城外围也遍布碎砖瓦瓷片,分布范围大约100万m²,显示该地曾有大规模的人类活动。其城之形状如图3-1-i。

表 3 - 1　2003 年秋野外调查时三岔河古城一次性统计到的古钱币

币名	时代	数量	币名	时代	数量
治平元宝	北宋	1	五铢	汉代－魏晋	1
天禧通宝	北宋	6	元祐通宝	南宋	3
至道通宝	北宋	1	皇宋通宝	北宋	1
至和元宝	北宋	1	政和通宝	北宋	2
至圣元宝	北宋	3	道光通宝	清代	3
嘉祐通宝	北宋	1	祥符元宝	北宋	8
开元通宝	唐代	6	嘉庆通宝	清代	2
元福通宝	北宋	5	康熙通宝	清代	2
乾隆通宝	清代	2	天圣元宝	北宋	2
景德元宝	北宋	2	元丰通宝	北宋	13
熙宁重宝	北宋	2	熙宁元宝	北宋	6
淳化元宝	北宋	1	太平通宝	清代	1
元符通宝	北宋	1	圣元通宝	元代	1
难以识别的	不详	8	共计		85

20. 车家渠古城

位于伊金霍洛旗阿腾席热镇车家渠村四社境内,城之形迹可辨,南墙和西墙比较清楚。门一,南开,未见瓮城。残墙基宽 3.5m,残高 2m～4m。城内已辟为耕地,地面多碎砖块和瓦当脊兽建筑装饰构件,瓦片上刻有花草,龙纹图案以及人面。中间台地 $35\times35m^2$,上有插旗石。所见青砖长 31cm,宽 15.5cm,厚 4.5cm。村民在此拾有铜箭头,小磨等,还有"开元通宝","崇宁重宝"等钱币,当为宋夏时期古城。南墙外有古城壕痕迹,宽约 20m,深 2m许,现已淤积为平地。其城之形状如图 3 - 1 - j。

21. 呼和淖尔古城

位于乌审旗嘎鲁图苏木呼和淖尔嘎查呼和淖尔小队,城址残墙隐约可见,东墙基宽 7m,残高 1m～2m,其上长有芨芨草;北墙有马面,马面基宽 5m～6m;夯层厚 10cm,夯窝直径 4cm,一组 16个、深 0.8cm;西墙总长 455m,西南角外有一墩台 6×6m²,残高1.5m～2.0m;南墙多缺口,其中南墙西段有两个明显的马面,突出8m,夯窝直径 6.5cm,短轴 5cm,南墙中断废墟之上多瓦砾、铁块。遗址内多见素面灰陶片,内饰布纹,厚度在 1.8cm～2cm 之间,铁块、骨头、黑釉瓷片、均多见,残砖表面饰平行沟纹。

呼和淖尔古城东南边近 1km 处有呼和淖尔湖,古城在湖泊外围的滩地上,城址内和长有芨芨草、沙苇等。该古城残墙坍宽较其他城为大,且甚平坦,因近低洼之区,可能在废弃后被洪水浸淹,南墙多缺口即可为证。在古城西南 4km 的梁地之上,有墓群,上覆新月形沙丘。2005 年春再次考察时见开元通宝 1 枚,至道通宝 1枚,地面以下不深的地方有灰烬层。城址西侧沙丘,高 3m～6m,沙化很严重,但东南部轻微。经村民指点,在古城址西侧的小沙梁上,见到一石雕赑屃,其上的石碑据称老人们见过。其城之形状如图 3－1－k。

22. 鸡尔庙古城

亦称扎尔庙古城,位于杭锦旗胜利乡鸡(扎)尔庙嘎查。古城城址为内、外两重(图 3－1－l)。内城保存较好,基本呈正南北方向,平面略呈方形,东西长 350m、南北宽 300m。城墙顶部宽 6m、残高 3m～4m。城墙由白色粘土和沙土夯筑而成,夯层厚约 12cm,内城中部有建筑基址。外城平面略呈正方形,边长 1350m。城墙为白泥夯筑,坍宽 13m。外城东、南、西墙墙基清晰;东墙夯层、夯窝明显,夯层 7cm～10cm 厚,夯窝直径 7cm～11cm;外城南墙距内

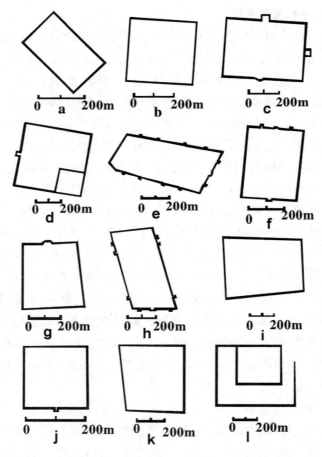

a－木肯淖尔古城;b－大池子古城;c－城川古城;d－巴郎庙古城;

e－查干巴拉嘎素;f－乌兰道崩古城;g－敖勒召其古城;

h－巴彦呼日呼古城;i－三岔河古城;j－车家渠古城;

k－呼和淖尔古城;l－鸡尔庙古城;

图3－1　毛乌素沙地鄂尔多斯市域若干古城形制图

城南墙约187m,残存长度700m,地基残宽约7m~9m,残高约2m,无马面,呈土垄状微高于地表;外城西墙距内城西墙的距离约250m,残存长度约600m,夯层明显。外城城门的位置及数量不详,内城南、北墙的中部各有一低洼处,似为城门所在。未见墙体夹有骨块,应为较早时代修筑。古城内地表遗物有:绳纹筒瓦,绳纹、瓦棱纹板瓦,云纹瓦当,菱形纹砖,泥质灰陶折沿深腹盆、敛口鼓腹罐、瓮、高领壶、盆形甑,夹砂灰白陶敛口直鼓腹缸、敛口广肩圜底缸和汉"五珠"、"半两"铜钱。陶器多素面、部分饰绳纹、瓦棱纹、弦纹、弦段绳纹等;多见粗绳纹、细绳纹陶片,偶见红色小方格纹陶片。据当地村民介绍,早年该城址内地表陶片、铜钱、铜簇等遗物也曾很多,古钱币有半两、大五铢、小五铢、货泉、大泉五十、宋元通宝、元丰通宝、皇宋通宝、绍圣元宝、天圣元宝、康熙通宝等。古城四周梁地有许多古墓群,如顶盖敖包墓群、哈登敖包墓群、哈日陶勒亥墓群等,均为汉代墓葬群。其城之形状如图3-1-1。

23. 沙沙滩村古城

位于乌审旗巴彦柴达木乡沙沙滩村西北部的海流兔河东岸。海流兔河在此折了一个大湾,该古城即处在河流凸岸的草滩上,地势较高,城址位置较四周高约8m~10m。无城墙残存,但城基明显,宽5m~6m,由显著高差可判断城之规模。城址近方形,北墙长127m,西墙宽115m,由青灰色泥土夯筑。城西测为海流兔河,岸线崩塌明显(因下为沙层,上部为河湖相)。残砖瓦在城之四角多见,而城池内外则比较少。残砖宽15.4cm,厚5.5cm,长28.4cm,饰粗绳纹、斜菱形方格纹等;残板瓦、筒瓦均有,板瓦内饰粗绳纹,外饰细布纹。乳丁纹厚布纹灰陶片也比较多见,另有较多残铁块。

24. 乌兰敖包古城

位于伊金霍洛旗纳林希里乡乌兰敖包三队境内。城址很小，只有 $57 \times 54 m^2$，沙埋严重，墙基只有微小凸起，经当地村民指认才能看出。城址周围尽为高大的半固定沙丘，植有红柳和小叶杨，为当地林场所在。2005 年考察时只见少数粗绳纹灰陶片，内饰方格纹。20 世纪 80 年代文物普查时曾进行钻探，发现该城城墙是用带酸性的红泥土夯筑而成，城址内文化层厚约 40cm，主要有灰陶缸、纹饰素面；瓦片饰粗绳纹，内饰布纹；瓷片有釉铁、釉花。

25. 黄陶尔盖古城

位于伊金霍洛旗新街镇西一山梁上，210 国道从其北侧 80m 开外通过，新街水库位于古城西侧山梁下。古城城廓清楚，有明显凸起，高出城廓内部 1m ~ 1.5m，墙基比较坚实，因侵蚀风化严重，不易确定夯层厚度，未见夯窝。古城址略为方形，南墙长 100m，其他各墙与南墙相当，门阙南开。墙体中多有小卵石暴露，疑为黄土掺卵石夯筑。城址内文化遗存很少，考察时只发现少量绛色瓷片和乳丁纹灰陶片。据伊旗文管所介绍，该城下部的山坡上有很多碎瓷片，并疑其为西夏时期古城。

26. 敖高特尔古城

位于鄂托克前旗敖塔班陶乐盖村（巴拉嘎素），城址很小，沙埋严重。近年来沙漠化土地经治理已见效果。沙丘洼地可见夹粗砂灰陶片、夹细砂灰陶片，以及泥质灰陶片。城址北侧地表散布很多灰陶片。

27. 瓦梁村古城

位于乌审旗纳林河镇西南 1km 的瓦梁村的古遗址，东侧和北侧临纳林河，西侧滩地上有人工渠道，时代不详。据文献记载，该遗址面积可达 12 万 m^2，当地村民亦称原有面积有 140 亩 ~ 150

亩,现因修路和兴建住宅,遗址原有范围已无法量测。未见夯筑城墙,但据村民介绍,三十年前在遗址西南端见过夯筑的墙体。遗址上密布绳纹、布纹、方格纹等各式灰色、灰绿色、红色残陶片,有少量锈铁块,当地村民曾挖出过 4 枚铜印章,出土时盛在一锈朽的小铁盒内,出土铜钱尽为五铢。该遗址文化层厚约 0.5m,地点早年暴露有灰坑、灶坑,采集有仰韶时代晚期泥质灰附折腹钵、喇叭口尖底瓶、侈口鼓腹罐残片及陶环、石磨盘、磨棒,汉代泥质灰陶折沿盆、甑残片等。

第二节　榆林市域内的毛乌素沙地古城

1. 白城子古城

　　白城子古城位于陕西省靖边县红墩界镇白城则村的红柳河(无定河上游)北岸的台地上,靠近陕蒙分界线,原为内蒙古伊克昭盟地界,20 世纪 50 年代划入陕西榆林市。城址基本筑在一块平地上,西北略高。城分三重(图 3 - 2),东城为外郭城,西城是内城(或皇城),西城西部还有宫[1]。东西两城均呈长方形,据 1957 年的实测数据,西城南北长 608.9m,东西宽 527.1m;东城略大于西城[2]。有考古研究认为在东西两城之外还另有外郭城,呈西北 - 东南向长条形,包裹前述东西两城[3],但无论是从卫星影像,还是近年来的实地考察都未见到。西城的四隅都有突出城外的平面呈长方形墩台,且高出城垣,残余城墙顶宽最大为 19m,西南角墩台高达 24m,城址四垣外面加筑马面,其中南墙、西墙各 9 个,北墙 11 个,东墙 14 个,马面伸出墙垣约 15m。从遥感影像上还可以发现有引水渠道自内城西北往东南蜿蜒穿过。考古研究表明,东城的东北与西北角,也各自有过庞大的墩台遗迹。白城子古城采集和出土文物有很多建筑材料,如"永陵"瓦当、莲花瓦当、兽面瓦当、蝉信瓦当、陶范、花方砖、琉璃滴水、壁画残片。石雕有圆雕石鸟、石龟座、石武士、石灯等。生活用具有瓷杯、瓷灯、铜镜、铜佛像、铜"附属都尉"印等铜印章。

　　目前城内东城为废弃的耕地,地表布满残陶片,瓦片。西城内流沙越过西墙已覆盖了 2/3 的地面,其他 1/3 地面也为平沙地,并已开垦为耕地,近年来弃耕。白城子古城一带人工固沙林建设取得了一定成效,目前西城城址内的沙丘基本呈半固定状态,其上生长有人工栽植的小叶杨,并生长沙柳、沙蒿等灌木,平沙地上还有旱柳生长,个别地段地表有灰黑色结皮。城址外红柳河以南的梁地上,还有两处巨大的平台,可能曾有附属建筑所在。

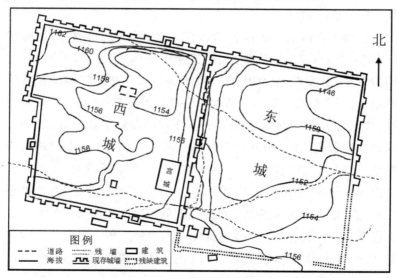

图 3-2　1981 年统万城考古实测图[4]

2. 定边新区遗址（盐州）

20世纪90年代以来，定边县城在扩建过程中，在其老城区南端新建城区（当地称定边新区），发现一方圆约数千平方米的文化堆积层，这仅限于修建区范围内，未开发区域的文化古遗存范围应该更大。文化堆积层埋深一般在5m左右，堆积物主要有灰土、牲畜骨骼、火灶、焦土、木炭等，伴有宋夏时代的砖瓦残块和瓷器碎片，其中还有完整的西夏兽纹瓦当和灵武窑瓷器出土。堆积层的中、下层中，有白瓷片等，属耀州窑和定窑的瓷器残片，为唐代遗物。定边新区的地下文化堆积物中未见元代以后器物，文物遗存以宋夏时期为主，磁器以灵武窑产为主，出土钱币的时代也截止至宋夏。尽管至2004年还没有街道、排水管道等更进一步的古城证据出现，但由其规模之大、内涵之丰富，定边县原文史办主任黄文程等认为其不可能为村落遗址。课题组于2006年4月考查至此时，在建筑基坑中看到大量的西夏时期黑色与绛色瓷片和兽骨，少量的彩色瓷片。该层位剖面厚度不详，在建筑基坑中出露部分的厚度为1.2m～1.4m。另据李文强（定边县原副县长）介绍，已经发现街道痕迹，其下面的文化层还有次一级分层。

3. 沙场村古城

位于定边县红柳沟镇沙场村，目前已经平为耕地，地表有比较密集的灰陶片和绳纹、布纹瓦片，但不见城垣，地方文史部门称在该处"流沙下尚可探到城垣痕迹"。据当地村民回忆，解放初期沙场古城还可以见到，谓之沙城，但随着城垣被流沙掩埋，该地地名也谐音为"沙场"。沙场古城为长方形，长约700m，宽约500m，城垣系土夯结构。沙场古墓出土的陶器也以汉魏时期为主，宋夏时期器物很少见。

4. 杨桥畔古城

古城位于靖边县杨桥畔镇,明长城及高大的烽火台在其西北部的沙梁上,无定河南侧的一级支流芦河自古城南部流过,古城位于芦河一级阶地上。《靖边县志》记载其为北周四年(564)所置的宁朔城,俗称"龙眼城",唐武德六年(623)曾置南夏州,宋初城废。

杨桥畔镇古城应为两个不同时代的古城组成。东面的古城已无明显的夯土城墙,但有隆起的痕迹,耕地高差在1m以上,尤其在城之东南部很明显。隆起部位的耕地上在1m深的范围内埋藏着大量的粗绳纹瓦砾,既有板瓦也有筒瓦,一些大块的方砖上可见回形纹,骨块也遍地皆是,出土的古钱币主要有五铢、货布等,应为汉代古城无疑。隆起部位有三个角可定方位,若按长方形计算,其边长大约为300m×350m,面积大约在120000m² 左右。但在隆起部分外围,砖瓦碎片与骨片也非常多。此外还有石座残片,田块四周都有农民耕地捡出物堆积而成的大大小小的瓦砾堆。

西侧的古城尚有高大的三合土夯土城墙,南墙非常明显,西墙也有一部分,紧临芦河水库,其他城墙部分或没于沙丘之中,或在兴修水利与平田过程中损毁。南墙呈北西西–南东东向延伸,墙高2m~4m不等,夯层厚薄不一,主要有4cm、10cm、14cm三种。墙体外侧立面上遍布窑洞,内侧因风沙堆积略显低矮,城墙也成为一些农户的院墙加以利用。该城址形制见图3–3–a。

杨桥畔镇古城的地表遗存和地下文物以汉代为主,周边的古墓葬也多为汉墓。据当地村民介绍,1985在兴修水利时曾冲出大量窖藏铜钱,一推车都拉不完。调查中发现当地村民对铜钱有很强的收藏和鉴赏能力,一般不拿出来示人,但都称"麻钱子"以货布和五株为主。靖边县文管部门曾采集到一个出土的灰陶罐,上书"阳州塞司马"字样,据此,杨桥畔镇古城被定为秦至西汉的阳周县城[5]。

5. 白城台古城

城址位于榆林市巴拉素镇西南 3km 的白城台村,在硬地梁河(白城河)东岸台地上,1985 年被确立为陕西省重点文物保护单位。其城址基本呈方形,城墙为三合土夯筑,夯层厚约 11cm,城墙基宽 8m,南墙残高 7m ~ 8m,东墙夯层非常明显,隐约可见夯窝。墙体因遭受风蚀而呈雅丹状,东南角被流沙埋覆。沙丘从城北侧越墙而入,现多为半固定沙丘,沙丘高度约 5m 左右,沙地上广植小叶杨,自然植被为稀疏生长的油蒿、沙柳灌丛,丘间地上有黑色沙结皮。城址内可见用灰白色湖相沉积物夯筑的建筑台基,因沙化比较严重,出露地表的遗物较少,主要为灰陶片,陶片中夹有白色粘土块,小砾石,细砂等,有些有乳丁纹,表面呈灰色、灰黑色。城周边地下水位 15m ~ 16m。据称有墓地位于山梁上,出土碑记上有"唐代"字样,应为后期对前朝的称谓,古城的文物显示应为唐宋时期废弃。

已有的考古资料显示,白城台古城东、西、南、北垣分别长 485m、480m、470m 和 465m;城址平面近方形,北垣方向 120°。南北两垣保存较好,残高 3m ~ 5m、基宽 12m ~ 15m,夯层厚 8m ~ 13cm,城门、城角处夯层厚 5cm。四墙正中各辟一门并筑瓮城,瓮城内径约 20m。城四角有角楼墩台,各墙建有马面,北墙有马道一条。城内大部分被流沙覆压。采集有陶片、瓷片、绳纹板瓦及"圣宋通宝"钱币等。陶片有泥质或夹砂灰陶,纹饰有直线纹、水波纹、方格印纹、云雷纹、连弧纹、几何纹,器形有罐等;瓷片有黑釉、白釉等。可能是由于风沙侵蚀堆积的缘故,我们 2003 年秋实地考察量测后的古城记录,与 20 世纪 80 年代的考古记录有一定差距。其城之形状如图 3 - 3 - b。

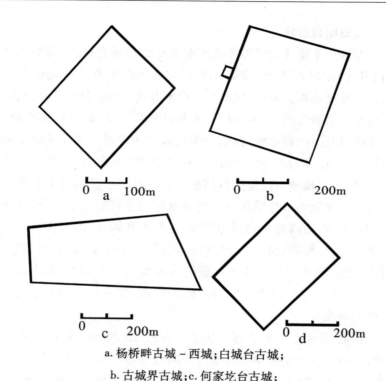

a.杨桥畔古城－西城;白城台古城;

b.古城界古城;c.何家圪台古城;

图3－3　毛乌素沙地榆林市域其他古城形制图

6.古城界村古城

古城界城址位于榆林市榆阳区东北的红石桥乡古城界村,现有公路穿过该城。遗址东临硬地梁河,北有沟壑,南接村庄。1987年文物部门考查时,古城的南、西、北三面城廓依然清晰可见,但2003年我们考察至此时已不很清晰。遗址的东墙大部已被河流冲毁,子遗部分残高1m,最南段已切割为陡壁。西城墙依山势而建,又名城墙山,西南角为圆弧形,城墙基宽8m～9m。北墙外为冲沟,内侧高2.7m,外侧高3.5m~4.7m,中段有水蚀塌陷。残垣东西长310m,南北宽250m,呈半圆形,城墙均为夯土打筑。北城墙应为长城的一段,西侧3km许有烽火台。

古城界遗址目前大部分已夷为耕地,地表有覆沙,覆沙上下有大量灰陶,夹砂灰陶,红陶,黑陶等残片,残片纹饰为粗细绳纹、方格纹、轮纹、锥纹等。曾出土完整的汉代瓦当和三角钢、铁箭头和7件汉代大铁铧等农具,实地见到长32cm,宽17.5cm,厚4.5cm的大块灰砖。另外在连接遗址的西山梁上有多处汉墓,早年出土过很多汉代铜鼎、壶、勺和陶钟、陶羊、陶狗等器物。古城界遗址文化层下的原始地表为泥质,厚约60cm,下为风成沙,厚约6m,斜层理明显,顶部为风水两相,见有水平层理。沙层之下为沙黄土。东北角因修路已被破坏掉,且在此处拾得一枚五铢钱。其城之形状如图3-3-c。

7. 古城滩古城

位于榆林市榆阳区牛房梁乡缸房村八队境内,目前可见到古城北墙的一段,由青灰色至青黑色湖沼相物质掺石灰夯筑而成,墙体非常坚实,村民家里打土墙时都喜欢从古城墙上取土和泥,夯筑的民居据称100年都不塌。东、西、南三面城墙不见踪迹,城址内及其东侧和北侧尽为村庄和耕地,南侧和西侧为高大的半固定沙丘,沙丘之下约3m处出现黄土,黄土层中多古墓,考察时尚见新近开垦农田时拖拉机推出的墓道[6]。

《榆林市志》记载了该古城在20世纪80年代中期的情形:遗址四周地势平坦开阔,南依明长城。残垣东、北、西残墙尚存,城廓可见,南北长1500m,东西宽900m,残墙基宽12m~15m,高约1m,夯土层厚15m~20cm,夯印多为平迹。遗址内散布大量大型秦汉筒瓦、板瓦、黑色及灰色的泥质陶片,纹饰多为粗细绳纹、布纹、兰纹、方格纹、麻点纹和素面陶片。另有多处黑土坑,坑深 2m～3m,坑内有许多陶片等,类同地面遗物。连接遗址的西南山梁上,1958年以来多次发现汉代墓葬,并出土一批汉画像石、筒瓦等[7]。

2003 年课题组实地考察时据村民郑启旺介绍:缸房村八队村民以郑姓为主,先人约于 150 年前由青云乡郑家川迁至牛房梁一带,因此处水质好,可酿酒,故称缸房村。民国时期这里是榆林胡姓家族的土地,郑姓出钱买下来后迁居进来。上世纪 50 年代时,缸房村八队这片地全为高沙,只居住十几户人家,后因水位上升,迁移来的农户逐渐增加,现在有百余户,400～500 人。今年(2003年)因风沙危害有所减小,有的住户已迁到沙梁之上盖房居住。

8. 瑶镇古城

处于神木县瑶镇秃尾河左岸临河台地上,地面平整,未见明显城垣,据上世纪 80 年代调查,古城占地面积约 20 万 m²。目前耕地中有较多的瓦砾和碎砖块,残瓦外侧多为粗绳纹,内侧可见方格纹。因遗址点高亢平展,与东、南、北三面的地形有显著差异,故疑该地在近几十年中有过大规模平田整地,耕地土质为粉沙土,目前遗址区西北侧有一庙宇,东南侧有一小学,学校操场地面为黄土,疑古城原建在黄土台地上。台地外围沙丘高约 3～5m,多为半固定沙丘。据道光《神木县志》近年刊印时所加注释记:解放前发现该古城址废墟时,见其中有不少破碎的汉代瓦当,其上有"延年益寿"、"长乐无极"等篆字。

9. 瓦片梁古城

位于榆阳区马合乡杨家滩村东四小队地界,处在河口水库西南一梁地上。古城址较小,南北 120m,东西约 110m,残垣高 2m～3m,宽 4m～5m,据上世纪 80 年代调查记载,该城址有东西两座城门,门宽 3m,残墙夯层明显,厚约 15cm,夯印有方有圆。城池虽小,但遗物散布区面积达 100 万 m²,出土过大量秦汉半两钱、五铢钱、铜箭头和各种汉代陶器,也有少量的开元通宝等钱币。散布陶片多为秦汉夹沙白陶、灰陶、黑陶器残片,纹饰为绳纹、轮纹、方格纹、布纹、麻点纹等。出土有板瓦、筒瓦等,板瓦弦长 30cm,厚2cm;筒瓦厚 2.1cm,直径 12.2cm,缘高 4.5cm.但在 2005 年课题组考察至此时已分辩不出门阙所在,残墙只遗有西墙和城墙之西北角,据村民称,20 年前推地时已将城之大部推平。夯窝明显,夯筑材料为白沙泥。古城址西北大约 3km 处的周家梁村有汉代墓葬群,可见盗洞深约 3m,周边有大量的汉代子母砖。

10. 温家河古城

位于神木县中鸡镇前鸡村东北 100m,为县级文物保护单位,立有石碑,称之为"新石器时代以来大型农村聚落遗址"。其文化层包括前秦、秦汉、宋等不同时代,厚度 1m ~ 3m,面积约 8 万 m²。可见有秦汉时期的绳纹板瓦、云雷纹瓦当,灰陶罐、盆、豆残片及宋代瓷器残片;遍地陶片、瓦片,沟壑内还有兽骨、灶坑、板瓦、筒瓦,文化层厚达 2m 以上。其中瓦长 33cm,内饰枝纹、格纹或布纹,外施粗绳纹,曾有铜罐、铜矢出土。因其汉代遗存数量多而分布密集,故判断其为汉代遗址。

11. 大保当古城

位于神木县大保当镇任家伙场村的老米圪台。考古钻探试掘的结果表明,该城址城垣长度在 300m ~ 400m 之间,平面布局大致为方形[8]。近期有报道称:大保当汉代城址的城垣周长约 2200m,其中北墙长 540m、东北墙长 370m、东南墙长 360m、南墙长 540m、西墙长 410m。西墙保存最好。一般墙体高出原地面约 1m 左右,个别地段有达 2m 左右[9]。城址内外的筒瓦、板瓦、铺地砖等建筑材料及日用陶器残片俯拾皆是,据村民庞文升介绍,大板瓦长度可达1m。另有一口砖券井(在今野鸡河河床里)和几处房屋建筑遗迹,有"长乐未央"瓦当和"五株"、"大泉五十"、"货泉"、"货布"等古钱币,其中以半两为多。据称:六七十年代时,地面上尚能看到残存约2m高的城墙遗迹,土质细密坚硬,色发白。2005年我们考察至此,村民指给我们一处灰层,可能是烧白灰处,原来盖在沙丘之下,清掉沙子的部分可见到木炭块。

大保当古城考古曾被评为1998年我国考古十大发现,在大保当古城考古开始以前的1996年,考古工作者就在大保当古城西侧2km处发掘出土了50余块精美绝伦的彩绘画像石及陶器、铜器、漆器、骨器等大批文物,这批彩绘画像石被认为是我国目前保存最好的汉代石刻绘画艺术作品。大保当古城周边墓葬共出土70余块画像石,表现的主要是西王母、东王公、伏羲、女娲等的人物形象宗教神话和狩猎、车马出行、农业、舞乐百戏、畜牧、建筑等题材。

12. 喇嘛河古城

位于神木县高家堡镇喇嘛河村西北秃尾河左岸山坡上,西距河滩300m左右,城池依山就势,东高西低。城址平面近方形,东西长470m,南北宽450m。城垣夯筑,东墙与北墙非常完整、残高3m～9m,基部坍宽12m～15m,南墙北段尚存,夯层厚7cm～12cm。东墙正中有一瓮城,外凸内凹,城址依山而建,形状不甚规则。城址内遍布绳纹泥质灰陶片和外绳纹、内麻点或方格印纹、布纹瓦及卷云纹、几何印纹砖等,多见打磨过的石器。城址南侧有两条沟谷深切并延伸至城内,地形破碎,局部有红色沙岩出露,并有残破砖窑两座,疑为后期烧窑采土致使地面更加破碎。地表有轻度积沙,地表出露的残瓦片多为植树时翻出的。

13. 何家圪台古城

位于神木县中鸡镇东北部丘陵山地区。城址略呈长方形,因地势而建,南低北高,略有偏斜。南面城墙较完整,为夯筑,夯层厚8cm~12cm,南墙残高3m~5m,其他三面城墙残高在2m以下,其中西城墙北段不甚明显,但因沿墙有规正的石块出露,尚可辨识。城址内侧东段有红黄色积沙,西段则为大片出露的红色沙岩,风化严重,极易破碎。地表遗存不多,可见素面及粗、细绳纹面、布纹里的灰陶片,也有方格纹、条纹瓦片与青灰色残砖。城址外侧一些冲沟壁上可见到岩层由下部的黑色向上部的紫色、红色过渡,疑其为火烧痕迹。城址内最高亢处有一残破的喇嘛庙,周围残砖瓦堆中可见兽纹、云纹瓦当及各式残砖瓦。2007年考察时在何家圪台村一何姓村民家中见到五铢钱9枚、宋钱6枚、清代钱币5枚。城址形制见图3－3－d。

14. 火连海则城址

位于榆阳区巴拉素镇以北火连海则村的白家海子一带。资料显示,其城址平面呈方形,边长约750m,夯筑城垣,残高1m~1.25m,采集有泥质和夹砂灰陶片,纹饰有波浪纹、方格纹、器形有罐等,还发现铁器残片[10]。2007年4月实地考察时未见明显夯筑城墙,地址外围已被流沙掩盖,城址中部现为沙丘间低地,散布少量残陶片,面积近5000m²。城址四周皆为高达2m~5m的半固定沙丘及流动沙丘,局部沙丘下出露黑垆土地面。

15. 开光城

位于榆阳区安崖乡卢家铺村东北秃尾河与开光川交汇处的三角地上。古城因山而建,北、东、南三面环水,防御作用很强。城址形状不规则,东狭西宽,北墙残留东段,依陡峭河岸砌石而建,高出河床20余米。南墙只见断续夯土残基,呈弧形。东墙中部为红色粘土夯筑,外部包砌石,高出墙外耕地5.8m~7.1m,长度98m;西墙外侧高出地面4m~5m,内侧高出地面7m~8m,长191m,中部有一城门,道路从此门伸出,非常明显。北墙沿秃尾河延伸,估计长度在 400m 左右。古城内多有规则的石灰石残片,似为建筑构件;多红色、灰色的残陶片,残片上有粗绳纹和布纹。在西北城角一碎石堆(应为耕地时捡出而堆积)中发现多样石器,有石刀、石砧板等,鬲足残片也发现数块,上饰粗绳纹。开光城东北侧的秃尾河滩上有高大流动沙丘,西南侧的开光河则未见。

16. 石圪垯遗址

位于横山县塔湾乡西侧的芦河右岸,处于芦河与其一支流交汇的三角地上,地势高亢。城址残存北墙片段,高约 3m～5m,基宽约 4m,东墙和南墙已无踪迹,城址西侧为半固定沙丘,有的高达3m 以上,西墙疑为沙丘覆盖。城址内未覆沙处,遍布灰色、褐色的粗绳纹、方格纹、菱形纹等多种纹饰的陶片,有灰色筒片、板瓦残片。访问得知,该古城址内早年地表散布大量铜箭头,弓箭,还有滚石等武器。考察时在城内见几个石基座、石碾盘,归属时代不详。

第三节　宁夏境内的毛乌素沙地古城

1. 张记场古城

张记场古城位于盐池县城北 15km 的柳杨堡乡张记场村,城址东南为村落,正西、西南及北侧除农田以外均为流动沙丘;东侧为平沙地,东北距北大池约 5km,北侧 3km～4km 处为一近东西向延伸的梁地,与城址相对高差在 20m 左右。张记场古城城址分为东城和西城两城,东城南北长 480m,东西长 500m,西城东西长320m,南北长 340,总面积近 35 万 m^2。西城东南二墙已平为耕地,西墙尚残存部分墙基,坍宽 4m～5m,残高 1m～2m,城墙夯筑,夯层厚 8cm～10cm,夯窝明显,夯层土质偏沙。东城城墙已无明显痕迹,但当地老农确知其墙址和门阙所在。据当地文物部门调查,其城门朝东开,城内曾有水井一口,数十年前城西还有泉水流出,街道为东西走向。

张记场东西两城现均为农田,地表散布着大量的汉代砖瓦和陶器残片、生铁块,出土的方砖上并有"大富昌,子宜孙,乐未央"的铭文,铜印章据考古专家估计就有200多枚,且多有汉代封印出土。该城址也曾多次有货币出土,其中1954年为200斤左右,1960年约400斤,1979年则在上下相扣的铁釜中发现铜钱70斤,后来还出土过2000多斤秦汉钱币,主要为五铢,货泉,半两、货布,还有大泉五十、大布黄千等等。城址内还出土大量箭镞、铜镜、带钩、小形编钟、铺首、盖弓帽等小型铜器,前后两次出土过铜齿轮,另外还有大量的牲畜骨骼出土,总量有数万公斤之多,由此说明,张记场古城当时曾是一座畜牧业发达、商品经济交换频繁的城市[11]。

张记场村其东南宛记沟村有8座西汉墓葬,出土了3200件文物,诸如生活明器、实用器等,其中陶器多数系仿青铜器制品。张记场古城已经国务院批准,成为国家文物保护单位。其城之形状如图3-4-a。

2.兴武营古城

兴武营是明代正统九年(1444)营建于毛乌素沙漠西南缘的一个边防要塞,位于窨子梁西北约10km,隶属于宁夏回族自治区盐池县高沙窝乡二步坑村。兴武营全称兴武营守御千户所,曾驻戍千户人家,属宁夏后卫管辖。兴武营城廓略为矩形,2005年4月实测东墙长610m,西墙长580m,南墙宽470m,北墙宽480m,周长在2000m以上。城墙底宽13m左右,顶宽约4m,高度在6m上下,是一处比较大且保存完整的古城址,两道边墙在此分野。兴武营古城的防御性很强,城之四面皆有马面,东墙与北墙各5个,西墙与南墙各 4 个,墙外原有包砖,但砖石在文革期间被当地农民拆除移作它用。城之东、南各有一城门,其中南门设有瓮城,瓮城墙高 7.5m。在兴武营墙体中夹有铁块、炭屑、灰陶片等古时器物。据资料显示兴武营南一里多处,还有一座小城,面积大约为 80 × 80m^2,土筑城墙较为完好,门向东开,无瓮城,小城内外遍布明代青花瓷片,器物底部印有"成化年制"等字。兴武营现为自治区级文物保护单位。

据《嘉靖宁夏新志》载:在兴建兴武营时当地已"旧有城,不详其何代何名,惟遗废址一面,俗呼为半个城"。正统九年(1444),巡抚都御史金濂始奏置兴武营,就其旧基,以都指挥守备。成化五年(1469)改守备为协同,分守分路。正德二年(1507)总制右都御史杨一清奏,改兴武营为守御千户所,属陕西都司。兴武营的规模是"周围三里八分,高二丈五尺,池深一丈三尺,阔二丈。西、南二门及四角皆有楼"[12]。万历十三年(1585)甃以砖石。其城之形状如图 3 - 4 - b。

3. 铁柱泉古城

铁柱泉古城位于盐池县城西南 36km,今属冯记沟乡暴记春行政村,青山 - 冯记沟公路经过此处。古城呈矩形,南北长 378m,东西宽 390m。城墙坍宽 10m,顶部残宽 2m 左右,残高 5～6m,夯层厚约 12cm,为红土、黄土间筑而成,掺有白灰。墙体原包砖石,早年已被拆除。城门南开,系砖砌拱门,宽约 4.5m 左右,有瓮城,南北 28m,东西 18m。古城内部荒芜,西南部有农田,东北部有一积水洼地,有芦苇生长其中。城内地表散布着大量明代瓷器残片和砖瓦等建筑材料,有完整方砖长约 52cm,厚约 10cm,宽 26cm。古城现属县级文物保护单位。

城周围为白刺灌丛沙堆,高约 1m～2m,最高可达 7m～8m,生长有芨芨草,冰草,牛心朴子等植物。所在瓮城及门洞均已被沙丘掩埋,南墙已被掩埋4m～5m,北墙外沙堆犹高,约6m许。西墙外有一大探沟,深达4m,接近墙基,成因不明,探沟西壁自上而下全为风成沙,粒径较粗。其城之形状如图3-4-c。

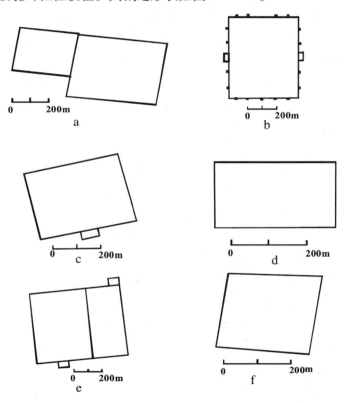

a. 张记场古城;b. 兴武营古城;
c. 铁柱泉古城;
d. 北破城;e. 老盐池城;f. 野湖井城

图3-4　毛乌素沙地吴忠市域古城形制图

4. 北破城

该城为 1985 年文物普查时所发现,位于盐池县惠安堡镇北,东距同心县韦州镇十数里。其城墙除西墙和北墙保留较多,其余只能根据地表微小隆起和走向判断古城墙。城门方向不可考,据介绍可能在东墙,是否有瓮城也不可考。城墙有马面,残存约 7m 长。城之夯层厚 12cm～13cm。城之西墙长 334m,北墙长 321m,城内现在积沙约 2m 厚,满布白刺灌丛沙堆,无活动沙丘,沙堆直径 3m～10m。2002 年宁夏考古所对其进行了发掘。城之西北 400m 许有已墩台,150m 处有流沙,西南约 100m 即为盐湖,南墙外 350m 出现流沙。城内分布白刺、沙蒿灌丛沙堆,长有芨芨草。据介绍,该城于大风之后,常可拾得古钱币,多为宋代钱币。另发现黑瓷片(西夏,元代)和陶片,内壁有乳丁纹。由甘肃环县—吴忠一线的墩台在此城附近自西南向东北方向而去,据盐池县文化馆马馆长介绍,该墩台应为路墩。该地区退耕还林还草政策实行较好,2002 年已经全面禁牧,这几年的气候状况有明显好转,每年的风沙活动次数明显减少,而且强度降低。其城之形状如图 3－4－d。

5. 西破城

位于北破城西南方向约 2km 处,该城四面墙体皆已不全,但其城规模可以根据其角墩位置大致测得,因为其角墩保存较好,城内满布灌丛沙堆,情况如北破城,但相对而言,比北破城显得更大一些。城距离南侧盐池的距离不足 1km。

6. 红墩子村古城

古城位于盐池县惠安堡镇西红墩子村,盐池县史志资料显示,该古城为矩形,东西长 242m,南北宽 210m。四隅有角台,城门上镶嵌青石质门盈,上书"阜财"二字。为明嘉靖六年(1527)巡抚、都御史翟鹏修筑。古城目前已经为耕地,据说该城为一夜所埋,如今已经没有任何城墙的痕迹,只能根据当地居民的回忆略知道城的范围,地表可见灰陶片,在附近居民家见灰陶罐3个。钱币主要有开元通宝,隋五铢,半两,乾隆通宝,天圣元宝,道光通宝。附近居民挖出大量骆驼骨,羊马骨等,并有墓葬。地下水位低,仅有1.5m,但为高氟水。城址内耕地表面沙化严重,东侧约300m处可见大片流沙。2006年考察到该城时,沙尘暴比较严重,可见度不到500m。

7. 老盐池古城

位于盐池县城西南惠安堡镇老盐池村,吴(忠)盐(池)公路从西侧经过。古城南北长758m,东西宽728m,中间有墙将其城隔为东、西二城。东城宽228m,西城宽500m,东城坍塌严重,残高1m～3m,基宽6m,顶部残宽1m左右,夯筑痕迹已不明显,在北墙东拐角处辟门,瓮城长40m,宽35m,残高4m～8m。城内今为农田,地面散存不多,有少量残陶片和明清瓷器残片,不见砖瓦等建筑材料。西城南北宽500m,黄土夯筑,基宽12m,残高2m～7m不等,顶部残宽3m～4m不等,夯层厚16cm左右。城西南辟门,瓮城已为水冲蚀,现仅存一豁口。与东城衔接处有数座台阶式建筑。现仅存高约两米的高大台基。城内遍布大量的明清砖瓦等建筑材料和陶瓷残片。城内西南隅建有东岳庙,庙内有两只铁香炉,均有铭文。其城之形状如图3-4-d。

8. 野湖井古城

位于盐池县王乐井乡野湖井村西。城址略呈方形,边长220m。城垣高大完整,夯层厚8m～10cm,基宽9m～10m,顶部残宽1m～3.5m,只有东北角塌圮河中,其余城墙高约4m～8m,门朝东开。城址东北侧有一积水湖泊,边缘生长着垂柳,环湖一带还有柳树残桩,根据树桩位置判断,早年湖面至少比现在高出0.5m。

当地民间传说其为宋夏时期狄青所建城池。方志记载该城为万历四十一年（1613），总制黄嘉善、巡抚崔景荣为保护草原、水源所筑，也用作驿站。东北侧的高亢梁地上，还有一占地10亩左右的堡子，当地文物部门认为其为"墩堠"兼带"坞城"，与北侧、西侧的烟墩遥相呼应，也应为明代所建。其城之形状如图3－4－e。

第四节　毛乌素沙地的其他古城

自2003年以来，我们的课题组对毛乌素沙地的70余座古城址（包括疑似古城的遗址）进行了考察。有的重点古城址则实地考察了多次。上文辑录了重点考察过的毛乌素沙地古城49座，其中内蒙古自治区境内27座；陕西境内16座；宁夏境内8座。但这并不等于我们考察过的所有古城都辑录在内。一方面，有的古城因时代较晚，归属有定论，古城特征和沙化情况被广泛报道而为人熟知，虽也实地考察，但未有更多的发现和勘察结果；另一方面，有些古城处于毛乌素沙地外围或周边，受到的风沙危害较轻，也没有必要在本研究中出现。与此同时，毛乌素沙地还有一些古城在20世纪80年代的文物普查中已被发现和报道，但20年后我们去实地考查时，已经鲜有人知道其方位，故此未能考查得到。现将这三类古城简述如下。

一、毛乌素沙地及其周边的明代城堡

1. 红山堡

明长城宁夏镇关隘。位于灵武市红山村，东距水洞沟10km，背靠明边墙，银川——鄂托克前旗的公路从东侧经过。城门北开，有瓮城，瓮城门朝东。

2. 清水营

位于宁夏回族自治区灵武县境内,原名清水堡,正统七年(1442)建,弘治十八年(1505)没于蒙古骑兵。据《嘉靖宁夏新志》载:

> 城一里,弘治十三年(1500)都御史王珣拓之,为周二里。先是灵州备御西安左卫等官军一百二名员,轮流哨备。嘉靖八年(1529)巡抚、都御史翟鹏奏迁旗军官一员。十一年,总制尚书王琼又奏,改灵州参将并兵马驻扎于此。

城在灵武市清水营村西1km处,已废弃无人住。城堡砖石部分早被拆为民用。现仅存夯土城墙。

3. 磁窑堡

明长城宁夏镇关隘。位于宁夏回族自治区灵武县境内的灵武市磁窑堡镇西北灵新矿区一带,紧邻磁窑堡至古窑子的公路。堡城周长在0.5km左右,残墙高4m～6m。城址内瓷器残片及煤釉遍地,明代曾在此地设有磁窑。

4. 毛卜剌堡

位于盐池县高沙窝镇宝塔村,西距清水营25km,东距兴武营15km。据《嘉靖宁夏新志》卷一载,其城

> 周回一里七分,高二丈三尺,置旗军一百名,马八十四匹,走递骡两头,操守官领之。管理边墙五十三里二分,烽堠二十一座,兼募土人守之。百户所同在城中。

明长城之头道边与该城之北墙连成一体,二道边在北墙外60m外,两道墙之间低洼,外边似有瓮城之功能。二道边外有一石灰窑,使用时代不详。城池北侧、西侧有固定、半固定沙丘,东侧与

南侧为平沙地,东南侧有一建筑台基,高出地面 2m ~ 3m,已为白刺沙堆覆盖。

5.高平堡

位于盐池县城西 12km 的柳杨堡乡李记沟村。古(窑子)王(圈梁)高速公路从城南经过。高平堡古城俗谓红城子,坐落在聂家梁向东倾斜的坡地上,矩形土筑残垣 250m² 见方。城墙西、南两侧保存较好,北东两侧倾圮严重。墙体残高 3m ~ 10m,基宽 10m。门面东开带瓮城,瓮门面南,倾圮过半。城内荒芜,遍布明代陶瓷残片和砖片。城门南、北两边有台基式建筑遗址。门外有两处高大的寺庙肆筑基础。

6.盐场堡

位于定边县城西北 15km 的盐场堡乡政府驻地,筑于成化十一年(1475),弘治四年(1551)增修,万历三年(1575)扩建,城周长 1100m,楼铺 9 座。目前城址建有定边县盐化厂和居民点,城墙多已毁损,仅见部分北墙,残高 4m ~ 6m,基部残宽 10m 左右。2007年 4 月考察时,紧邻北墙有开挖基坑,基坑剖面显示墙体下部地层为红粘土和黄沙土交互叠压。

7.砖井堡

位于定边县城东南的砖井乡政府驻地北 1.5km 处。明正统二年(1437)新筑,有楼铺 11 座,城门 3 个,东曰"靖东",西称"宁西",南称"南安"。因附近有砖砌水井而得名。成化十年(1474),南迁至东海螺城,嘉靖中又修复旧堡防守,北墙距头道边仅 100m。目前砖井堡四墙基本完整,城址内有小学校并为密集居民点,近年来居民多已迁出,虽然墙角有些积沙,但城内地面上无明显风沙堆积。

8. 柠条梁寨子

位于靖边县西梁镇的北部。残存西墙,高出城外地面4m～6m,城址内有积沙,因种植杨树而基本固定。据当地村民介绍,该寨子因同治年间回民暴动屠城而废弃,原先寨子里有13个省的商家店铺,以榨油为主营项目。寨子北侧500m处即有高大的流动沙丘,梁镇正处在毛乌素沙地南缘。

9. 清平堡

位于靖边县高家沟乡北境,明成化二年(1466)巡抚王锐置,城在山原,削土筑墙,高耸挺拔,非常险要,明长城在其西北2km处经过。目前清平堡城垣大部已损毁,城内残砖瓦堆密布。城外滩地上有流动和半固定沙丘发育。

10. 怀远堡

位于横山县城东,为横山县横山镇旧址所在。原称百家梁,明天顺年间(1457～1464)始建,城周1km许,有东、南、北三城门,楼铺12座。隆庆六年(1573)加高,万历六年(1578)包砖。清雍正九年(1731)在此设怀远县,1913年更名横山县,1914年县治迁置现址。怀远堡目前除东城墙外,其他三面城墙保存尚好,西侧及北侧城墙外有轻微积沙,城内住宅密集,不见积沙。

11. 威武堡

位于横山县城西南的塔湾乡威武村,处于秃尾河左岸的高亢梁地上。明成化五年(1469)始建,周长1km许,南、北、西有城门,楼铺14座,万历六年(1578)增修,高3丈5尺,砖砌牌墙垛口。目前威武堡城墙基本完整,墙体高出外侧3m～8m,局部墙体尚有包砖,有三条沙梁分别城堡的北墙和西墙跃入城内,覆盖了2/3的地面,除东墙外,其他三面墙的内侧都有严重积沙,但城址外梁地上并未有太多积沙。

12. 响水堡

位于横山县响水乡所在地,明正统二年(1437)所筑,城池北临无定河,北低南高,傍山而建,有一沟谷自北往南切入。目前该堡西、南、东三面城墙基本完整,可看到三处城门,城门包砖完整。城址内房屋密集,未见严重积沙,但沟谷边空闲地上有轻微积沙。

13. 鱼河堡

位于榆阳区南鱼河堡镇,明正统二年(1437)在今榆林市南鱼河镇九股水处设鱼河寨,成化十一年(1475)迁到今鱼河镇政府所在地,即今无定河与榆林河汇流处的黑土疙瘩,改称鱼河堡。目前已不见墙体,只有原来城堡的东门还矗立原位。城址周围为河流阶地和滩地,有大片农田,但外围的高阶地和梁地上分布有流动和半固定沙丘。

14. 归德堡

位于榆林城南 20km 的刘官寨乡归德堡村,居于榆溪河东岸的高亢梁地上,明成化十一年(1475)余子俊督建,周长仅 600m 左右,城址内建有庙宇,无明显积沙。

15. 保宁堡

亦名镇川堡,位于榆林市西南 15km 的芹河乡保宁堡村,始筑于嘉靖二十九年(1550),初为守备官驻地,后为分守中路参将府驻地,西北距长城 3km。目前该城堡内严重积沙,90% 的城内地面被厚层沙覆盖,有的沙丘链甚至高出城墙 3m ~ 5m,城池北、西两侧有固定和半固定沙丘链,但高度远不及城内沙丘。

16. 大柏油堡

位于神木县西南 15km 的解家堡乡境内,原属绥德卫。成化九年(1473)改属榆林卫。弘治二年(1489)增修,万历三十五年(1607)包砖。紧临边墙,残损严重,但城址内没有明显积沙。

17. 高家堡

位于神木县城西南的高家堡镇内,建于明正统四年(1439),万历三十五年(1607)包砖,城周回 1.5km 左右,西临秃尾河,居于一级阶地上,城池完整,没有明显积沙。

18. 常乐堡

位于榆阳区东北 40km 榆神高速公路南侧。仅南墙保存稍好,城西门已毁,尚存东门及瓮城砖券拱门洞。外墙曾包砌砖石,但已被拆为民用。据载:成化十一年(1475)巡抚余子俊修营堡 12 座,常乐系创治。弘治二年(1489)巡抚卢祥因其地沙碛无水,徙于北 20 里,置今堡。城设平川,系极冲之地。位于榆林县城东北 40 里的中家梁乡长乐堡村。成化十年(1474)延绥巡抚余子俊在此南 20 里建堡,弘治四年(1489)移此新建。万历三十五年(1607)包砖,北近大边不足一里。

19. 波罗堡

位于横山县波罗镇。该寨堡依山而建,城墙毁坏严重,仅存西墙、部分北墙和几处城角,北墙残存部门残墙内侧高 2m ~ 3.5m,外侧高出达 5m 以上,坡陡,有明显的铲削,墙基可见大条石和长方青砖。南城门尚存,有砖砌券拱门洞,进深 10m、宽 4m,高约 5m。残存的北墙严重积沙。南门外筑有一座小瓮城,现为村落和农田。据《横山县志》载:波罗堡为正统十年(1445)巡抚马恭置,在无定河南侧黄云山上,依地势而筑,大致呈方形,"城周二里二百七十步,有东、西二门,楼铺十座,系极冲中地。万历元年(1573)重修,六、七年加高,共三丈五尺"。今堡城砖石砌筑部分,仅西墙和南、北两城角及北墙稍有残存。其余均被拆毁。夯土墙除南门以东基本被毁掉外,多残存。

二、毛乌素沙地外围的几个古城址(已考)

1. 邢梁古城

位于定边县张崾岘乡邢梁村,城址位于梁地之上,周围有新月形沙丘链,沙丘上分布有沙蒿灌丛,另有人工栽植的红柳及稀疏的孤立树。地表散步大量粗、细绳纹灰陶片,古城墙西侧见有灰烬层。城内原始地表以下见有风沙层,厚约20cm~50cm。东墙残长200余米。东墙以内砖石瓦砾集中分布甚多。往西至邢梁边缘也有零星灰陶片分布(绳纹)。据实地情况判断,应为某亭障或者聚落所在。

2. 柳州城

位处佳县的佳芦河北岸,依山所建。城墙为弧形,清晰可见,残高8m许,山下平地处之城墙由于做耕地用,已不可见。城东北侧为深切沟谷,深约25m~35m,传说有长达20里的杨文广逃马洞。城墙外侧夯筑,内城墙(东墙)为削土而成。山坡上城的外廓最外端上多石块,砖块。山坡上城墙可见残存马面突出6m许,间距20m,底宽10m,上宽4.5m。城墙之夯层明显,厚11cm,墙中夹有黑瓷片。

当地居民在山脚挖洞成窑,约30来户。城墙下黄土层中也挖有窑洞。历史上就有沙丘分布,最近几年风沙变轻,危害减少了,造林治沙作用明显。地面遗物有内饰布纹素面板瓦,内饰布纹素面灰陶片。城内残存方砖测量为残长38cm,宽19cm,厚5.5cm。

3. 栏杆堡古城

位于神木县东的栏杆堡乡。古城居于西南山梁上,依山就势而建,由于河流改道、修筑梯田、开通道路等因素,城墙大段被毁,残留的城墙片段,高约2m~5m,城墙外侧有砍削土形成的陡坎。

城址很不规则,残墙有多处急弯,将残段按比例划出后,显示城址形制大体呈菱形,在西南和东南方向各有一城门,并向外凸出。墙体夯筑,夯层中多间灰陶片和骨块,夯层 9cm～10cm,夯窝很小,3cm 左右。城址南侧墙体外多古墓,从盗洞中可见到大量的煤渣和方砖或残片,不见棺木,墓葬有短小墓道,挖出的封土中拾到已严重锈蚀的铁钱、乳丁纹灰陶片和轮制陶罐残片。城址中心有 2m～3m 高的夯土台基,城址内西北的建筑台上有厚层火烧痕迹,草木灰可达 40cm,在一坑中(疑为盗洞)见到大小为 27cm×27cm 的红砂岩方石,有规则地水平铺就,显然为铺地石,可见被焚毁的建筑规格很高。城址内还多见陶罐口沿,似为盛水器具。宋代的青花磁碎片也普遍分布。到当地农户家调查,反映此地多汉墓,在一农户家的羊圈棚上,见到两个完整的素面灰陶罐,与大保当出土的相似。该农家还收藏有 43 枚铜钱中,有半两 10 枚,余皆为五铢。

《神木县志》卷 3 记:"栏杆堡寨,在县东南六十里,即宋镇川寨。误,栏杆堡由宋迄今未易名,与镇川堡无涉,镇川堡在麟府……横阳堡,在神木县北五十里店塔村东北山梁上,西临窟野河,南为横阳河,今名黄羊城,又叫皇娘城,皆横阳之讹。1020 年置。"

4. 黄石头地古城

位于神木县南 24km 处的黄石头地村。古城居于村北的黄土山梁上,依势起伏错落,坐北朝南,远视呈椅背状。古城门阙南开在一个凸字形的顶部,门侧有一小庙,碑文记其在 1995 年重修过。城墙高大,一般高出外侧约 8m～10m,外墙基部砍削痕迹明显。城墙夯层厚 14cm 左右,上有明显夯窝,圆形,直径 4cm～5cm。城内开辟农田,城墙上边布酸枣刺,疑其为自然生长。有两道巨大冲沟自东南向西北深切入城内,沟壁壁立,应为两条沟的沟头,城墙可测部分分段量测结果为 486m,不可量测部分大约占总长度的 2/5,估计古城周回约 700m。城址内多残砖瓦,多见白磁片和青花瓷片,见到多个碗底,同行考古专业人士从底纹判断可能为唐代器物。《神木县志》记其为"北魏银城",存疑。

5. 镇靖古城

位于靖边县南 25km 的镇靖乡,清代曾为靖边县城所在地,同治年间回民暴动时曾被攻克,后县城迁建现址。芦河及其支流在镇靖乡西侧交汇,现有水库一座。镇靖古城亦称镇靖堡,自芦河西岸山峁向北直至芦河岸边,一半在山上一半在阶地上,自东南向西北望去,呈椅背状,城址基本完整。古城山地部分西南墙外侧高 8.7m,墙基下部为铲削面,约 2.6m,有一道顶宽 1m~3m,深 1m~4m 的冲沟从城墙边蜿蜒而去;西北墙半圆弧形,高 10m,有 5 个凸起的马面,马面长 10m,顶宽 3m。两墙间的角墩非常雄伟,高 13m,长 11.5m,宽 11m;北侧角墩较小,高度约 11m,东北墙上有三个马面,体量较西墙角墩略小。古城址平地部分方正规制,底宽 6m~8m,顶宽 2m 左右,高 6m~8m。门阙之一开在东南墙正中,有瓮城;东北墙邻近山角也有一城门,因修筑公里几残缺不全。东南墙似也有一城门,尚不确定。整个城址规模浩大,规则部分长度约 670m,宽约 400m,总周长近 3000m。城址内平地部分大部为居民点、学校和乡政府所在,东南部有少量农田,多见碎砖块和各色磁片。山地部分古城址中多见青色残砖瓦、琉璃瓦和白底褐花磁片。该城址正南方向 50m 处有高大墩台。

三、毛乌素沙地中有文献记载的古城(待考)

1. 米家园则古城

位于鱼河镇米家园子村南榆溪河与许家崖沟河交汇处台地

上。残垣南北走向,平面呈长方形,南北长约600m、东西宽约500m。其北部建一郭城,南北长约200m,东西宽约百余米,郭城北垣略呈弧形。城垣下部夯筑,上部以片石叠砌,北墙及郭城保存较好,残高1m~2m。城内最高处有一覆斗形夯台,底边长30m、残高16m;夯层为黄沙土和粘土相间而筑,黄沙夯层厚8cm~10cm、粘土夯层厚2cm~3cm,台下暴露有灰层、红烧土。采集有绳纹筒瓦、板瓦、灰陶盆、钵、罐残片及铁器残片。该城一说为秦上郡故城,一说为秦长城沿线上延用赵国要塞的驻军遗址。当地群众放羊、耕地拾得许多秦半两、汉五株和大泉刀币,还刨得许多秦汉陶器存放籽种。2003年曾到米家园子村考察,当地村民介绍说古城基本被风沙掩埋,探寻未果。

2.芹河乡古城址

榆阳区芹河乡政府南2.5km处长城北有一秦、汉遗址,内有大量汉砖、瓦残块(片)以及器物残片,类似情况长城沿线多有发现。秦、汉时榆林地区属边郡,是秦都咸阳、汉长安阻遏匈奴南下的关键地带,因此,汉王朝在原赵、魏、秦三国基础上修缮和新筑长城是肯定无疑的。其遗存情况实地考察未见。

3.古今滩古城

位于神木县高家堡镇古今滩村,古城具体方位不详,实地考察时访问当地村民多人,都声称本村未有古城遗址。

4.古城村古城

资料显示位于神木县南的古城村,但实地调查未探访到该城踪迹。

参考文献

1　邓辉等:《统万城——民族文化交流的丰碑生态环境变迁的见证》,见《统万城遗址综合研究》,三秦出版社,2004 年。

2　陕北文物调查征集组:《统万城遗址调查》,《文物参考资料》,1957 年第 10 期。

3　戴应新:《大夏统万城考古记》,《故宫学术季刊(台湾)》,1999 年第 2 期。

4　侯甬坚等:《统万城遗址综合研究》,三秦出版社,2004 年。

5　靖边县地方志编纂委员会:《靖边县志》,陕西人民出版社,1993 年。

6　陕西省考古所:《重要古城址》,《文博》,1997 年第 3 期。

7　榆林市志编纂委员会:《榆林市志》,三秦出版社,2002 年。

8　孙周勇:《沙场秋点兵——大保当汉代城址考古纪行》,《文物世界》,2002 年第 4 期。

9　榆林市文化文物局:神木大保当汉代考古又获新成果。榆林市文化文物局网站(ht-tp://www.ylwhww.gov.cn/readnews.asp? newsid=762),2007 年 1 月 15 日。

10　榆林市志编纂委员会:《榆林市志》,三秦出版社,2002 年。

11　许成:《朐衍县故址考》,见《宁夏史地研究论集》,宁夏人民出版社,1989 年。

12　《嘉靖宁夏新志》卷 1《边防》。

第 四 章
毛乌素沙地历史地理研究的
人文坐标及其考释

　　城市区位的确定目前而言会受到很多因素的影响,从自然地理条件,到资源禀赋,再到交通、产业布局等人文经济要素,莫不成为城市空间布局的直接或间接影响因素。但是追溯历史上城市的选址,可以发现:"影响城市区位条件的是防卫和交通。"[1]毛乌素沙地的水系、长城、秦直道等,是不同时代或某个特定时代该区域的防卫线或交通线,对当时当地的城址选择起着至关重要的作用,历史文献的记载也往往以这些防卫线或交通线作为联系的纽带,它们自然而然地成为我们考释古城址、研究毛乌素沙地城市分布的空间地理坐标。因此,搞清毛乌素沙地古今水系的对应关系和古代主要交通线、古长城的方位,对于古城考释和研究是必不可少的。

第一节　基于《水经注》的毛乌素沙地
东南缘水系及相关古城考释

　　史载我国古代有一本专门记载水系的书——《水经》,但此书早已失传。郦道元所著《水经注》成为现存的我国历史上第一部以河道水系为线索的地理著作。郦道元出身仕宦之家,少年时游历甚广,培养了"访渎搜渠"的兴趣。成年后他承袭其父的封爵,利用任职机会,周游了北方黄淮流域广大地区,足迹遍布今河北、河南、山西、陕西、内蒙、山东、江苏、安徽等省区。他每到一地都留心勘察水道形势,溯本穷源,访古览胜,积累了大量的一手资料,所著《水经注》不但记载了1000余条河道水系的渊源关系和地理特征,而且以河道水系为线索,记叙了沿途的山岳、岗丘、平原、湖沼、井泉等的自然地理特征,还有城邑、寺庙、军事要塞、津渡桥梁、土俗物产、民族人口等人文地理内容,是后人辑佚或校正古籍的重要文献,今天对于我们学习历史地理和考据历史时期生态环境的变化,也是极其有价值的文献资料。

据《水经注·河水》卷3记载,黄河在今晋陕峡谷中接纳的一级支流自北而南主要有出契吴东山的某水(无名)、树颓水、大罗水、湳水、出善无县(今山西右玉)的某水、圆水、端水、诸次之水、汤水、奢延水、陵水、离石水、龙泉水、契水、禄谷水、大蛇水、辱水、信支水、石羊水、域谷水、孔溪、区水、蒲水、黑水等,其中自右岸东流、东南流或西南流入黄河的有湳水、圆水、端水、诸次之水、汤水、奢延水、辱水、区水和黑水。很显然,在今晋陕峡谷中陕西一侧的黄河一级支流大大小小的有数十个,郦道元记叙的只是其要者,如果能搞清楚这几条水系与现代河流的对应关系,就有助于判断水系周边南北朝以前的郡县与今古城遗址的对应关系。

一、奢延水流域及相关古城

奢延水是晋陕峡谷黄河右岸的重要支流,《水经注·河水》卷3中对其有长篇描述:

水西出奢延县西南赤沙阜，东北流，《山海经》所谓生水出孟山者也。郭景纯曰：孟或作明。汉破羌将军段颎破羌于奢延泽，虏走洛川。洛川在南，俗因县土谓之奢延水，又谓之朔方水矣。东北流，径其县故城南。王莽之奢节也。赫连龙升七年，于是水之北，黑水之南，遣将作大匠梁公叱干阿利改筑大城，名曰统万城。蒸土加功，雉堞虽久，崇墉若新，并造五兵，器锐精利，乃咸百炼，为龙雀大镮，号曰大夏龙雀。铭其背曰：古之利器，吴，楚湛卢，大夏龙雀，名冠神都，可以怀远，可以柔逖，如风靡草，威服九区。世甚珍之。又铸铜为大鼓，及飞廉、翁仲，铜驼、龙虎，皆以黄金饰之，列于宫殿之前。则今夏州治也。奢延水又东北与温泉合。源西北出沙溪，而东南流注奢延水。奢延水又东，黑水入焉。水出奢延县黑涧，东南历沙陵，注奢延水。奢延水又东台交兰水。水出龟兹县交兰谷，东南流注奢延水。奢延水又东北流与镜波水合，水源出南邪山南谷，东北流注于奢延水。奢延水又东迳肤施县，帝原水西北出龟兹县，东南流。县因处龟兹降胡著称。又东南注奢延水。奢延水又东，径肤施县南。秦昭王三年置，上郡治。汉高祖并三秦，复以为郡。王莽以汉马员为增山连率，归，世祖以为上郡太守。司马彪曰：增山者，上郡之别名也。东入五龙山。《地理志》曰：县有五龙山、帝原水。自下亦为通称也。历长城东，出于白翟之中。又有平水，出西北平溪东南入奢延水。奢延水又东，走马水注之。水出西南长城北阳周县故城南桥山，昔二世赐蒙恬死于此。王莽更名上陵畤，山上有黄帝冢故也。帝崩，惟弓剑存焉，故世称黄帝仙矣。其水东流，昔段颎追羌出桥门至走马水,闻羌在奢延泽,即此处也。
门,即桥山之长城门也。始皇令太子扶苏与蒙恬筑长城,
起自临洮,至于碣石,即是城也。其水东北流入长城,又
东北注奢延水。奢延水又东,与白羊水合,其水出于西南
白羊溪,循溪东北,注于奢延水。奢延水又东入于河。
《山海经》曰:生水东流注于河。

奢延水是今之无定河已有定论,相去《水经注》成书时代仅
300 多年的《元和郡县图志》卷 5 有载:

　　　无定河,一名朔水,一名奢延水,源出县南百步。赫
连勃勃于此水之北,黑水之南,改筑大城,名统万城。今
按州南无奢延水,唯无定河,即奢延水也,古今异名耳。

《明史·地理志下》也载:

　　　绥德州洪武十年五月省入府,后复置。南有魏平关。
东有黄河。城东有无定河,一名奢延水,亦曰水,西北有
大理水流入焉。

统万城前身是奢延城,即今之靖边白城子,这也有公论。关键
问题在于无定河上众多的支津与古地名的对应关系目前分歧很
大,需要继续澄清。

统万城筑于奢延水北、黑水之南,黑水相当于今乌审旗境内的
纳林河,王北辰早有此说,邓辉等由乌审旗陶利滩出土的李德明家
族墓地的墓志铭也加以证明[2]。但按《水经注》的记叙,奢延水在
流经统万城后,在东北方向先汇入了温泉水,此后才汇入黑水,这
与今天所见的水系关系不符,其原因可能有二:一是记叙错误,二
是温泉水可能为一条小支流,今天已消失在流沙之中。邓辉等根

据遥感图片判读发现,统万城内有一条自北而西南的人工渠道[3],
正是由于这条渠道才形成当年"华林池昭"和"驰道园果"的景观。
也许此人工渠即引自就近的温泉水,签于此渠史称"黑渠",更有
可能出自黑水,温泉水是一条出自"沙溪"的小河,若干年后干涸
消失是非常正常的。奢延水往东又接纳了来自北侧的交兰水,而
后是南侧的镜波水、再次是北侧的帝原水、再有北侧的平水、南侧

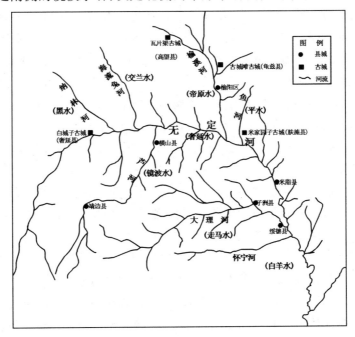

图4-1　奢延水及其支流考

的走马水,最后是西南侧的白羊水。交兰水应为今之海流兔河似
无异议;镜波水无考,但仅从奢延水支流的排列顺序看,似为今之
芦河;帝原水普遍被认为是榆溪河,《榆林府志》《榆林市志》及王

北辰先生在著作中都持此观点,从其与交兰水同出龟兹县来看,硬地梁河也有可能,但因为榆溪河流长流域大,最有可能为帝原水;平水无考,但鱼河最有可能;走马水一说为怀宁河(或称淮宁河),一说为芦河[4],但如果《水经注》的记叙顺序无误的话,此河最有可能为今之大理河;白羊水无考,最有可能是怀宁河(图4-1)。

如若《水经注》中奢延水诸一级支流如上所推,那么接下来可以继续推定水系周边的古城址了。夏之统万城由汉之奢延县城"改筑"而来,即今靖边县白城子古城,这已基本成定论。海流兔河(交兰水)"出龟兹县交兰谷",至少说明其上源在龟兹县境内;榆溪河(帝原水)"西北出龟兹县",说明龟兹县也至少在该河的中上游部分,在这个范围内目前发现的古城址有瓦片梁古城、温家河古城、白城台古城、古城滩古城,在这个区域最西北的当数瓦片梁古城。榆溪河的下游部分与汇入海流兔河以后的无定河,流经肤施县,该县应在无定河北侧和榆溪河东侧,即今之鱼河堡一带,与鱼河堡隔河相望的横山县党岔镇也很有可能,水流"迳肤施县南"一句也有可能并不意味着肤施县城之南,而是县域之南,何况无定河河道也会有小范围的变动。又据《史记正义》引《括地志》:"上郡故城在绥州上县东南五十里,秦之上郡城也。"《元和郡县志》记:"上郡故城在龙泉县东南五十里,始皇使太子扶苏监蒙恬于上郡,即此处也。"基本指向与鱼河堡、党岔镇都相当。目前鱼河堡一带的汉代古城有米家园则古城,另有榆溪河下游的银城,号称是北魏时所建——即北魏银城;党岔镇一代有古城,当地人亦称其为银城,规模甚大,但其建城年代最早也只能推至南北朝。肤施作为上郡之所在,最早能追溯到战国魏文帝时期,秦汉一直沿用,直到建安二十年(215)才因迁至夏阳(今陕西韩城县)而弃之。如此高等级并使用达400年的古城,上述城池及地表遗存似都不足以表征。但据王北辰先生引《横山县志》中邑人曹思聪所记,在"鱼河堡西,无定河西岸五里有古城甚大",疑其为唐、宋之银州故城,从位置上看与秦汉之肤施县接近,有否联系尚不可知。不过古代城市选址依据的风水思想颇有其科学内涵,所以我国的许多古代城市往往历经若干朝代,一直沿用下来,成为今天的历史文化名城。鉴于此,揣测秦汉之肤施县城位置就在鱼河堡及党岔镇一带,只是有可能叠压在后期城池之下了。

二、诸次之水与汤水及其相关古城

自无定河河口向北,黄河又纳右岸支流汤水。汤水显然是条较小的河流,《水经注》直接指明了它的源头为"上申之山",出山后即"东流注于河也",没有值得一提的支津。从地图上看,清涧县的无定河口向北,历绥德县、吴堡县至佳县县城,的确没有较大的河流入黄河,佳芦河是其中最大的一条,发源于榆阳区东北的麻黄梁一带,流程不过 50km ~ 60km,也没有很大的支流。麻黄梁一带较之榆溪河中上游而言,位置偏东南,距西汉之肤施县境不远,显然不可能在龟兹县的西北部,可以排除其为诸次之水的可能性,若是,那它一定就是汤水无疑。《水经注疏》卷 3 引清人孙星衍所言:"今有水出米脂桃花峁,东流迳葭州南入河,即汤水也。米脂县北诸山,当即上申之山,今俗有白云山、冯家山之名也。"此考证与笔者结论相同。

北侧紧邻佳芦河的黄河右岸大支流是秃尾河,也即是诸次之水。《水经注》中有关诸次之水的记叙兹节录如下:

> 河水又南,诸次之水入焉。水出上郡诸次山。《山海经》曰:诸次之山,诸次之水出焉。是山多木,无草,鸟兽莫居,是多众蛇。其水东迳榆林塞,世又谓之榆林山,

即《汉书》所谓榆溪旧塞者也。自溪西去,悉榆柳之薮
矣。缘历沙陵,届龟兹县西北,故谓广长榆也。王恢云:
树榆为塞,谓此矣。苏林以为榆中在上郡,非也。案《始
皇本纪》,西北斥逐匈奴,自榆中并河以东,属之阴山。
然榆中在金城东五十许里,阴山在朔方东,以此推之,不
得在上郡。《汉书音义》苏林为失,是也。其水东入长
城,小榆水合焉。历涧西北,穷谷其源也。又东合首积
水,水西出首积溪,东注诸次水,又东入于河。《山海经》
曰:诸次之水,东流注于河,即此水也。

秃尾河源于神木县瑶镇的宫泊海子,流经高家堡镇后,成为神
木县与榆阳区、佳县的界河,全长逾 140km。谭其骧先生主编的
《中国历史地图集》将秃尾河标注为圁水,并在秃尾河上游标注白
土县字样,故此,瑶镇古城在神木当地被认为是汉西河郡圁阳县
城,这种看法可以追溯到《大清一统志》;但《清会典图》则持另一
说法,即认为无定河为圁水;史念海、王北辰、艾冲等当代学者则考
证诸次之水为秃尾河[5-7]。现在的秃尾河在榆阳区大河塌乡以上
部分,穿流于沙丘之中;以下部分的河流阶地上,也普遍发育了流
动沙丘,说其"缘历沙陵"毫不夸张。而同时由于秃尾河源在榆溪
河源的北偏东 50km ~ 60km 开外,既然榆溪河出自龟兹县西北,自
秃尾河上源西去,"届龟兹县西北"也是必然。只是《山海经》所述
的"多木无草。鸟兽莫居,是多象蛇"的诸次之山,目前在秃尾河
上游找不到很对应的地形地段,"多木无草"之地"鸟兽莫居",而
且"多象蛇",此种情形完全与这些动物的生态习性不符,咋看起
来觉得很荒诞。但如果这一"多木无草"之地是人为种植树木形
成的人工林地,或是耐旱与耐盐灌木丛生的沙生植被或盐生植被,
"鸟兽莫居"也是可能的,如果局部地势低洼,多蛇也是极为可能

的。

　　《水经注》指示龟兹县方位与范围的文字大致有以下几条:其一,在秃尾河上源的东南;其二,在榆溪河西北,榆溪河水可能直接流经龟兹县城;其三,海流兔河上源一带亦属于龟兹县("水出龟兹县交兰谷"),可能为西南边缘。从现状地形来看,秃尾河上源在榆溪河上源的东北方向,海流兔河又在榆溪河的西南方向,一般来看,称诸次之水届龟兹县东北似乎在方位上更贴切,但如若龟兹县辖境非常广袤,秃尾河"届龟兹县西北"也是无可厚非的。另据嘉庆重修《大清一统志》卷239《榆林府》条载,龟兹县在榆林县北的清水河(即今之榆溪河)上源处。根据以上史料分析,今榆阳区马合镇的瓦片梁古城和牛家梁镇的古城滩古城都有可能,考虑到龟兹县是属国都尉的治所,城池规模也应当较大。目前已知古城滩古城的占地面积达135万 m²;瓦片梁古城址虽然只有10000m²左右,但其遗物分布范围也在100 万 m² 以上,据此怀疑现存的只是其内城,外城已经破坏掉了。从城址规模和遗存上看,两者可能都是沿用很长时间的县级以上行政单位。《汉书·地理志下》记载:"龟兹,属国都尉治,有盐官。"瓦片梁古城和古城滩古城目前周边都没有盐池可资盐业之利,契此也很难确定孰是孰非。但是考虑到帝原水过龟兹县城后"历长城东",这一条件只有古城滩古城才吻合,较之瓦片梁古城,古城滩古城的文化遗存更多、墓葬群密集且以汉墓为主、离长城更近,将其定为汉龟兹县似更为合适,故推定其为汉龟兹县,这与当地文史部门早先的论断不谋而合。榆林地区文物部门近年来还在古城滩古城西侧发现一处面积达60000m² 以上的大型战国秦先民居住遗址,叠压在战国秦长城之上,更充分说明其建城历史的久远和城址的优越,作为上郡属国都尉所在地最有可能。

　　宁夏的考古学者许成先生考证盐池县的张记场古城可能是龟兹属国[8]，主要缘起《读史方舆纪要》，据顾祖禹考释："龟兹城在卫东北。汉县，属上郡。颜师古曰：龟兹，读丘慈。时龟兹国人来降附者，处之于此，因名。亦为上郡属国都尉治，有盐官。后汉曰龟兹属国。永寿初，南匈奴别部叛寇美稷，东羌复应之。安定属国都尉张奂勒兵出长城，遣将王卫招诱东羌，因据龟兹县，使南匈奴不得与东羌交通，是也。又《西羌传》：雍州有龟兹盐池，为民利。即今大小两盐池矣。晋废。后魏主焘太延五年，伐姑臧，自云中济河，至上郡属国城。即故龟兹城也。"同时因"宁夏后卫东北至榆林镇七百二十里，南至庆阳府五百里，西南至固原镇六百二十里，西北到宁夏镇三百六十里"[9]，故认为龟兹县故址应宁夏与榆林交界处，地近明代宁夏后卫所在的花马池（今盐池县城），不可能在今榆林市榆阳区北侧。此说在下一章讨论张记场古城时有辨析。

三、圁水及相关古城

　　诸次之水以北，有端水"东流注入河"，此河"水西出号山"，郦道元认为号山即是《山海经》所称的"其木多漆棕，其草多穹穷，是多泠石"，端水由此流出的"号山"。"号山"或"端水"的归属长期以来无考，由于此水出号山后即入黄河，流程应当不长，秃尾河河口以北黄河右岸较小的支流有从神木万镇入河的一条（杨崖沟）和从西豆峪入河的一条，前者可能即为"端水"。"泠"（líng）在古汉语中的字面意思是"清澈、清凉"，常形容风与水的清凉，"泠石"似乎意味着某种质感清爽的石头。

　　端水以北的黄河右岸支流是圁水，《水经注》卷3云：

　　　　圁水出上郡白土县圁谷，东迳其县南。《地理志》曰：圁水出西，东入河。王莽更曰黄土也。东至长城，与神衔水合,水出县南神衔山,出峡,东至长城,入于圁。

　　该水由上郡白土县的"圁谷"流出,"圁谷"顾名思义是有圁石的山谷。窟野河上游乌兰木伦河和牸牛川流域煤炭资源丰富,侏罗纪延安组的两个浅部煤层在这里普遍出露,每层的平均深度在4m～5m之间[10]。砒沙岩则是鄂尔多斯市东部至准格尔旗一带分布的一套侏罗纪、三叠纪、白垩纪时期形成的河流相碎屑岩,以紫红色为主,其次为白色、灰白色,由于砒砂岩的胶结物质主要是粘土,遇水极易分解,抗侵蚀能力很差,故此砒砂岩地区水土流失极为严重,河岸砒砂岩层很容易崩塌,一块块紫红色、白色或灰白色的砂岩块坠入河水中,往往也使河水混浊,严重的侵蚀也使地表裸露,各色地层出露[11]。

　　窟野河中上游一带沟谷地层中广泛出露的煤层,可能就是所谓"圁石"。"圁"字在古汉语中无具体指代意义,通常认为只对应地名"圁水"[12],既然有"圁谷"之沟谷、"圁水"之河流,"圁"字可能象征某色彩或某物,据该区域的地形地物的实际情况分析,如果是色彩,最可能即为黑色,其次是红色或白色;如果是物质,主要是煤炭,其次可能是砒沙岩。

　　乌兰木伦河与东支的牸牛川在神木县店塔镇北汇合以后称窟野河,前人多考据圁水为窟野河,今人也多认为圁水为乌兰木伦河,也有人认为其为秃尾河的。但从《水经注》所记水系的排列顺序、水系方位并结合地理景观判断,都显示窟野河才是圁水。至于《神木县志》称秃尾河为圁水,较早的出处可能是《元一统志》和《清一统志》,应当是不对的。圁水"出上郡白土县圁谷,东迳其县南",说明上郡的白土县在窟野河上游一带;又据《汉书·地理志》:"上郡白土,圁水出西,东入河",说明白土县应当在乌兰木伦河的东侧。目前在乌兰木伦河上并未发现较大规模的汉代古城,但在其东侧的牸牛川上,有古城壕古城,城址地表的文化堆积物很多,从城址规模上看,也应该是县级单位。现今周边耕地土壤为沙黄土,但从牸牛川凹岸断崖上可以看到颜色发白的土层,距此不远的牸牛川右岸支流现名为石灰川,不禁让人猜测其与上郡白土县遗址的联系,似可说明郦道元当时是将牸牛川当成窟野外河上源的。在没有其他古城址可比定的情况下,暂将古城壕古城比定为上郡白土县。另有上郡桢林县距白土县相距不远,谭其骧主编的《中国历史地图集》将其标注在今皇甫川上,杨守敬的《历代舆地沿革图》则标注在九股水(今名沙梁川)上源一带,史念海先生也认为将圁水比定为今秃尾河"失之太西",并强调杨守敬《水经注图》比定为窟野河是比较准确的[13]。本文采信此意见,认为桢林县可能在古城壕古城正东、准格尔旗羊市塔乡到府谷县大昌汗乡一带,目前在这一区域发现的秦汉古城只有大昌汗乡的古城,而且在羊市塔乡的松树塌村,还残留着一株千年油松,人称"油松王",树高26m,胸径1.34m,材积13.5m³(1979年测定),据报道它是北宋英宗三年(1089)天然落种而成,也反映了此地有油松自然繁育条件,历史时期油松在一定条件下可自然成林,这可能也是桢林地名的由来("桢"古文中指女贞树,亦指筑墙时的主要立木,"桢林"地名中"桢"的意思应倾向于后者),目前这一地区人工栽种或飞播种植的油松、侧柏等针叶树,在阴坡都生长良好,阳坡也有分布。

关于圁水的支流,《水经注》卷3载其"东至长城,与神衔水合,水出县南神衔山,出峡,东至长城,入于圁"。"圁水又东,梁水注之,水出西北梁谷,东南流,注圁水"。"又东,桑谷水注之,水出西北桑溪,东北流,入于圁"。这三条支流从流向判断,均为圁水右侧支流。窟野河上最大的支流是左侧的牸牛川,未见只字记载确实可疑,这只能说明圁水上源当时可能指的就是现在的牸牛川。

考虑到今天的神木县北部与伊金霍洛旗南部地形险峻,道路崎岖,郦道元时代行路之难可想而知,未必他本人躬亲实地做过考察,凡以询问调查为主,难保不出疏漏,如店塔镇以下左岸也有诸多支流,长短与右岸支流也相差不大,统统未记入,有可能是因为源于黄河沿岸山峡沟谷,程短流急,加以人烟稀少,利用不多,情形不详之故。所谓"出上郡白土县圁谷"一句,可能已经概括了悖牛川的汇流。神衔水与圁水都为自西向东流至长城一带,然后两者汇流。神衔水如是可能就是乌兰木伦河,它与悖牛川在今下石拉沟一带汇合后流向东南,史念海先生考证:战国时期秦昭襄王长城(筑于前272),东北自内蒙古准格尔旗十二连城起,要历经神木县北窟野河侧旁,进入内蒙古乌审旗,最后向西南延仙到甘肃岷县、临洮一带[14]。窟野河自神木县北的大柳塔镇到孙家岔镇、麻家塔乡的沿河地带,是有一些古老的墩台,很可能就是秦长城遗迹,《中国文物地图集》中如是标出,即神木以北一带是秦长城所经之地[15]。而后,

> 圁水又东,迳鸿门县,县故鸿门亭。《地理风俗记》曰:圁阴县西五十里有鸿门亭、天封苑、火井庙,火从地中出。圁水又东,梁水注之,水出西北梁谷,东南流,注圁水。又东,迳圁阴县北,汉惠帝五年立,王莽改曰方阴矣。又东,桑谷水注之,水出西北桑溪,东南流入于圁。圁水又东,迳圁阴县南,东流注于河。(《水经注》卷3)

但实际上窟野河与榆溪河、秃尾河相似,全程都是自北西流向南东的,与《水经注》中"又东"、"东流注于河"的描述不甚一致;圁水流经鸿门县后,再过圁阴县北,与"圁阴县西五十里有鸿门亭"的方位,也不甚对应,鸿门县应当在圁阴县西北才是。按照

《水经注》的记述,圁水过鸿门县后,接纳了源自西北部的梁水,圁阴县城位于梁水之南;而后又接纳了同样源自西北的桑谷水,而后圁水流经圁阳县南部而汇入黄河。

　　新编《神木县志》记载鸿门县的位置在其县境西南部,即大保当镇一带,这样即是将秃尾河比定为圁水,这一说法因此是不可信的。若按前文思路将神衔水比定为乌兰木伦河,那么自西北"梁谷"中流出的"梁水"自然可比定为今之考考乌素河,桑谷水可比定为今麻家塔河。圁阴县应当就在今麻家塔乡和店塔镇之间的窟野河右岸,但是由于这一区域城镇密集,人口和矿业企业集中,古城遗址可能已被后期居民点叠压,今已无踪迹可考。但从店塔镇循考考乌素河上溯,可至中鸡镇梁地。中鸡镇前鸡村温家河古城的文化层厚达1m~3m,并显示其在前秦、秦汉时期都居有先民,无论从其方位还是文化遗存来看,将其视为西河郡之鸿门县非常吻合。温家河古城以北6km处的何家圪台古城,地势高亢,红砂岩广泛出露,地下70m~200m都有煤层,地表出露的岩层也有火烧痕迹,非常契合《汉书·地理志》中有关西河郡鸿门县城有"天封苑,火井祠,火从地出"的记载,故此认为何家圪台古城应为火井祠所在。中鸡镇一带,虽然局部地层中有厚层沙,但目前地表未有严重积沙,地带性植被为大针茅和白草为建群种的典型草原,而且何家圪台村南的沟道里有长流水,中鸡镇至呼家塔一带的梁地也是多条水流的源地,鄂尔多斯最大的湖泊红碱淖在中鸡镇西南15km,有大片的下湿滩地和干滩地,今天来看,这一带无疑是优良的牧畜场所。2000多年前的秦汉时期,气候较之现代暖湿,人类干扰也很轻微,植被状况必然好于现代,汉庭将国营马场"天封苑"设于此,显然是非常明智的选择(图4-2)。

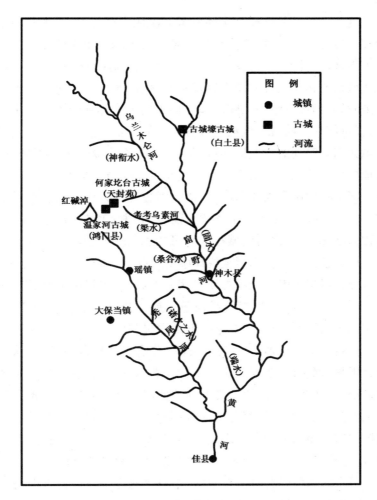

图4-2　诸次之水及圁水考

圁水在并入桑谷水后,"又东迳圁阳县南,东流注于河",说明圁阳县在今之窟野河主河道以东的本流域内,位置应当还比较居中。这一区域目前已知并实地可考的汉代古城几无,神木县城东南部古城村的古城,据考为汉代古城(《中国文物地图集》),从地形条件来看,神木镇所在的窟野河左岸有最适宜的建城条件,难说现代城址与古代城址有没有继承关系,但此城址至少可以上溯至北宋时期,因神木镇的二郎山庙宇群兴起于二郎神崇拜的北宋时期,很可能在此前就有城池而被叠压。另有栏杆堡乡的栏杆堡遗址虽为宋夏时期的古城址,但是城墙中嵌有汉代的瓦片和灰陶片,当地村民中传说汉光武帝刘秀在此地有行宫,虽不足以为信,但在农户家中见到两个素面灰陶罐,同行考古专业人士疑其为汉代器物,村民们向我们出示一串家藏麻钱,共43枚,其中10枚为半两,余皆为五铢,充分说明此城在汉时可能也是一城址。西河郡圜阳县有可能就位于今神木镇至栏杆堡镇一带。

史念海先生曾言及窟野河有两条上源,东源牸牛川与其支流束会川一带"到处可见白石或白色土层。公路旁尚有数处瓷窑,即用此白土烧制瓮缸等物,令人不由得想起白土县命名的由来"。由于长城在束会川西岸,"东至长城"一语与之相合,所以也认为束会川是《河水注》所载的圜水上源。若以此推测类推,牸牛川即为神衔水,乌兰木伦河即为梁水,从地形上来看,也都契合,但因为白土县属上郡,如果在束会川一带则白土县位置过于偏东北。到底该如何比照圜水的古今水系,可能还有待于进一步的野外勘察和考古挖掘工作才行,目前只能如史先生所言"暂付阙如"。

圜水北侧黄河右岸还有湳水,据史念海先生考证此水即为今流经准格尔旗和陕西府谷县境的皇甫川。皇甫川的上源为正川河,其流向与《河水注》所记"湳水又东迳西河富昌县故城南","湳水又东流注于河"等非常吻合,史先生据此认为今准格尔旗纳林镇北的古城废墟,可能就是汉美稷县的遗址。皇甫川的归属如是,那么按《水经注》记述,自北向南逐个水系进行古今比定,一定也有同上述一样的结果。

值得一提的是,神木县当地将秃尾河比定为圁水,将瑶镇古城比定为圁阳县城(《神木县志》)。康兰英在《榆林碑石》一书中根据墓葬中出土的铭文刻石等考古资料,推测"古圁水(同圁水)即今无定河而非秃尾河,圁阳、圁阴应在今无定河两岸寻找"。如1977年绥德县四十里铺出土的田鲂墓刻石中记:"西河大守都集掾圁阳富里公乘田鲂万岁神室。永元四年闰四月二十六日甲午卒上郡白土,五月十九日丙申葬县北鸼亭部大道东高显冢营。"由于古人有归葬故里的习俗,故此认为圁阳县城址应在绥德四十里铺南部某地。鉴于考古证据往往比文献资料更有说服力,以后随着考古证据的增加,应当能从根本上搞清圁水、诸次之水、奢延水的准确归属,相关诸城址的方位也会有公论。

第二节　秦直道毛乌素段相关古城考释

《汉书·匈奴列传》卷50载:

> 秦灭六国,而始皇帝使蒙恬将十万之众北击胡,悉收河南地。因河为塞,筑四十四县城临河,徙适、戍以充之。而通直道。自九原至云阳,因边山险巉溪谷可缮者治之,起临洮至辽东万余里。度河据阳山北假中。

秦直道是秦始皇并吞六国后,派大将蒙恬领军修筑的一条从咸阳至九原(今包头一带)的重要交通线,全长逾700km(当时的1800里),最宽处约为60m,一般宽度有说为20m左右,也有实测数据显示为4.5m左右[16],沿途翻山越岭,堑山填壑,工程非常浩大。秦直道自修成以后，匈奴从此"人不敢南下牧马，士不敢张弓报怨"，为河南地后来的移民开发奠定了基础。在后来的数个世纪中，秦直道一直是关中政权与塞外的重要交通孔道，也在一定程度上也成为军事和经济活动的中心线，障城沿线布局，许多重要的行政中心的布局也与之有关。因此，搞清秦直道的具体线路之所在，对于判定古城的归属也非常有益。

　　目前关于秦直道的具体走向，有西线、东线两种观点[17]。以史念海先生为代表的"西线说"认为秦直道自陕西省淳化县西北（秦甘泉宫）起，沿子午岭北去以后，到达今定边境内，再经内蒙古乌审旗、伊金霍洛旗的红庆河、东胜市漫赖乡，至东胜区二顷地村的城梁古城，在达拉特旗昭君坟附近跨过黄河，到达包头市西南的秦九原郡治所，即今包头南部麻城镇[18]。1982年出版的《中国历史地图集》中标出的秦直道位置也反映此观点[19]。"东线说"由靳之林、王开等人提出[20-21]，王北辰实际考察后也持此观点[22]，即认为秦直道在从安塞镰刀湾一带进入靖边县后，经天赐湾，龙洲，过杨桥畔镇，而后通往榆林市的马合镇一带，再至内蒙古的伊金霍洛旗漫赖乡海子湾村（图4-3）。1979年出版的《秦统一图》标出秦直道过云阳后北经高奴（今延安）、阳周、上郡至达九原。与此观点相近，2005年出版的《中国文物地图集》内蒙古自治区分册中标出秦直道自陕西省神木县的昌鸡兔进入伊金霍洛旗后，向北经台格苏木的一段、其后经红庆河乡、台吉召乡线路不清，进入鄂尔多斯市漫赖乡铁匠壕后，直向北延伸至达拉特旗高头窑镇吴四圪堵，此段线路清楚，因而在文物图中标出。北京大学辛德勇指出，"西线说"的提出主要依据唐代以前比较可靠的文献，但因只有直道的南北起点有可靠证据，尚不足以复原全线；东线说有较多考古证据，但缺乏可靠的文献依据，也不足以复原之；而两线并存的提法更是与史志记载相背戾[23]。景爱强调《蒙恬传》中有"道未就"的记载,说明直道在秦代并未修完,没竣工的路段应为其北段[24],即河套地区段,这也可能是在鄂尔多斯不能完全复原秦直道的原因之一。

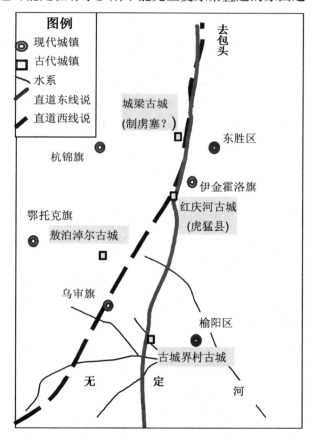

图4-3　秦直道的东线说与西线说

1986～1987年,内蒙古伊克昭盟文物工作站(今鄂尔多斯市鄂尔多斯博物馆）组织专业考古队，全面考察过鄂尔多斯境内的秦直道遗迹。1998年，为配合109国道的建设工程，内蒙古自治区文物考古研究所在东胜区城梁村，对公路途经的直道遗迹进行了抢救性清理发掘，内蒙古交通厅、陕西省古道研究学会、陕西省交通厅、榆林市文物保护研究所等许多单位都对秦直道遗迹进行过考察活动。目前据考古调查探明的毛乌素沙地及其边缘秦直道遗迹有以下几段：①达拉特旗昭君坟乡段（存疑）；②东胜区漫赖壕乡海子湾村段、城梁村段大约长120km，是直道最清晰的一段；③伊金霍洛旗阿腾席热镇西南的掌岗兔段；④榆阳区马合乡达拉石村段，该段秦直道长521m，宽45m；⑤靖边县小河乡郑石湾村段（共四小段）；⑥安塞县镰刀湾乡宋家狐村段。

　　榆林市文物保护研究所的王富春近年来经实地勘察、资料查阅并结合考古成果，划出秦直道在榆林境内的大致路线是："由延安市的安塞县镰刀湾乡宋家村进入靖边县的小河乡郑石湾村，向北经柳湾村、石峁则村，进入龙洲乡的老庄村西，经坪庄村进入沙漠地区，再经高家沟乡的常塔村东，再经杨桥畔镇西的贾家沟村西，再经草沟村西进入横山县境内，经塔湾镇的清河村东，经庞庄到赵石畔镇的水掌村，穿越秦长城，到英塌村，穿过横山镇的张家沟村、曹家畔村，再经雷龙湾乡酒房沟村东、沙赤村西，再经榆阳区红石桥乡的肖家筛村西北的柳卜台村，经闹牛海子村西，再经巴拉素镇的白家海则村西，经大旭吕村东，北上再经小纪汗乡大海子村东，最后进入马合乡，经杨家滩村西，从达拉石村东邱二小宅西侧入内蒙古境，穿过乌审旗黄陶鲁乡黄陶鲁盖村，斜东北向达红庆河。"[24]孙相武提到鄂尔多斯一带秦直道是经"兰家梁、新街、成陵"等地之后"经城梁、昭墓过黄河到包头市"[25]。张洪川的《内蒙古自治区境内秦直道遗迹考察纪实》记载了海子湾村段、城梁村段、掌岗兔段的直道遗迹[26];鲍桐的《鄂尔多斯秦直道遗迹的考察与研究》认为自榆林马合镇瓦片梁至伊金霍洛红庆河古城一带,处于高台地上,修筑道路时地表无须多大改动,由于风沙掩埋,现代道路尚且很难保持,何况2000多年前的直道[27]。自红庆河而北,直道经过公尼召、至红海子乡的掌岗图、再到东胜的二顷半村、城梁村(城梁古城),然后到班家沟、布尔什兔沟、查罕沟、黄石崖渠、黑格尔沟、高头窑、吴四圪堵,过黄河到麻城镇的麻城古城,并认为直道并不经过昭君坟。如上一些说法可以整合出秦直道最详细的路线图(图5-4)。按此说可以看出,榆阳区马合镇的瓦片梁应是直道上的一个重要城障或城池;榆阳区红石桥乡的古城界村古城、巴拉素镇的火连海则古城、靖边县的杨桥畔古城、横山县南塔湾镇的石圪垯遗址,也都是直道上的重要城池或居民点。

也有报道显示直道"从横山县白界起,沿古榆林涧(亦称古榆谷)向北至口子村出涧,折东经榆林县红石峡、镇北台南至走马梁西出长城,再沿榆溪河高岸东侧800余米的平行线北上,至神木县昌鸡兔附近,全长约120km"[28]。但多数研究者对通向包头的"直道"拐向东北的神木存疑。2003年考察榆林市鱼河堡时,当地领导介绍说鱼河西岸梁地上的豁口,为秦直道所经之地。如是则秦直道经秦汉上郡治所肤施城一带,与王富春先生的勘察不甚一致。史载"始皇巡北边,从上郡入",显然秦时确实有一条重要道路经过这一带,但是不是直道许多研究者都存疑(史念海,1991;辛德勇,2006),辛德勇认为"秦政虽苛,亦不至于这样频繁地施工于同一条道路,因而,经过上郡肤施的这条道路,肯定与直道无关"[29]。

东胜区从漫赖乡到城梁村之间直道遗迹的东侧,由南到北依次分布有大倾壕、苗齐圪尖、城梁三座古城址。前两者规模较小,可能为障城;后者规模很大,可能为行宫所在,其平面形制呈方形,边长约480m,地表散布大量的残砖、瓦当、陶排水管等建筑构件和陶质器皿的残片等,瓦当残片很多都有相同或不同的印记。古城内还有陶窑遗迹,早年还出土过大量成捆的箭杆等遗物。位于吴四圪堵附近的拐子城可能也是直道上的城障,显示出鄂尔多斯秦汉古城址分布与交通要道有很强的对应关系。

　　有关直道路线的东线说和西线说的交汇点在红庆河古城,该古城是直道沿途规模最大的古城之一,疑是西河郡西部都尉治所所在。史念海先生70年代考察至此时遗址中遗存相当非富,曾一次性地出土过18kg的铜箭头,很可能就是设有榷场的西河郡虎猛县城,也捡得数枚唐宋钱币,说明唐宋时期该古城尚在使用。西河郡置于汉武帝元朔四年(前215),辖今山西省西部、陕北地区东部和内蒙古鄂尔多斯市的一部分。1985年,红庆河乡出土"上郡守秦戈",戈上正面铭文称"十五年上郡守寿之造,漆垣工师乘,巫蠡,冶工隶臣?",背面铭文"中阳","西都"[30]。"中阳"与"西都"也都是汉代西河郡属县,其故址在今山西省西部中阳至孝义一带,故红庆河古城为从上郡分出后的西河郡某城的可能性很大。《汉书新注》卷28录清人全祖望的说法:

> 战国为郡,文侯以来即有之。然魏之西河自焦、虢、桃林之塞西抵关洛,其界最广。秦以其东界并入内史,而西界并入上郡。汉分置者,特秦上郡所属地耳。

　　今人根据西河郡在汉代频繁成为汉军北上和匈奴南下的通道的有关记载,认为西河郡面积广大,应当横亘在北河(黄河内蒙古段)外朔方郡、五原郡和河南地南部的北地郡与上郡之间。《汉书·匈奴传下》载:王莽时期,匈奴"遣人之西河虎猛制虏塞下,告塞吏曰欲见和亲侯。和亲侯王歙者,王昭君兄子也。中部都尉以

闻"。《中国历史地图集》标虎猛县于今伊金霍洛旗西南,不无道
理,制虏塞则应距此不远,杭锦旗的鸡儿庙古城和鄂尔多斯市的城
梁古城都有可能。

　　史念海先生70年代考察时,洪庆河古城"周围已辟为农田,
田亩纵横,绿茵遍地,已非草原牧场本色。白城子城外却是一片黄
沙"[31]。

第三节　　战国秦长城毛乌素段相关古城考释

　　战国秦长城是秦昭襄王(前324~251)灭义渠以后,为巩固胜
利成果和防犯北方匈奴的南下,于公元前272年前后在秦国的北
部边界修筑的长城。战国秦长城是在先前的魏长城和赵长城的部
分基础上建造的,蒙恬主持修筑的万里长城很大程度上是将战国
时期各国修筑的长城连接起来,而后面的隋长城也在一定程度上
沿用了秦长城的基础;再后来的明长城又近乎继承性地利用了隋
长城[32],所以,战国秦长城与明长城有大致相同的走向,一些段落
可能也是一致的,但完全一致又不可能。搞清秦长城的大体位置
和走向,有助于确定西河郡、上郡的范围和一些古城址的归属。

　　穿越鄂尔多斯腹地的秦长城应为战国秦长城,蒙恬主持修筑
的秦长城主要在河套地区的外围。战国秦长城毛乌素段的具体方
位,最权威的说法认为其在靖边县南分为东西两支,东支进入绥德
县西后折向无定河北行,止于无定河西岸的秦上郡治所肤施县;西
支经靖边东、横山西,在榆林县北越过无定河、秃尾河,进入神木县
境内,而后从神木县的高家堡向东北延伸至神木县城西的二郎山
东侧,沿窟野河西岸北上,经麻家塔并越过考考乌素河和乌兰木伦
河,沿牸牛川北上,过油房梁至伊金霍洛旗新庙乡境内[33]。

　　据鄂尔多斯市博物馆李军平实考,战国秦长城在从神木境内进入鄂尔多斯境内后主要有以下几段:第一段沿牸牛川向北延伸,经雷家塔折向西北,沿束会川西岸伸延,再北行经纳林塔村,折向北经纳林沟伸入准格尔旗境内,全长约40km;第二段沿巴龙梁北上至敖包梁;第三段从敖包梁折向西北,经神树沟、德胜梁后北至坝梁;第四段从坝梁折向东,至点素脑包后伸入十二连城之北黄河西岸。由此可见,鄂尔多斯市境内的战国秦长城曲折蜿蜒,大体走向是自准格尔旗西北去,绕经东胜区东部至达拉特旗境树林召一带后,又拐向正东直至十二连城,再伸向托克托县的汉云中郡一带[34]。

　　伊金霍洛旗新庙乡的古城壕古城即为战国秦长城沿线的古城,其归属前文已论及,此不赘述。其余沿线古城因不在本文研究范围内,故不做深入考证。

　　据榆林市文化文物局公布的资料,战国秦长城从"内蒙伊金霍洛旗古城壕之南的七盖沟进入陕西神木境内,从牸牛川西侧哈拉沟梁始沿河南下到神木县城西北方向与西南—东北行的明长城相交后继续南延,直抵兔毛川汇入窟野河河口的二郎山,即县城西南的雷家石畔,继续南延,与明长城时而并行,时而交错重叠,进入榆林。在城北镇北台处西折经红石桥乡、横山县东进入靖边,经靖边县东,在城墙岭与吴旗相邻处继续向西南沿营盘山南与甘肃环县此上的长城相接"[35]。榆林市辖境内较之鄂尔多斯市的土地开发程度高,加之长城修筑时就地取材,以黄土夯筑为主,不似伊金霍洛旗和准格尔旗一带多为片石垒砌,所以损毁比较严重,只有少数残土墩台。目前经文物部门考察确定的有以下几段。

　　①　神木县最北部的大柳塔镇哈拉沟峁有一段长城,居于牸牛川西侧,全长约400m,出露地表部分达146m,残基宽1.5m,高约2m。被沙埋的部分虽不见墙体,但形成隆起的长梁。

②　神木县油坊梁段长城,位于山梁之上,全长 1000m 有余,夯筑或石块砌成不等,残高有的片段不足 1m,有的达 4m 左右,残宽不等,有的地段为防止沟头侵蚀筑了石护坡。

③　榆阳区西南部的一段,南起巴拉素镇转水庙村,北至补浪河乡向阳村附近,全长 25km,间断延续,最宽处 30m,高均 1m 左右,有多处夯土层,但夯印不明显[36]。

④　榆阳区西南部的另一段,东起巴拉素镇乔家峁南,西至红石桥乡井界村,全长 12.4km,尚有残存墩宽 9m,高 5m。其中从乔家峁的关沙至红石桥肖家沟北侧的一段,保存比较集中且明显,约有 6km 长,目前大部分墙体被沙土覆压至墙顶,墙体用红胶土、白泥土和黑泥土等夯筑而成,夯层厚 15cm～20cm 不等,夯窝有平底及半球形印,直径分别为 20cm 和 9cm[37]。

⑤　南起榆阳区镇北台,斜向东北吴家梁村南头,穿古城滩一带向东而去,和其南面的明长城并列,其间相距约 400m。此段秦长城是榆林地区文管办在牛家梁乡吴家梁村东北一工地进行考古钻探时发现的,已探明的一段长约 3000m[38]。

横山和靖边两县的战国秦长城大体从榆林红石桥乡进入横山县北部,而后沿芦河西岸西南至杨桥畔镇越过芦河。其后,一说向南去往天赐湾;一说向东至靖边县城南部再转向正南。上述几段勘定的长城,除巴拉素镇至补浪河乡的一段外,其他的大致都可以连接起来,应该可以确定它们是秦长城的一部分。而巴拉素镇至补浪河乡的这一段,可能是秦长城以前的魏国、赵国、秦国长城中的一段[39]。关于战国秦长城分为东、西两支之说,笔者存疑,因为同一期长城没有必要分为两支,有可能上述所谓东支长城为战国时期赵长城遗迹,也有可能在秦昭襄王时加以修复利用。

另据《水经注》卷 3 记载,帝原水(榆溪河)流经龟兹县城(古城滩古城)后才"东入长城,小榆水合焉",这段记述很契合榆林城北这段秦长城的现况,小榆水可以比定为榆溪河的右岸支流芹河或左岸支流清水河。又据"圁水出上郡白土县圁谷,东迳其县南,……东至长城,与神衔水合",可知窟野河与秦长城、神衔水曾交汇于一处。从前述考证可知,这个交汇点比定在神木县店塔镇与北侧的下石拉村之间最为合适。

第四节　"故塞"、"河塞"及其相关古城考释

一、"故塞"与"河塞"

秦始皇统一六国后,"使蒙恬将数十万之众北击胡,悉收河南地,因河为塞,筑四十四县城,临河,徙适戍以充之"。《汉书·匈奴列传卷六十四》元朔二年条下记,汉庭取河南地后,"筑朔方,复缮故秦时蒙恬所为塞,因河为固"。《史记·秦始皇本纪》云:"西北斥匈奴,自榆中并河以东,属之阴山,以为三十四县,城河上为塞筑。"由此可见,秦代在河南地沿河设置的障城,西汉时期不但承袭下来,而且修复后加以利用。"因河为塞"一语,后人多理解为循河南地周边的黄河两岸设障筑城,即将44个县城布局在西起今之甘肃省榆中县,东至今山陕峡谷的沿黄一线。笔者认为"因河为塞"中的"河塞"的确是扼守黄河的障城。然而,且不论后期移入的70万山东贫民,即使是蒙恬所率10万将士,要全部安置在这1000km多的沿黄一线也不是一件容易的事[40]。"故塞"之谓见于《史记·匈奴列传》,云:"南并楼烦、白羊河南王,悉复收秦所使蒙恬所夺匈奴地者,与汉关胡河南塞,至朝那、肤施……"而后匈奴"与中国界于故塞"。显然,"故塞"与"河塞"是两个不同的地理

概念,前者是秦昭襄王长城沿线的要塞;后者是自临洮的黄河河谷延伸至今山陕河谷一带的要塞[41]。近年来在毛乌素沙地实地考察时,发现黄河二级甚至三级支流的沿岸也有秦汉古城或遗址,规模之大、遗存之多不亚于这一带有按可考的县城,而且沿用时代有的不仅涵盖秦汉,而且在更早或后期也有沿用,有的可能是秦汉时期的县城[42];有的古城距长城不远,应当是长城沿线的"故塞"无疑。

二、"树榆为塞"与榆溪塞

《水经注》卷 3 言诸次之水:

> 出上郡诸次山……其水东迳榆林塞,世又谓之榆林山,即《汉书》所谓榆溪旧塞者也。自溪西去,悉榆柳之数矣。缘历沙陵,届龟兹县西北。故谓广长榆也。王恢云:树榆为塞,谓此矣。

按诸次之水比定榆林塞的位置,应在秃尾河上。《史记》之《卫将军骠骑列传》则称:"遂西定河南地,按榆谿旧塞,绝梓岭,梁北河。"可见这个"榆谿旧塞"在当时的行军道路上,也是重要的军事要塞,且因诸次之水经龟兹县后"东入长城",故可知龟兹县在秦长城之外,据史念海先生推断:"所谓榆谿旧塞的榆林应是循着这条长城栽培种植的……郦道元所说的榆谿旧塞却是溯着诸次之水一直达到它的上源……'广长榆'指的是汉武帝时对于这条榆谿塞的加长加广……已经不限于长城的附近了。"[43]

《汉书·韩安国传》载:"蒙恬为秦侵胡,辟地数千里,以河为境,累石为城,树榆为塞。"据王建怀考释,这里所说的"以河为境"与"累石为城",是指在黄河以南修筑长城,"树榆为塞"与"累石为城'并列,说明榆溪塞并不完全是一个据点,而是与长城相辅相成的防御设施[44]。据此他认为：榆溪塞位于今榆林城北至托克托之间的秦长城内侧，是与长城并行的防御设施而不是一个具体的名称。这与史念海先生对"榆谿旧塞"的评价很相似。

　　按《水经注》所记，诸次之水自诸次之山发源后向东流过"榆林塞"，亦称"榆溪旧塞"，也即秦长城沿线的"故塞"。今秃尾河两支源头在瑶镇古城相连，其中一支近乎自西向东流径，故此，瑶镇古城的位置很契合"榆林塞"的方位，而且瑶镇古城的文化遗存分布范围在 20 万 m² 以上，当是一座不小的城池，为县级以上行政单位无疑。如是，当年卫青率众营建的"广长榆"林带，即是从瑶镇一带延伸出去的。所谓榆谿塞（榆溪塞），就是将榆树种植的形同边塞，可能是在塞城附近有密集的榆树林之意。史念海认为："榆谿塞的培植始于战国末年，是循当时长城栽种的。战国末年的秦长城东端始于今内蒙古托克托县黄河右岸的十二连城，西南行，越秃尾河上游，过今榆林、横山诸县北，再缘横山山脉之上西去。西汉时这条榆谿塞再经培植扩展，散布于准格尔旗及神木、榆林诸县之北，是当时的长城附近的一条绿色长城。"[45]

三、其他几个塞城

　　神木县高家堡镇的喇嘛河古城位于秃尾河左岸山坡上，扼守着沿河的交通要道，文化遗存显示其为秦汉古城，先秦时期亦有人居住。喇嘛河古城西南 30km 的芦家铺村古城，处于榆阳区、神木县、佳县三县交界处，居于开光河与秃尾河交汇处的三角地上，地势险要，易守难攻，文化遗存多样，既有细石器、也有鬲脚、各式陶片与磁片，说明其使用时代早到先秦、历秦汉、魏晋至宋。由于高家堡一带的秃尾河上有秦长城遗迹，故认为这两座古城在秦汉时期极有可能也是长城沿线的塞城。

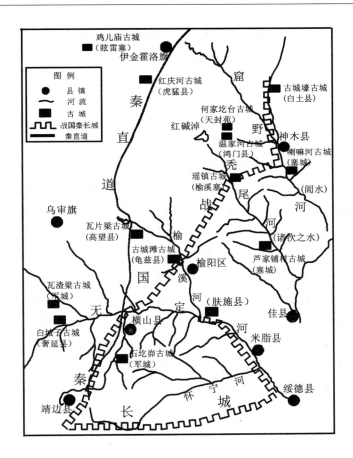

图 4 – 4 基于水系、长城、直道等考证的秦汉古城

乌审旗的瓦梁村遗址也应该是秦汉时期一重要城镇,很可能是秦汉时期的县城。此外据研究,汉代有的地方出于防御需要县以下还建有乡城,瓦梁村古城没有发现后期文化遗存,可能不是一个夯筑的高大结实的城池,故认为也可能是乡城。横山县塔湾乡的石圪峁遗址,也为一秦汉遗址,曾散布大量的箭头、完整的弓以及滚石等武器,并且应是秦直道交通干线上及秦长城防御体系中的一个重要城址。

第五节　小结

由以上考证基本可以确定:《水经注·河水》卷 3 中记载的毛乌素沙地东侧水系中,奢延水为今之无定河、帝原水为今之榆溪河、诸次之水为今之秃尾河、圁水为今之窟野河。秦直道的走向目前有两种代表性观点,其中"西线说"确定秦直道自南而北穿越了毛乌素沙地的中部;"东线说"认为秦直道自东南往北穿越毛乌素沙地,实地考证的结果比较支持后者。秦长城则先自芦河沿线入境,而后穿越榆溪河、秃尾河,到达窟野河上游的牸牛川后折向库布齐沙漠而去,基本处在毛乌素沙地的东南与东侧边界上。秦始皇时代蒙恬所筑的 44 个"河塞",指的是黄河沿线的军城,而是整个河南地的水系沿线,也有一些军事要塞。

依据文献记载,毛乌素沙地系、秦直道、秦长城沿线分布的可考古城有上郡奢延县、龟兹县、肤施县、白土县、西河郡鸿门县、火井祠、虎猛县、榆溪塞(图 4 - 4;表 4 - 1)等。

表 4 - 1　基于各人文坐标的毛乌素沙地古城考释

编号	古城址(遗址)今名	古城址归属	所属时代
M01	瑶镇古城	榆林塞(榆溪旧塞)	汉代
M02	红庆河古城	虎猛县	汉代
M03 - a	白城子古城	奢延县	汉代

（续表）

编号	古城址（遗址）今名	古城址归属	所属时代
M04	古城滩古城	龟兹县	汉代
M05	米家园则古城或银州古城一带	肤施县	汉代
M06	古城壕古城	白土县	汉代
M07	温家河古城	鸿门县	汉代
M08	何家圪台古城	火井祠	汉代
M09	鸡儿庙古城	眩雷塞	汉或更早
M10	喇嘛河古城	秦长城沿线的塞城	秦代、汉代
M11-a	芦家铺村古城（开光城）	秦长城沿线的塞城	秦代、汉代
M12	瓦梁村遗址（乌审旗）	秦汉军城或乡城	秦代、汉代
M13	石圪卯遗址	秦汉军城或乡城	秦代、汉代

参考文献

1　王恩涌等：《人文地理》，高等教育出版社，2000 年。

2　邓辉等：《内蒙古乌审旗发现的五代至北宋夏州拓跋部李氏家族墓志铭考释》，见《唐研究》，北京大学出版社，2002 年。

3　邓辉等：《利用彩红外航空影像对统万城的再研究》，《考古》，2003 年第 1 期。

4、6　王北辰：《西北历史地理论文集》，学苑出版社，2000 年。

5　史念海：《历史时期黄河中游的森林》，见《黄土高原历史地理研究》，黄河水利出版社，2001 年。

7　艾冲：《毛乌素沙漠形成与唐代"六胡州"土地利用的关系》，《陕西师范大学学报（社会科学版）》，2004 年第 3 期。

8　许成：《胸衍县故址考》，见《宁夏史地研究论集》，宁夏人民出版社，1989 年。

9　《读史方舆纪要》卷 62《陕西十一》。

10　范立民、杨宏科：《神北矿区浅部煤层的赋存特征及影响因素》，《煤田地质与勘探》，1999 年第 5 期。

11　叶浩，石建省，李向全：《砒砂岩岩性特征对抗侵蚀影响分析》，《地球学报》，2006

年第 2 期。

12　钱穆:《史记地名考》,商务印书馆,2004 年。

13　史念海:《河山集(二集)》,三联书店,1981 年。

14、43、45　史念海:《鄂尔多斯高原东部战国时期秦长城遗迹探索记》,《考古与文物》,
　　　　1980 年第 1 期。

15、19　张在明等:《中国文物地图集——陕西分册》,西安地图出版社,1998 年。

16、24、33　景爱:《沙漠考古通论》,紫禁城出版社,2000 年。

17　吕卓民:《秦直道歧义辨析》,《中国历史地理论丛》,1990 年第 1 期。

18、31　史念海:《秦始皇直道遗迹的探索》,《陕西师大学报》,1975 年第 3 期。

20　王开:《秦直道新探》,《西北史地》,1987 年第 2 期。

21　贺清海等:《毛乌素沙漠中秦汉"直道"遗迹探寻》,《西北史地》,1988 年第 2 期。

22　王北辰:《古桥门与秦直道考》,《北京大学学报》,1988 年第 1 期。

23、29　辛德勇:《秦汉直道研究与直道遗迹的历史价值》,《中国历史地理论丛》,2006
　　　　年第 1 期。

24　王富春:《榆林境内秦直道调查》,《文博》,2005 年第 3 期。

25　孙相武:《秦直道调查记》,《文博》,1988 年第 4 期。

26　张洪川:《内蒙古自治区境内秦直道遗迹考察纪实》,见《内蒙古公路交通史·资料
　　　选辑》(内部),第 14 期。

27、28　鲍桐:《鄂尔多斯秦直道遗迹的考察与研究》,《包头教育学院学报》,1990 年第 1 期。

30　陈平等:《内蒙古新出土十五年上郡守寿戈铭考》,《考古》,1990 年第 6 期。

32　中央电视台、陕西电视台:《镇北台下话榆林》CCTV 频道(http://www. cctv. com/
　　　program/zbzg/topic/geography/C13992/02/index. Shtml),2005 年 5 月 16 日。

34　李军平:《鄂尔多斯境内战国时期昭王长城遗迹》。见鄂尔多斯研究会网页(ht-
　　　tp://www. ordosxue. cn/2006/7 - 5/104034. html),2006 年 7 月 5 日。

35　榆林市文化局:《长城》,见榆林市文化文物局网站(http://www. ylwhww. gov. cn/
　　　type. asp? typeid =5),2007 年 1 月 5 日。

36　榆林市志编纂委员会:《榆林市志》,三秦出版社,1996 年。

37　榆林市文管会:《中国考古年鉴》,文物出版社,1991 年。

38　刘生胜等:《陕北发现战国秦长城遗址》,见新浪网国内时事(http://news. sina.
　　　com. cn/richtalk/news/china/9904/040525. html),1999 年 10 月。

39　彭曦:《战国秦长城考察与研究》,西北大学出版社,1990 年。

40　禾子:《秦关中北边长城》,见《历史地理(第三辑)》,上海人民出版社,1983 年。

41　魏晋贤:《甘肃省沿革地理论稿》,兰州大学出版社,1991 年。

42　郭素新等:《中国文物地图集——内蒙古自治区分册》,西安地图出版社,2003 年。

44　王建怀:《"榆溪塞"蠡测》,中国历史地理论丛,2000 年第 3 期。

第 五 章
毛乌素沙地其他历代古城考释

第一节　秦汉古城考释

一、张记场古城

关于张记场古城的归属,较早的考古研究认为其为东汉古城[1],目前多倾向于认为其为西汉时的朐(朐)衍县[2-3]。朐衍县始设于秦代,属北地郡,郡治在马岭(今甘肃环县南部),汉初保持原建置。东汉时郡县省并,北地郡改隶于凉州刺史部,郡治也迁往富平县(今宁夏吴忠市利通区西南),所辖县分也由十九个减少为六个,朐衍县也在省废之中[4],但是此行政建置秦汉以来存在了300多年,当然不排除东汉时故城址继续使用的可能性,仍为该区域的贸易中心城镇。

周振鹤先生据张家山247号汉墓出土的《二年律令·秩律》考证其为三等县,并疑其与朐衍道并存一地[5]。"道"在汉时为少数民族地区所设的县级单位,《汉书·百官志》载:"县有蛮夷曰道"[6]。根据张记场古城遗址多产封印和钱币,尤其是莽钱这一点,可以推测该遗址的 2 个城址都不应该是县级以下行政单位,有可能分别为煦衍县和煦衍道,许成认为其可能是王莽时钱币发行的转运道路,不无道理。同时,该城临近产盐的北大池,许成还认为其应距设有盐官的龟兹城不远,拟或就是龟兹县,笔者对此虽不敢苟同,但认为此城当时必定是一个食盐集散中心,当时此地葬俗中盛行往棺上撒盐,考古部门认为是一种镇邪的习俗,而且说"这一习俗至今在宁夏一带犹有保存"[7]。笔者几次调查中均未能求证当地有此习俗,更有说服力的解释,恐怕是这一地区的人们当时从事的是以盐业为主的经济生产活动,故以盐为告别亡者之物。

但是,在西汉北地郡的 19 县中,史志记载有盐官的只有弋居县一处,而且该县还可能设有铁官。《汉书》卷 28《地理志第八上》载:"弋居,有盐官"。《后汉书》卷 47 梁懂条下记述梁懂是"北地弋居人也",该条下注释称"弋居,县名。郡国志曰有铁官"。张记场古城近几十年来一直有大量锈铁块出土,当地农民称曾经一次性卖掉好几车(架子车,一架子车大约不下 500 kg),现今还依然能从古城中拾到大量锈铁块。笔者几次考察都见到村民将地头捡到的铁块装在化肥编织袋中,刻意捡的话,半天即可凑足一袋。弋居城从前后汉断续使用时代直至北魏,《魏书·地形志下二》载:北地郡,"富平真郡八年罢泥阳,弋居属焉。有北地城、汉武帝祠。泥阳,二汉属,晋罢,真君七年并富平,景明元年后复,有慈城山。弋居,二汉属,晋罢,后复"。其方位,顾祖禹认为在延州南部[8],但除此以外,未见其他任何献对其方位有更具体的界定,《中国历史地图集》也未标出其方位。弋居城址使用时间很长,这与张记场古城遗物遗存之多也可对应,不能不让人怀疑张记场古城与其有否关联。

二、杨桥畔古城

　　杨桥畔镇古城东城的地表遗存和地下文物以汉代为主,周边的古墓葬也多为汉墓。据当地村民介绍,1982 在兴修水利时水曾冲出大量窖藏铜钱,一推车都拉不完。调查中发现当地村民对铜钱有很强的收藏和鉴赏能力,一般不拿出来示人,但都称"麻钱子"以货布和五株为主,即为莽钱。靖边县文管部门曾采集到一个出土的灰陶罐,上书"阳州塞司马"字样,据此,杨桥畔镇古城被定为秦至西汉的阳周县城。笔者认为东侧的古城极有可能属此,但西侧古城时代应较晚,可能是唐宋时期的城池。

　　阳周县始设于秦始皇二十六年(BC221),隶属上郡,在秦汉时代处于交通要道上,直至西汉末,共存在了 198 年。《史记索隐》注:"桥山在上郡阳周县,山有黄帝冢也。"《汉书·地理志》亦载:"上郡阳周县桥山南有黄帝冢。"有关黄帝衣冠冢所在一直有争议。王北辰先生曾辑录现行史籍中的几个代表性认识,一是《中国历史地理图集》将阳周县城标注在今绥德县大理河南岸;二是《中国大百科全书》中国地理分卷记述的"黄帝葬桥山,桥山在陕北子长县北"[9],陕西省文物部门在 90 年代也持此观点,称"阳周故城位于子长县秦直道东侧约 2km,石家湾乡曹家圪村西 250m。城址平面略呈长方形,东西长约 1.5km、南北宽约 1km。城墙夯筑,残高 1m~4m、基残宽 0.4m~2m,夯层厚 7cm~9cm。城内出土有秦代陶器及铜车饰、铜链等"[10]。《史记·蒙恬列传》记载秦二世派遣使者至阳周赐死蒙恬。王北辰通过信访、文献考据、实地考察等,提出靖边县城北 20km 外的古城峁为阳周县城的观点[11],遗憾的是古城峁一带已没有什么地表遗存残留,令人怀疑其重要性是否能比定为县,更何况还是处于直道上并蒙恬领兵的县级行政单位。

朱士光在论及黄帝的重要活动遗迹时,认为:"黄帝所葬之桥山,因太史公未指明具体所在,后世学者对此十分关注,也做了不少工作。如东汉班固在撰《汉书·地理志》时,根据《史记》之《孝武本纪》与《封禅书》所载汉武帝刘彻北巡朔方时,曾'勒兵十余万还祭黄帝冢桥山'的史实,在上郡阳周县条下载明'桥山在南,有黄帝冢,莽曰上陵畤'。东汉时,因阳周县被撤除,故《后汉书·郡国志》中未再记桥山与黄帝陵。明、清时,一些史籍、志书又根据班固与北魏时郦道元在《水经注》中的记载,论定西汉阳周故城在今绥德、子长两县境内之怀宁河(也称淮宁河)上游,桥山与黄帝陵自当在怀宁河上游南岸。但早在北齐时,魏收在《魏书·地形志》中就将有桥山与黄帝陵的阳周县系于豳州赵兴郡下,隋时,该郡改名罗川县,唐时改为真宁县,至清改为正宁县。而唐代成书的《括地志》,更将黄帝陵定在罗川县东之子午山上。以至到唐代宗大历五年(770),唐王朝正式下诏在坊州中部县,即今黄陵县置庙,将黄帝列入祀典。1944年,在抗日战争最艰苦的年代,中部县改名为黄陵县,更突显了它在众多黄帝陵冢中的独尊地位。"[12]

路笛在郭文奎主编的《庆阳史话》一书中著文,认为今陕西黄陵县的黄帝陵在秦直道以东百里之外,汉武帝不可能率领10余万大军绕道去祭典,并据地方志中的有关记载判断方位,认为甘肃正宁县五顷塬的黄帝冢才是古桥山的黄帝冢[13]。若杨桥畔古城为阳周县城的话,虽说尚无法断言古桥山准确方位,但汉武帝北征时祭祀黄帝陵可谓顺道这一点,是无法置否的。

另据《水经注·河水》卷3记载,走马水

　　水出西南长城北阳周县故城南桥山,昔二世赐蒙恬死于此。王莽更名上陵畤,山上有黄帝冢故也。帝崩,惟

弓剑存焉,故世称黄帝仙矣。其水东流,昔段颎追羌出桥
门至走马水,闻羌在奢延泽,即此处也。门,即桥山之长
城门也。

由此可知阳周县在走马水北,王北辰考证走马水即为今之芦
河,但据前述考略,大理河最有可能是走马水。杨桥畔古城处在芦
河北岸,若确为秦汉之阳周县所在,则与前述考证矛盾。深究于
此,可能有三方面的原因:一是郦道元所记水系的排列顺序有误;
二是出土有"阳周塞司马"铭记器物的古城,不等于就是"阳周塞"
或"阳周城";三是大理河与芦河的发源与同一道分水岭的两侧,
上游支流有好几处沟头相距只有几华里,如在靖边县大路沟乡、天
赐湾乡和横山县艾好峁乡一带,芦河与大理河的分水岭现今还叫
做"走马梁",位置在近芦河一侧,在郦道元时,完全有可能将两河
的上源地带混淆。另据《史记》卷3之《五帝本纪第一》案曰:"阳
周,隋改为罗川,尔雅云山锐而高曰桥也。"横山山脉在杨桥畔镇
之南,其中正南方向的横山高峰万药山,海拔1600m,兀立于周边
黄土梁峁之上,与周围之山梁形成巨大反差,也正好应合"山锐而
高"的特征。以上种种证据,特别是考古证据,都说明杨桥畔古城
之东城为阳周县城是比较可信的,而走马水方位考证与现实水系
不符的问题,可能是《水经注》记述有误。

榆林市文联副主任张泊新近发文,也以非常充实的理由,阐明
杨桥畔古城应为上郡阳周县城,与我们的论点不谋而合。张泊先
生在文中提及,他早年在考察秦直道时就推断杨桥畔古城可能是
秦汉之阳周县城;1982年龙眼水库冲出的铜钱仅文物部门从村民
手中收回的就有25850枚,其中品种有6种——货布、货泉、大泉
五十、布泉、四铢半两和五铢钱,是陕北地区有史以来发现的最大
古钱币窖藏;作者本人其后还在遗址上陆续发现过陶质钱范、坩

锅、铸铜残块和一些半成品的钱币等冶炼遗物,从而推测其地在汉代有过大规模的铸币活动[14]。更有意思的是靖边县文物部门是在读到张泊有关杨桥畔古城为阳周县城的有关推断以后,翻捡文物,才发现那只有"阳周塞司马"五个阴刻字的泥质灰陶罐。近期陕西省文物考古勘探队又在杨畔镇探明一处大型汉代墓葬群,占地达 4km²,已发现 100 多座墓葬,虽然普遍被盗,但出土器物颇丰,其中有青铜器,说明墓葬的级别较高,同样也显示杨桥畔汉代古城的等级相当高,应当就是上郡阳周县城[15]。

三、古城界村古城与白城台古城

古城界村古城被认为是秦汉古城遗址,同时为隋之开皇三年(583)所设德静县城[16]。《元和郡县图志》卷四夏州德静条下记其"西南至州八十里,盖旧朔方县地。周武帝于此置弥浑戍,南有弥浑水,因名。隋改为德静镇,寻废镇为县,皇朝因之。无定河自朔方界流入"。古城界村古城在目前发现的古城遗址中,与夏州(今白城子古城)的距离及与无定河的关系,是最符合以上记载的,新编地方志的说法不无道理。但古城界村古城若为隋唐时期的德静县,其地表遗存应以隋唐时期为主,但目前该古城出土文物多为汉代器物,古墓葬又以汉墓为主,想必其主要使用时期是汉代。

王北辰先生上世纪 80 年代即认为硬地梁河上游巴拉素镇的古城(即白城台古城)为唐之德静县城[17]。白城台古城的位置也符合"西南至州八十里"和"无定河自朔方界流入"的记载,而且规模较之古城界村古城大(白城台古城约为 480×470m²;古城界古城约为 310×250m²),《元和郡县图志》还有"秦长城,在县(德静县)西二里"的记述。德静县既然可以上溯到周武帝所置"弥浑戍",而从紧邻秦直道、秦长城的地理位置来看,白城台古城的位置和作用,显然较之古城界村古城更为重要,地表遗存也显现其在唐宋时期为一重要城址。陕西省文物部门考定白城台古城自前秦-宋夏一直在延用,认为其为北魏之代来城[18],是赫连勃勃之父刘卫辰任西单于"督摄河西诸部"时的屯兵摄政之所,亦俗称"悦跋城"。综合上述研究,兹认为白城台古城为周武帝之"弥浑戍"、北魏之代来城、悦跋城、隋之德静县、唐之北开州、化州。古城界村古城处在秦长城与秦直道内侧,可能为汉时上郡所辖县城之一。另据艾冲考证,德静县城址在榆阳区补浪河乡的魏家峁村附近[19],因野外考察期间未曾找到魏家峁村附近的古城,故不能妄加评说。

四、大保当古城

将有古长城的榆阳区牛家梁镇吴家梁村,与文献显示有古长城的神木县店塔镇下石拉村连线,可以发现:大保当古城恰好处在该连线上,这说明大保当古城有可能处在秦长城一线。再从其规模和众多墓葬来看,应为一重要城址[20]。又据考古发掘报道:"大保当汉代城址及墓葬出土的陶器带有浓厚的匈奴典型器物特点……画像石墓地人骨资料鉴定表明,大保当人种在体质上接近北亚种,换句话说,画像石墓地的主人在体质特征上可能与匈奴等北方民族有着血缘上的关系。其实早在20世纪50年代,在大保当公社(镇)的纳林高兔就出土了金、铜质鹿形怪兽、虎等典型'鄂尔多斯式'青铜器。"[21]而且早在抗战时期,大保当就出土过一方铜印,上有阴刻篆体三行九字:"汉匈奴为踶蓁鞪且渠",据戴应新考:《后汉书·南匈奴传》有云:"汉安元年秋,吾斯与奥踶蓁鞪且渠伯德等复掠并部",应为同一人名,认为该铜印应铸于汉安元年(142)年前后[22]。由此可见,大保当古城在东汉时期应当是南匈奴人集中居住之所。

《汉书》卷28《地理志上》载:"雕阴道,龟兹,属国都尉治",根据"县有蛮夷曰道"的原则,雕阴道应当是一个异族人口集中的县级行政单位。汉之雕阴道位置所在有马端临的"绥德说"——因"城西南有雕山,山北为阴,故名雕阴郡";富县说——《中国古今地名大辞典》和《汉书新注》卷28下指明雕阴郡在陕西富县北30余里,雕阴县在陕西富县,雕阴道在陕西甘泉西。隋大业元年(605)所设雕阴郡,可能只是沿用了汉代县名而未必是原有地名。

杨守敬《历代舆地沿革图》中虽然将无定河诸支流的位置标注的不准确,但他在清代金鸡河地名之东侧标注"独乐"字样,金鸡河可比定为今之金鸡滩,"独乐"恰好比定为大保当镇所在。据《元和郡县图志》卷第4长泽县条下记:"胡洛盐池,在县北五十里,周回三十里,亦谓之独乐池,声相近也,汉有盐官。"无论是大保当一带还是今城川古城以北数十里至百城的范围内,都未发现有可以比定的湖泊和古城。另据《汉书》卷55《卫青霍去病传》载,汉武帝元狩三年,霍去病收降的匈奴浑邪王部数万人,被分别安置于缘边"五郡故塞外,而皆在河南,因其故俗为属国",同时"减陇西、北地、上郡戍卒之半,以宽天下繇役"。河南地的"边五郡"应为代郡、雁门、定襄、上郡、朔方,大保当古城当时也可能是因此而设置的属国之一。但因为大保当古城的位置恰在秦长城一线,且有榆溪旧塞在其西南,目前据考古方法确定的只是秦长城大概位置,尚难以对大保当古城是否在"故塞外"形成定论,同时因为上郡属国都尉治所放在安置龟兹国降部的龟兹县,所以揣测雕阴道可能就是安置浑邪王降部的县份,即上郡匈归都尉治所所在。

五、瓦片梁古城

该古城处于高亢梁地上,榆溪河的上源在此北侧不远处。在毛乌素沙地东南缘未定归属的诸多古城中,从该古城的方位、局地地形和遗存规模来看,与西汉之高望县最为契合。高望县,为北部都尉治,东汉省,北魏时侨置于今庆阳一带,《魏书》志第七《地形二》下记载:"真君二年(441),曾在赵兴郡下置高望县,有'高望山'",可能即沿用汉故地名。高望县既为上郡北部都尉治所所在,位置应当在上郡北侧,先前的研究据此都认为其应当在乌审旗的北部[23]。乌审旗北部现今已知的汉代古城只有嘎鲁图苏木北部的敖柏淖尔古城,其位置虽然比瓦片梁古城更北,而且处在滩地上,不契合"登高望远"之意;另有紧邻乌审召北侧的鸡儿庙古城似乎能够切中此意,而且该城也建于汉代,沿用于唐宋,只是其方位比红庆河古城还偏北。红庆河古城既然属西河郡,那么其北侧的古城应不大可能为上郡所属,鉴于榆阳区马合乡的瓦片梁古城址一带文化遗存散布范围广,残存城墙又非常坚固,在没有方位更合适的古城可作比定的情况下,揣测榆阳区马合乡的瓦片梁古城是西汉高望县城。

六、毛乌素沙地北端的几个古城

敖柏淖尔(亦称昂拜淖)古城为汉代古城址无疑。内蒙古考古所张郁先生曾报道过在敖柏淖尔东北侧(相当于古城东侧)自然侵蚀而暴露的一座男女合葬砖券墓,从葬式和墓葬形制判断应为少数民族墓葬,时代推断为东汉晚期[24]。另据《中国文物报》报道:"内蒙古鄂尔多斯博物馆对位于鄂尔多斯市乌审旗嘎鲁图苏木巴音格尔村敖包梁的两座汉墓进行了抢救性清理发掘,发现了珍贵的汉代壁画。墓葬分布于低缓丘陵的顶部,均为带长墓道的洞墓,墓室直接凿于砂岩中。两座墓均早年被盗,墓室内棺保存尚好,随葬品仅见少量残破陶器和个别的铜五铢钱。两座墓均绘有精美的壁画,内容为出行图、宴饮、舞蹈、抚琴图、亭院图等,保存完好,色彩艳丽。据出土器物及壁画内容等分析,墓葬的时代约为西汉晚期至东汉时期,墓主人可能为秩比三百石左右,相当于县丞级的官吏。"[25]按东汉官制,"边县有障塞尉"以"掌禁备羌夷犯塞",其秩品是"诸边郡塞尉、诸陵校尉长,皆二百石"[26]。主人既为秩比三百石左右的官员,显然其主政之城应当是一县级单位的城池,抑或为一障城或塞城,后期可能有匈奴人入住,该区域东汉后可能断续有人生活居住,但城池功用再未发挥。

　　鸡儿庙古城为一汉代城池,唐宋后延用,周围发现的墓葬群主要为汉代。鸡儿庙古城北20km的胜利乡古城梁村,还有另一汉代古城,平面呈方形,南北约450m,东西约400m,仅从规模上看已达到汉代县级单位规格。木肯淖尔古城和水泉古城也均为汉代古城,两者东西相距约40km,分别在鸡儿庙古城的西南20km和正西50km,纬度位置比红庆河古城稍偏北一些。有研究认为水泉古城相当于"宥州之第二处治城——宥州新城",即唐贞元二年(786)以前的经略军城[27],理由之一是其"坐落在夏州城北偏西320里(一说300里)处,恰在夏州通向天德军城与丰州城的干线驿路之侧";之二是因为"榆多勒城并非唐代创筑之城,而是利用汉代古城而修的",而从水泉古城"边长达1000m的占地规模来看,显然不是县、乡驻在之城镇,而应是军、州等高中级机构驻在之大城"。从水泉古城现状环境来看,其所在地是风沙沉积区而非侵蚀区,按考古地层学理论,较晚时代的遗存必定将较早时代的遗存掩盖,实际情况是水泉古城暴露地表的尽为汉代文物,由此可排除其为唐之经略军城或"宥州新城"(也称其为中宥州城)的可能性。木肯淖尔古城有内外两城,显然功能更加完善,可能是县级以上治城,若是,应为西河郡某县;水泉古城有可能也是西河郡某县治所,但也不排除其为一障城或塞城的可能性。

《水经注疏》载:"胡洛盐池在长泽县北五百里,周回三十里,亦谓之独乐池,声相近也。汉有盐官。"并引用《水道提纲》的记述,称"套中产盐池,以喀喇莽尼为大,即古金连盐泽及青盐泽,唐时名胡洛盐池者"。《新唐书》志第 33 下《地理七下》记:

> 夏州北渡乌水,经贺麟泽、拔利干泽,过沙,次内横口、沃野泊、长泽、白城,百二十里至可硃浑水源。又经故阳城泽、横口北门、突纥利泊、石子岭,百余里至阿颓泉。又经大非苦盐池,六十六里至贺兰驿。又经库也干泊、弥鹅泊、榆禄浑泊,百余里至地颓泽。又经步拙泉故城,八十八里渡乌那水,经胡洛盐池、纥伏干泉,四十八里度库结沙,一曰普纳沙,二十八里过横水,五十九里至十贲故城。

胡洛盐池应是今毛乌素沙地和库布齐沙漠之间并靠近库布齐沙漠的一处盐湖,应当为今天杭锦旗的盐海子,而毛乌素沙地北部最大的盐湖是乌审旗乌审召一带的合同察罕淖尔,可以比定为大非苦盐池,夏州所在的白城子古城与合同察罕淖尔、盐海子三点的连线近乎为一条直线上,呼和淖尔古城、鸡儿庙古城、城梁古城都在这一连线上;木肯淖尔古城和水泉古城则距此连线不远。按文中所记里程,敖柏淖尔古城应当就是贺兰驿,交通位置极其重要,鸡儿庙古城应为汉时的眩雷塞之所在;而白城应当在乌审旗达布察克镇一带;敖柏淖尔湖可能就是"突纥利泊";城梁古城与《中国历史地图集》中标注的西汉朔方郡大成县位置相当[28],但也可能是西河郡北部都尉所在的增山县城,因其位于毛乌素沙地外围,故未做细致调查。

七、其他古城归属的蠡测

1. 包乐浩晓古城

包乐浩晓古城遗存显示其为一汉代古城址。王北辰先生1987年曾考察过该古城,他给古城命名为包乐浩晓古城,并认为其可能是唐初的经略军城,即中宥州城(艾冲称为"宥州新城"),论据有三:其一,与夏州(今白城子古城)的距离和方位合乎《元和志》记载;其二,位于河流绿洲,水草丰美,有建城之利;其三,经略军城的前身为榆多勒城,应当是当地民族语言的称谓,说明早在唐天宝年间王忠嗣置军以前就有城,包乐浩晓古城作为汉城也符合这一条件。基于前述考古地层学的原则,兹认为包乐浩晓古城可以排除是经略军城的可能性。其归属有以下两种可能,一是西河郡某县城,二是朔方郡某县城。

2. 大场村古城

根据地表遗存的时代,可将大场村古城的时代界定为汉代,文物部门已有初步结论[29]。从分布范围上来看,该古城很可能是县级以上单位。关于其归属,目前尚未见相关研究。笔者考释文献,认为其可能是北地郡除道、五街、鹑孤、回获几县中的一个,或为上郡中的原都、推邪等中的某一个。《太平御览》卷164《州郡部十》转引《汉志》记载:"三封,属朔方郡,今长泽县有三封故城。"《通典》卷173载:"长泽,汉三封县,后魏置今县",其说法显然源于前者。而汉之三封县,西汉时与呼遒、窳浑临近;东汉时与广牧、沃野在一个区域,而后者在今临河至包头一带,今人考释三封故城在今内蒙古磴口县西北,应该没有大的出入。后魏、隋唐之"长泽县"在今鄂托克前旗西南的城川镇,与今磴口县相距200km,显然与刘歆所著《汉志》中所载有三封故城的"长泽县"不在一个区域,相反倒是距汉代上郡的奢延县(今统万城)很近,直线距离只有50km左右,不能不让人怀疑其为上郡的某县。

3. 阿日赖村古城与古城子古城

关于这两个古城的归属,目前没有太多证据可依,但其所属上级行政单位,笔者认为有以下可能性:

第一,可能隶属朔方郡。关于朔方郡治城的位置,一般认为在今内蒙古自治区乌拉特前旗南部;陈永中认为应在鄂托克旗境内,并对《元和郡县图志》卷4中关于什贲故城为汉之朔方郡址的记载提出质疑[30];杨守敬在《水经注疏》中也认定朔方县古城应在今鄂托克旗境内。侯仁之先生等的研究已经基本认定了《汉书·地理志》所载的朔方郡10县,即三封、朔方、修都、临河、呼遒、窳浑、渠搜、沃野、广牧、临戎等,集中分布在内蒙古河套西北部及后套地区[31],一般认为三封故城在今内蒙古磴口县西北约40km;朔方故城在今内蒙古杭锦旗北80km;修都故城在今内蒙古杭锦旗西15km多;临河故城在今内蒙古杭锦后旗东北约50km;呼遒故城在今内蒙古杭锦旗北偏东,在朔方故城东南;窳浑故城在今内蒙古杭锦后旗西南近50km;渠搜故城在今内蒙古杭锦旗北;沃野故城在今内蒙古临河县西南约30km。广牧故城在今内蒙古五原县南约25km;临戎故城在今内蒙古磴口县北约15km。阿日赖古城远在这10个古城南部150km开外。第二,可能隶属北地郡某县。北地郡秦时治义渠(今甘肃宁县西北),汉代先治马领(今甘肃环县东南),后迁至富平县(在今宁夏吴忠县西南),所辖十九县中,前述昫衍县(张记场古城)北距该城60km余,秦之浑怀障(今宁夏平罗县境黄河东岸,故城已塌入黄河河道中,现有墓葬群)在其正西约80km。从空间距离来看,呼和诺日滩古城更有可能是北地郡某城,从规模上看,可能是乡级城市。

　　土城子古城位于张记场古城西北、阿日赖村古城西南,从方位来看,隶属于北地郡的可能性最大,但因其地表遗存多样,时代跨度较大,也有可能是丁奚城,据《灵州志迹》古迹志第八记载:"五原废县⋯⋯汉置朐衍县,属北地郡,西魏改五原郡,正统九年,建于兴武营五原西。"该书按曰:"县在今榆林界丁奚城。东观记丁奚城在灵州北,后汉永初六年汉阳贼杜季贡降于滇零羌,别居于此,任尚破之。"此段记载说明以下几层关系:一是五原废县建在汉朐衍县境,属北地郡;二是五原废县建在后汉杜季贡所居丁奚城;三是明正统九年(1444)筑兴武营于五原废县西。目前的考古和野外考察资料不支持汉朐衍县、后汉丁奚城及北魏五原废县的提法,但三者在分布地域上应该相当接近,而兴武营确实如其记载,建于张记场古城西侧,那么兴武营以西的土城子古城就极有可能是丁奚城。另据《资治通鉴·安帝纪》记载:永初元年(420),"滇零死,子零昌立,年尚少,同种狼莫为其计策,以季贡为将军,别居丁奚城"。胡三省注:"按东观记,丁奚城在北地郡灵州县。"丁奚城在灵州无疑,而北魏的废五原县应在盐州,土城子古城的方位比较折中,若以唐时灵盐两州的分界线来看[32],应在交界处的灵州一侧。但因顾祖禹称"丁奚城在所(灵州守御千户所,今灵武县城一带)南"[33],有关土城子古城是否为丁奚城还有待考古证据分辨。

4. 神水台古城

　　神水台古城以前未见报道。乌审旗地方志中记载的大榆树湾文化层和钱家湾文化层应距此不远,但无坐标显示,村民也不知情,故未找到其所在,不知与神水台古城有无关联。该城也处于白城子古城的东北方向,虽然符合"西南至州八十里"的描述,也有河流(海流兔河)自其西侧向南流去,起初疑其为唐德静县城。但因为该城在唐夏州城的北东方向,离无定河很远,故排除这一设想。考虑到神水台古城处在秦直道外侧 30km～35km,地表遗存不多,分布范围也不太大,故疑其为一障城。

5. 瓦梁村古城、石圪垴古城、喇嘛河古城

乌审旗纳林镇南的瓦梁村古城、横山县塔湾乡的石圪垴古城、神木县高家堡镇的喇嘛河古城,均为汉代城池,其中喇嘛河古城因地面采土和流水冲刷而沟壑纵横,地表出露的文化堆积较少;瓦梁村古城与石圪垴古城虽然也有一定程度的积沙,但平沙地上和农田地头有多种纹饰的残瓦,比毛乌素沙地一般汉城的文化堆积物种类复杂得多,可能在汉代以前或以后都有使用。而且从分布位置来看,都分布在河流一侧相对高亢的地形部位,石圪垴古城东傍芦河,喇嘛河古城西依秃尾河,瓦梁村古城东靠纳林河,三座城池都有很强的防御作用。此外,石圪垴古城和喇嘛河古都在明长城沿线,而这一带的明长城是在战国秦长城基础上更筑的,这已基本成定论,故此,认为这两个城池至少是长城沿线的障城,从规模来看,是汉代或魏晋时某县城也有可能。瓦梁村古城可能是秦汉上郡某县城或乡城,魏晋时期可能继续使用。

第二节　魏晋南北朝至唐宋重要古城址考释

一、白城子古城

关于白城子古城的归属,早在 19 世纪中期已有调查认为是统万城遗址。清道光二十五年(1845),时任陕西怀远县(今横山县)知事的何炳勋奉榆林太守徐松(另一说为李熙龄)之命前往踏勘,提出此城为北朝大夏国都统万城,后来颇有争议。近 50 年来,白城子古城的考古研究取得了丰硕成果,1956 年,即有陕西省文管会和博物馆组建的陕西文物调查征集组前往调查,由俞少逸执笔的《统万城遗址调查》一文,进一步确认了该城址为统万城[34];60年代侯仁之先生的实地勘察和 70 年代陕西省文管会赵学谦、崔汉林、戴应新等的数次调查试掘,以及西北大学李健超等的考察,都确认了该城的归属,可以说白城子古城为统万城已成定论。1991年,榆林市文管会在靖边县红墩界乡杨家村东陈梁山上,抢救清理了一座被盗唐墓,墓志文有“以开元二十三年九月九日卒于私第,春秋六十有八,以二十四年七月七日葬于统万城东三十里原”的记载,因杨家村与白城子古城的方位距离基本一致,完全证明了统万城的白城子古城的归属[35]。赫连勃勃命胡义周所撰的《统万城铭》中有云:“营离宫于露寝之南,起别殿于永安之北。高构千寻,崇基万仞……。”很可能在距统万城不远的红柳河南有宫殿类建筑,戴应新认为是“离宫”和“冲天台”遗址。

据郦道元《水经·河水三》记载:

> (奢延水)出奢延县西南赤沙阜,东北流……俗因县土,谓之奢延水,又谓之朔方水矣。东北流,迳其故城南,王莽之奢节也。赫连龙升七年,于是水之北,黑水之南,遣将作大匠梁公叱干阿利改筑大城,名曰统万城。蒸土加功,雉堞虽久,崇墉若新。

陕西省文管会曾在统万城内发现了西汉时期的“西部尉印”和“驸马都尉”印,汉代边郡分置部都尉,如东部尉、中部尉、西部尉、南部尉、北部尉,而“上郡西部尉驻奢延城”,充分说明统万城前身为汉之奢延县城[36]。从建筑基台下出土的桩木与兽骨的测年数据分别为 1794a. B. P. 与 1030a. B. P. ,基本也支持上述划分,更加充分地证明此说。但是对于是否在奢延城原址上改建统万城的问题,戴应新等认为"《水经注》中的'改筑大城'一语不能简单地理解为仅仅将汉奢延故城(大城)扩大,而极有可能是在故城之西或西部另筑新城。当时的统万城实际上指的就是这个新城,其遗址即今西城"。因《晋书·赫连勃勃载记》言统万城共有四门,"南门曰朝宋,东门曰招魏,西门曰服凉,北门曰平朔",可以在统万城西城四门遗址找到对应关系,这可能是比较有利的证据。笔者因之也执此观点,即统万城的东城基底可能是汉奢延县城,西城是赫连勃勃后筑的大城。

北魏灭夏后,统万城降为统万镇,西魏为化政郡、隋为朔方郡、唐及西夏为夏州。隋末梁师都曾一度以统万城为都称帝,国号为"梁",建元"永隆"——统万城曾出土"永隆瓦当",即是其时物什;唐晚期为定难军节度使治所。宋代统万城初为宋之夏州州治,淳化五年(994),朝廷以夏州"深在沙漠",恐党项族头领据城自雄,下令毁城,迁民二十万于银、绥(今陕西米脂、绥德)二州。党项拓跋氏(李氏)长期割据于此地发展其势力,西夏立国后的191年(1038~1227)中一直为宋夏抗衡争夺之地,直至被元兵攻陷,再未启用。

二、定边新区古城与沙场村古城

定边新区古城因出土文物遗存以宋夏时期为主,按其方位来看,其最有可能的归属是唐宋时期的盐州城。关于盐州故城的位置,多年来一直有争议,莫衷一是,主要有以下几层意见:

第一,盐池县前身是明代的花马池城,为唐盐州故城。该说主要见于《灵州志迹》、《花马池志》等的记载。

第二,盐州故城在定边县城西南部的沙场村遗址。《中国历史地名辞典》等记载:盐州故城在今陕西定边县境,具体位置因定边县城西南部的红柳河乡沙场村有一较大规模古城遗址,即沙场古城,其方位与文献记载非常契合,故当地专家先前多认为盐州城位于沙场古城[37-38]。

第三,盐州故城在今定边县城。《嘉靖宁夏新志》、《续陕西通志稿》、《嘉庆定边县志》等都认为盐州城在今定边县城,谭其骧先生主编的《中国历史地理地图集》、史念海先生的《黄土高原考察琐记》中都将盐州标注在定边县城,随着定边新区建设中有大型遗址文化层显现,近年来当地专家也倾向于认为定边城是在古盐州城基础上兴建的[39]。

第四,盐州故城在今宁夏盐池县城南20余里的营盘台附近。依据之一是营盘台与灵州(今吴忠市南)、夏州(今靖边县北)的相对位置和距离,均符合文献记载;二是地近盐池;三是处在"阻挡吐蕃东进南下的新通要道上";四是认为较之盐池县北和定边城一带更符合"五原"之"塬"的地形特点[40]。

第三,第五,宁夏当地专家亦称盐州故城在今宁夏盐池县西南的惠安堡镇一带,即今宁夏惠安堡镇的西破城,依据之一为《弘志宁夏新志》所载"盐池在三山儿者曰大盐池,在故盐州城之西北者曰小盐池",惠安堡以东已消亡的盐池曰小盐池或老盐池;之二是据考古调查,西破城在今惠安堡与老盐池之间的,符合白居易"城盐州"诗中塬的地貌特征;三是其城址内外出土了西夏及其以前的文物。

盐州境在后魏时为大兴郡,西魏废帝二年(553)改为五原郡,隋代为盐川郡,唐武德元年(618)改为五原、兴宁两县,后几经撤并,再于乾元元年(758)改为盐州,辖五原县和白池县,永泰元年(765)升为都督府。贞元三年(787)被吐蕃攻陷,贞元九年(793)吐蕃毁城而去,唐廷发兵3万5千人,役6000人重新"板筑之"盐州城,其余将士近 3 万人列阵于城下护卫。元和八年(813)盐州隶属夏州。元和十四年(819)吐蕃节度论三摩等率兵十五万围困盐州,党项也发兵援助,因刺史李文悦拒守未能攻克。五代至宋初盐州仍设,宋咸平元年(998)陷于西夏,西夏末期(1227)盐州城被元兵屠城焚毁,再未重建,自西魏置五原郡始,盐州城前后存在674 年。

关于盐州的方位,指示之一是其与其他州治的距离。《资治通鉴·唐记四十五》记载"灵、盐接境,相距三百里"或东北到朔方郡三百里;《旧唐书·地理志》亦称"东北到朔方郡三百里";《元和郡县图志》卷 5 记述其"东北至经略军四百里,南至庆州四百五十里,西北至灵州三百里"。以上几种有关盐州位置的推断,除第五种外,都大致符合以上方位和里程的记载。若以《元和郡县图志》中取乌池道至灵州为四百余里的记述,而乌池应位于定边县北部一带,则盐州城只能在乌池南部或东南部。

指示之二是"其北有盐池",盐州地名也因之而来。《元和志》明确指出盐州北部的盐池为乌池,乌池北还有白池,今人考证乌、白两池分别是定边县北部的苟池和鄂托克前旗城内的北大池,白池近前有盐州白池县,"南至州 90 里"。以大池村古城为白池县城的话,位于瓦窑池、细项池南的营盘梁为盐州故址所在的可能性微乎其微。藉此两条,前述第一、第四、第五种说法都可以被排除。

指示之三为盐州城也是五原县城所在,五原的得名因于地近五原,此"五原"为"龙游原、乞地千原、青领原、可岗贞原、横槽原"。白居易"城盐州"一诗云:"城盐州,城盐州,城在五原原上头……",其中"城"字为动词,记叙唐贞元九年(793)筑建盐州城的事宜。由于中国风水观中有"北为上南为下"之说,"城在五原原上头"应当是指五原或盐州城在五原的北面而不一定是恰在塬上。定边县南部的白于山属黄土塬梁沟壑区,分水岭北侧有数个残塬,较大的有姬塬、罗庞塬、刘峁塬、杨塬、王塬、张塬、蔡塬、稍沟塬等;分水岭南侧主要为黄土宽梁,一般梁面宽 1km ~ 3km,长10km 多,主要有何梁、赵圈梁、大李梁、纪畔梁、乔瓜梁、牛长渠梁、范圈梁等。盐池县南部的麻黄山一带虽然也有数个塬,但定边县一带较之盐池县一带更确切地属"汉马岭县地",因马岭县治近旁有洛川河流过,而地近麻黄山的常年有水河流属泾河水系。今人考证西汉北地郡治的马岭县应在甘肃庆阳西北的环县东部,定边县与庆阳(唐庆州)的方位也近于正南北,直线距离约 180km,也符合"南至庆州四百五十里"的方位与距离的记载。

通过对盐州城址的可能性归属进行梳理和排除,综合考察定边新区古城址位置、时代、文物遗存等,笔者认为定边新区遗址最有可能是贞元九年(793)后至宋夏的盐州城。现在的定边城始建于明正统二年(1438),虽然没有有关建城时当地是否有古遗址的记载,但成于嘉庆年间的《定边县志》古迹条下记"盐州古城,在县之东南隅,唐时筑,遗址尚存",方位上也完全契合目前文化层的分布位置。由于定边城处在白于山北麓洪积扇前缘低洼地带,同时又在一东北——西南向沙带的中南部,定边城建城时已距盐州城弃毁之时 211 年,盐州古城已在洪水和风沙的双重破坏下几近湮没。

清嘉庆《定边县志》所附城堡疆域总图上标出了沙场古城的方位,称之"沙城则,距县四十里",从规模上来看,该城也应当是一个县级以上的治城。原定边县史志办主任纪国庆在其《盐州考》一文中,认为沙场古城应是唐盐州治城,陈永中也持此看法,理由之一就是曾听当地文物部门工作人员告知,"四十年代由红柳沟公社古城拉回一口大铁钟,上面曾有文记叙盐州古城修建情况",由于此说距今久远,没有人证和物证,故在此不采信之。由于沙场古城遗址上的器物残片多见于唐代及更早时期,最早可追溯至汉代;结合定边新区的挖掘,故此,黄龙程认为定边新区遗址是真正的唐宋时的盐州城,沙场古城充其量是早期的盐州城,笔者深以为然。由于该古城有汉代遗存,很可能是汉代北地郡的某县所在,具体归属尚无考。

三、大池村古城与城川古城

内蒙古文物工作队在 20 世纪 60 年代初曾对大池子古城进行过初步发掘研究,张郁先生结合文献资料,得出该城为唐之白池县城的结论,依据主要有以下几方面:第一,在大池子附近一个家族墓地的发掘中,清理出的三座墓葬与 1960 年在和林格尔县发掘的唐会昌年间的墓葬、乌梁素海畔发现的唐长庆年间的王逆修墓、后期在准格尔旗清理的西夏早期墓葬等,有共同的建造结构,就此确认大池子墓葬的时代应在晚唐至西夏时期[41];第二,古城废墟中所暴露的地层断面上文化层堆积重叠,包含遗物早晚特点相当清楚,反映其经历过好几个不同的历史时代;第三,文献中有关白池县方位的记载与大池子古城遗址完全符合,如《元和郡县图志》记其"以地近白池,因此为名。"《括地志》载"白土故城,在盐州白池东北三百九十里"等等。第四,白池县原是唐高宗龙朔三年(663)所置兴宁县,景龙三年(709)"敕置"白池县,主要因其盐业之利,宋初因之,没于西夏后成为白池州,直至西夏灭亡,沿用时间与墓葬和文化层反映的时代非常吻合。鉴于以上充分证据,研究者们普遍都赞同张郁先生的意见[42-43],笔者也不例外。

城川古城为唐元和十五年(820)于夏州长泽县所立新宥州城基本已成定论[44-45]。长泽县,北魏置,属阐熙郡,隋代撤销阐熙郡后,长泽县隶属夏州。《元和郡县图志》卷 4 夏州条下记其"东北至州一百二十里",城川古城至其东北方向的夏州(白城子古城)直线距离约 50km,鸟道大约 60km,折合成唐里恰恰符合。新宥州是个多灾多难的城池,在其迁置于长泽县不久,即被吐蕃所破,直至长庆四年(824),夏州节度李祐重置。唐末五代至宋初,宥州长期为党项拓跋李氏家族割据,时叛时附,战事不断,其中大规模的屠城事件即有两次,一次在 12 世纪末的宋夏战争期间;另一次是 1228 年蒙古兵在攻下西夏诸州后所为,自此以后宥州城再未作为行政中心启用。据鄂托克前旗文物部门介绍,城川古城曾挖出大量集中埋葬的残缺人骨,应是大规模屠城的痕迹。由此可作为城川古城为唐宋夏之宥州城的旁证之一。

四、杨桥畔古城之西城与芦家铺村古城

杨桥畔古城之东城,前已考证为秦汉之上郡阳周县城,西城被定为宁朔县城。其城的修筑时代较早,周伟洲考证为十六国时夏国的三交城[46],为安置后秦降师而筑。《太平寰宇记》卷 37 夏州宁朔县条下记:

> 三交城,按赫连勃勃《夏录》云:龙昇五年秋九月,勃勃率众来拒,占于青石北原,秦(后秦)师败绩,降其众四万,获戎马二万匹,因筑此城。贺兰山在县东北三十里,秦长城在县外。

《元和郡县图志》卷第 4 夏州条下记:

> 宁朔县,中下,西北至州一百二十里。本汉朔方县地,周于此置宁朔县,属化政郡。隋罢郡,以县属夏州,皇朝因之。

并记"贺兰山,在县东北三十里。秦长城,在县北十里"。今杨桥畔古城在秦长城遗址内,非常符合三交城方位和与夏州的方位距离,故有此说。《元和郡县图志》卷2《凤翔府宝鸡县下》所记的三交城,"在县西十六里,司马宣王与诸葛亮相距所筑",周伟洲以为是同名之两城。

《旧唐书》卷第38《地理一》记:"宁朔,隋县。武德六年于此置南夏州,贞观二年废。"《太平寰宇记》第37卷载:"汉朔方县地。后周武帝于此置朔方县,属北政郡(应为化政郡)。"《读史方舆纪要》卷61《陕西十》载:

> 宁朔城在废夏州南。本朔方县地。后周析置宁朔县。隋因之,仍属夏州。唐武德二年,灵州总管郭子和袭梁师都宁朔城,克之。六年,置南夏州于此。贞观二年,州废,县仍属夏州。四年,突厥亡,分突厥所统地,置顺、佑、长、化四州都督。又分颉利之地为六州,左置定襄都督府,右置云中都督府,以统其众。

可见今称为龙眼城的杨桥畔古城,其西城应为十六国时期的三交城,后周至隋的宁朔城,梁师都曾于此割据,唐初为南夏州,贞观后废。

位于榆阳区安崖乡芦家铺村的古城,长期以来一直被认定是北魏的开光城,河因城名,称为开光河。《宋史·地理志三》载:

> 开光堡,绍圣四年修筑。元符元年赐名。二年,自延安府来属。东至暖泉砦六十里,西至克戎砦五十里,南至绥德军三十里,北至米脂砦三十里。

顾祖禹考证开光城在绥德州(今绥德县城)西北三十里,西魏置开光县,兼治开光郡,隋废郡,县属绥州。唐贞观八年(634)改属拓州,后改属银州,唐末废,为党项族占据,宋绍圣四年(1097)收复后,设开光堡。芦家铺村古城位于绥德县正北100km开外,与顾祖禹记载的方位有太大差距,只是宋代城堡地名在明代有可能被沿用,目前无法判断孰是孰非,芦家铺村古城是否确为北魏开光县及北宋之开光堡尚难定论,但该城址秦汉时确有比较密集的人类活动,早期应为一秦汉城址,唐宋时期的器物碎片也很多,同时也应是这一时期的重要城址。

五、"六胡州"诸古城考释

六胡州是唐前期在今蒙、宁、陕三省区交界处始设的六个州的总称。据《新唐书·地理志》宥州条下记:

> 调露元年,于灵、夏南境以降突厥置鲁州、丽州、含州、塞州、依州、契州,以唐人为刺史,谓之六胡州。长安四年,并为匡、长二州。神龙三年置兰池都督府,分六州为县。开元十年复置鲁州、丽州、契州、塞州。十年,平康待宾,迁其人于河南及江、淮。十八年复置匡、长二州。二十六年,还所迁胡户置宥州及延恩等县,其后侨治经略军。至德二载,更郡曰怀德。乾元元年复故名。宝应后废。元和九年于经略军复置,距故州东北三百里。

《旧唐书》与《元和郡县图志》等对六胡州的建置变迁过程也有相似的记载。但是关于六胡州的地望,不同史料记载却有出入。提法之一如前条所载在"灵夏南境"[47];提法之二称在"灵州南界"或"灵武部中"[48];提法之三言及在灵州和盐州境内,如《资治通鉴》239卷记述李吉甫言:

> 国家旧置六胡州于灵、盐之境,开元中废之,更置宥

州以领降户；天宝中，宥州寄理于经略军，宝应以来，因循
遂废。今请复之，以备回鹘，抚党项。

提法之四见于《通典》，称宥州"前代土地与五原郡同，所谓
'六胡州'也"[49]，而宥州是开元二十六年（738）"于旧六胡州地
置"[50]。综合以上说法，可以做出以下推论：六胡州的地望在灵、
夏、盐三州交汇处，大抵不会有很大出入。

六胡州自调露元年（679）始设，至长安四年（704）并为匡、长
二州，先期存在了25年；开元十年（722）分出鲁、丽、契、塞四州
后，似又凑够六州之数；开元十八年（730）则再次省并为匡、长二
州，二十六年（738）后其地的行政归属更名为宥州。如果算到宥
州替置之时，六胡州也莫过存在了60年，但是其所在区域不仅在
有唐一代一直被称为"六胡州"或"六胡州故地"，现代学者在研究
这一地区唐代的人口、民族、土地利用和政区沿革时，也习惯性地
称之为"六胡州"，可见"六胡州"已成为一个民族及地域概念。
"六胡州"称谓保持久远的重要原因，一方面是由于六胡州建置撤
消以后，原来六州的官职头衔还在世袭，所谓以"旧州名带刺史"
之故[51]；另一方面也是因为该地区自唐至宋夏之际的六七百年间，
没有比六胡州更集中的行政设置，六胡州旧城被反复启用之故。

根据史志中有关六胡州在"灵州南界"、"灵、夏南境"、"灵、盐
境内"的记载，学者们多倾向于认为六胡州在内蒙古、宁夏、陕西
三省区接壤区域。杨守敬的《历代舆地沿革图》中将宥州（暨延恩
县）标注在长泽县以北、夏州及单于都护府以西，表现的应是元和
年间宥州侨置经略军城时的位置。谭其骧主编的《中国历史地图
集》则在灵州之下标注"兰池等府州"字样；在今毛乌素沙地西南
部，暨今鄂前旗南部、乌审旗、盐池县、定边县一带标注"盐州"；盐
州以北今鄂前旗北部到鄂旗一带，标注"宥州"。鄂尔多斯市有关

文史资料多据此记载六胡州在其市域的鄂托克旗和鄂托克前旗。也有人指出,六胡州地理位置史载不统一的原因,是其建置在空间上不断移徙之故。如赵永复认为六胡州人——即六州胡为游牧部落,时有徙移,调露时地处灵州南界,后逐渐迁移到夏州一带[52];穆渭生认为六胡州暨宥州呈现北移变化之势,其原因主要是军事防御的需要,即所谓"应援驿使,兼护党项部落"[53]。20世纪80年代以来,国内很多学者都在宁夏、内蒙、陕西三省交界处寻找,期望确定六胡州的准确位置,但苦于没有确凿证据。例如,20世纪80年代,历史地理学家、北京大学王北辰教授曾在鄂托克旗和鄂托克前旗进行过探寻,他认为六胡州必定在这两旗之中。陕西师范大学艾冲也有类似看法,认为六胡州必定是鄂托克前旗和鄂托克旗中的某几个古城。上述观点多依据文献考证,而于实地考察不够,因此只能是有推论而没有定论。

对六胡州方位有较为确切指示信息的资料,来源于1985年宁夏盐池县苏步井乡窨子梁出土的唐人墓志铭文[54]。1985年6、7月间,宁夏博物馆考古部对盐池县苏步井乡硝池子村西约5km窨子梁唐墓进行了挖掘,共发现6座墓葬。窨子梁,亦称窨子梁山,平均海拔1500m,周围分布有流动沙丘。该墓地属于家族墓葬群,其中3号墓出土有墓志,题作《大周口口口都尉何府君墓志之铭并序》。志文称:"君,大夏月氏人也。……以久视元年九月七日终于鲁州如鲁县口口里私第","迁窆于口城东石窟原"。据此可知,窨子梁古称"石窟原","口城"当为"州城"或"县城",鲁州城应在窨子梁以西。墓葬中出土的一对石门扇有胡旋舞雕刻,后被国家文物局鉴定为国宝级文物。从碑文石刻和文物可知,该墓葬群属于一何姓粟特家族,主人之一为西域康国昭武九姓中的一支,曾任都尉之职,其祖父曾做过柱国,卒于六胡州之一的鲁州。这就是说,今宁夏盐池县苏步井乡一带,唐初应为鲁州辖境。

由窨子梁一带向西进行考察,发现距该墓地最近的古城址兴武营完全符合上述记叙。兴武营是明代正统九年(1444)营建于毛乌素沙漠西南缘的一个边防要塞,位于窨子梁西北约10km,隶属于宁夏回族自治区盐池县高沙窝乡二步坑村。在兴建兴武营时当地已"旧有城,不详其何代何名,惟遗废址一面,俗呼为半个城"[55]。兴武营墙体中混筑的乳丁纹陶片经识别应系典型唐代遗物,夯层所夹动物骨骼经济定其 14C 惯用年龄为 1152 ± 48a. B. P.,树轮校正年龄为 Cal AD 875 ± 93,时代略当中唐至晚唐之遗存。此外,在城内还见到宋、西夏时代的"吴牛揣月"、"瓶花"等。以上证据,足以说明兴武营在明清以前曾是一座较大的唐、宋、西夏城池,各种资料均显示应为六胡州之一的鲁州城。

在毛乌沙地东南部的鄂托克前旗,有查干巴拉嘎素等 6 处古城址(见第四章)基本都于唐至宋夏时期使用过,王北辰、艾冲等已明确考证它们与六胡州治城有对应关系。除了自唐初所建的六胡州及其嬗替为宥州的过程中前后建置的兰池都督府、兰池州、长州、匡州、鲁、丽、契、塞四县、前后三处宥州(其中中宥州置于经略军城,在六胡州辖区之外)及其下辖的延恩、怀德、归仁等县以外,我们从文献记载中也未发现唐末至宋夏在此区域增设新的行政中心或构筑新的城池,而替置六胡州的州县往往使用故城址则是显而易见的。因此,上面提到的 6 个未确定归属的古城址非六胡州及其替置古城莫属。另外这六个古城,东西距离不过 120km;而在南北方向上整个的纬度差只有 20 分,因之各城池在空间上联系十分紧密,大有一呼百应之势,当地蒙族农牧民中至今还有武则天时"驴头太子"驻扎于此,各城池之间击鼓传信这样的传说。2006 年 5 月的野外考察时,还在鄂托克前旗上海庙镇十三里套子村听到

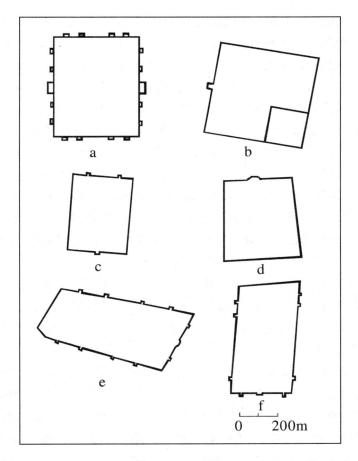

a. 兴武营　　b. 巴郎庙古城　　c. 乌兰道崩古城　　d. 敖勒召其古城

e. 查干巴拉嘎素古城　　f. 巴彦呼日呼古城

图 5 - 1　六胡州古城址形制示意图

村民冯治荣（原籍城川）介绍：他听老辈人讲，城川古城管辖着前旗的其他古城。由是可以作为旁证。

巴郎庙古城东南直线距北大池古城 30km,张郁先生 80 年代初认为其为兰池州所在[56],按"鲁、丽、含、塞、依、契"的排列顺序,我们认为其应属丽州治城。乌兰道崩古城位于巴郎庙古城东南 30 余公里处,东距乌兰道崩村委会约 200m,可能为含州治城。敖勒召其古城南距北大池古城约 27km,可能为塞州治城,同时由于六胡州更为六县时有"塞门县",可能是为了照顾县级单位的两字名而为之,因此,估计此处也是塞门县城址所在,如是也是开元二十六年(738)所置怀德县城。查干巴拉嘎素古城周边环境与"兰池都督府"之"兰池"吻合,城池规模也明显较大,周长达 2100m 以上,面积逾 25000m^2,根据《元和郡县图志·关内道四》中"宥州,废,在盐州北百四十里"的注记,查干巴拉嘎素古城南距盐州城址(今定边新区)约 65km,应为兰池都督府、兰池州、旧宥州、宁朔县、天宝元年(742)之宁朔郡、至德二年(757)之怀德郡。苏力迪古城可能为依州治城,该城址系汉代古城唐时沿用。巴彦呼日呼古城位于今鄂托克前旗昂素镇东南 20km 许,依顺序推断其可能为契州治城。

宥州因是替置"六胡州"而沿革下来的,其前后有三处治城。最早的宥州(旧宥州)治城已如上面所考,可能在查干巴拉嘎素;最晚定置下来的宥州(新宥州)是隋唐之长泽县,今城川古城;居中的宥州是经略军城,"天宝中,宥州寄理于经略军","宝应后废。元和九年于经略军复置,距故州东北三百里"。中宥州寄治的经略军城的位置目前有不同认识,一说是鄂托克旗的包乐浩晓古城[57];一说在鄂托克旗的水泉古城[58]。笔者在前文中已根据考古地层学原理排除了此二城为经略军城的可能性。其实鄂托克旗所在地乌兰镇原名为乌兰巴拉嘎素,意即"红色古城",其北侧有察汗淖尔(意为"白湖"),虽已无法考证古城实迹,但显然其位置也在一定程度上与文献切合。

指定经略军城应重点考虑三个基本条件,一是经略军城当时是在一座旧城——榆多勒城(可能为汉城)的基础上改筑的;二是"东南至夏州三百二十里,西南至废宥州三百里"[59];三是因宥州寄理于此而且在郭下置延恩县,因而规模较大。在毛乌素沙地及其周边有考的古城中,鸡儿庙古城和呼和淖尔古城都比较切合经略军城的条件,一方面,鸡儿庙古城为汉时古城唐宋沿用;另一方面,古城有大小两套城,可能其行政单位有分级;第三,鸡儿庙古城前已考释为汉之眩雷塞。但是从图上量测的鸡儿庙古城和白城子古城的直线距离都在 200km 左右,虽然唐里比目前的里数稍大,因志书里记载的是交通距离而非直线距离,比定鸡儿庙古城的话,在距离上有些远。呼和淖尔古城的地面遗存显示为唐宋时期。实地考察时曾见到开元通宝和至道通宝各 1 枚,至道为宋太宗赵光义的年号,说明该城池在宋夏时期曾经使用过。但史书上没有这一区域(夏州及宥州北部)宋夏时筑城的记载,应为唐代旧城宋夏时期沿用,虽然从方位与距离上来看,比鸡儿庙古城还契合于经略军城,但因其地表遗存不能显示其为唐以前的旧城后期沿用,在没有考古学证据以前,鸡儿庙古城和呼和淖尔都可以揣测为经略军城,即中宥州城,有待于今后有考古挖掘来证明或排除。

第三节　毛乌素沙地其他古城的归属与时代

一、三岔河古城

内蒙古文物考古研究所曾对乌审旗三岔河古城及墓葬进行过考古发掘,结果显示该古城城址时代为西夏,古墓葬中出土蒙元时代陶器,显现该古城主要使用时段在宋夏至蒙元时期[60]。

　　蒙元时期,今伊金霍洛旗、鄂托克旗东部和乌审旗一带是元世祖忽必烈第三子忙哥剌(安西王)的封地察罕脑儿,因此有人认为三岔河古城是忙哥剌的白海行宫[61],但鄂尔多斯地方志办公室认为白海行宫置于白城子古城,或另有其地[62]。安西王忙哥剌负责管辖陕西、河西、四川及土蕃一带的行政军事,曾在辖境内广修宫殿。长安城东北的龙首原余脉上有一座规模宏大的安西王宫,其遗址在今西安城东北 3km 的斡儿垛(蒙语意为宫殿、郭城或行宫),城基周长 2.28km,殿址台基高出地面约 2~3m,由此可见其规模之宏大。但因西安一带夏季天气炎热,忙哥剌又在宁夏六盘山区的开城一带修建了另一处行宫,号称"夏府",虽然目前还没有大规模的考古发掘,但小规模试掘已出土了很多文物珍品,大德十年(1306)的固原开城大地震将安西王夏府宫殿庐舍毁于一旦,史载当时宫舍倒塌压"压死故秦王妃也里完等五千余人"[63],由此人口数也可以折射出该宫城规模之大。但是三岔河古城周回在1km 余,城内也没有高大建筑台基可寻,按前述两个安西王宫的等级,三岔河古城的规模很难与之媲美。实际上元代著名的白海行宫(即察罕脑尔行宫)位于皇帝巡幸上都(今锡林郭勒盟正蓝旗)和大都(今北京市)时的路途上,应该在今天的河北坝上一带,一般认为在河北沽源县的囫囵淖尔附近,而鄂尔多斯的察罕脑尔为安西王的封地,是一地区概念。三岔河古城可能确实是安西王及其后来者在封地上居住的斡儿垛(也称"斡尔多"),同时,察罕脑儿一带元代一直设有军政管理机构,诸如察罕脑儿宣慰司(1310年)、察罕脑儿长官司(1315 年)、察罕脑儿资政院(1358 年)、察罕脑儿行政院(1367 年)等,这些机构所在地为察罕脑儿镇,是这一区域的政治与交通中心,从奉元(今西安)到上都开平(今锡林郭勒市正蓝旗境内)的驿路便经过察罕脑儿城,三岔河古城应当也是这一行政中心所在。

另据王北辰研究:《太平寰宇记》卷39宥州条下记李祐复置宥州事,在其"四到八至"项内则记:宥州"东至桃子堡三十里为界"。桃子堡即李祐所筑之陶子城,依记,陶子城在宥州城东30里之外不远。宥州城为今城川古城,城川古城东20km,今乌审旗河南公社的大石砭古城恰可相当[64]。大石砭古城亦即三岔河古城。《旧唐书·本纪第十七上》记长庆四年(824),"夏州节度使李祐奏,于塞外筑乌延、宥州、临塞、阴河、陶子等五城,以备蕃寇"。陶子城(或桃子堡)在唐末筑就后并未久用,可能很快就落入割据于此的党项李氏家族手中,从五代至西夏一直断续为其所用。三岔河古城所在地段,宋夏时期可能就是所谓"夏州要害"的"三岔口"所在,太平兴国八年(983)秋九月,李继迁

> 闻田钦祚、袁继忠屯兵三岔,控扼夏州要害,潜率众攻之,不胜,退入狐狢谷。钦祚等出万井口逐之。继迁请战,麾众围雄武军千人于后。继忠命龙卫指挥荆嗣往援,列阵格斗。继迁始却,失人马七百余。已,钦祚军还,依山为营,继迁亦寨其下。钦祚与嗣募劲卒五十人,乘夜纵火击之。继迁不及备,营栅悉毁,军士死者千余人。

由此可知,三岔口一带有屯兵之城,应当就是唐时之陶子城。

三岔河古城墙下叠压着厚厚的文化层,北墙下的文化层厚达2.4m,埋藏大量兽骨、炭屑、黑色和绛色瓷片,考察中还发现食肉动物的尖牙(犬齿),也说明古城其时居民有狩猎习俗。文化层中夹有上下两个炭屑层,经碳14测年,下部炭屑层的物理年龄为1134年,相当于宋夏时期;上部为1281年,相当于元代。据村民

介绍,三岔河古城临河城墙塌出的古钱中汉(五铢)、唐、宋、元钱
都有,其中以宋钱最多,唐钱较少,元代钱最少,古币的时间分布,
也从侧面证明三岔河古城应为唐、宋、元时古城[65]。即唐代陶子
城、宋夏时期的三岔口军城、元时的察罕脑儿镇。

二、北破城与西破城

宁夏文物考古研究所 2004 年对北破城和西破城进行了考古
挖掘,余军持笔研究报告显示此两城与唐温池县有关。北破城、西
破城的地表遗存与大池子古城相像,但数量和密度要小得多,应为
唐宋城池无疑,但使用时期可能要短得多。《旧唐书·地理志》卷
38 载:"温池,神龙元年(705)置……燕山州,在温池县界,亦九姓
所处……烛龙州,在温池界,亦九姓所处。"由此可知,温池县寄置
着燕山、烛龙两个羁縻州。温池县的位置,据《元和郡县图志》灵
州条下记其"西北至州一百八十里……县侧有盐池";同卷同条还
记温泉盐池"在县(回乐县)南一百八十三里,周回三十一里"。唐
之灵州城在今吴忠市利通区城西,回乐县在郭下。依温泉盐池之
名来看,温池县必定在温泉盐池一侧。而惠安堡的小盐池(相对
于花马池的大盐池而名)也必定是温泉盐池,《嘉庆灵州志迹》中
清楚地记载:"温池废县……属灵州。县侧有盐池,五代时废。今
惠安堡,北至州(指灵州)一百八十里,产盐。"唐宣宗大中四年
(850),曾一度将温池县划归威州(今宁夏同心县韦州镇附近)管
辖,后来又隶属灵州。50 年以前惠安堡西侧还多有温泉水出露,
现今只有太阳山温泉等少数几处。尽管如此,将北破城与西破城
之一比定为唐之温泉县,方位上还是有一定说服力的,但是规模上
都较偏小。

但是北破城与西破城两城毕竟相距很近,若为同一时代的城

址何必一大一小分置开来呢？顾祖禹的记载应该能够解释这一原因：

> 温池废县在卫治东南。汉北地郡富平县地。隋为弘
> 静县地。后魏薄骨律镇仓城在此。唐神龙初，置温池县，
> 属灵州。广德后，没于吐蕃。大中间收复，改置威州。胡
> 氏曰：温池县有盐池。唐大中四年，以温池盐利可瞻边
> 陲，委度支制置，是也。宋没于西夏，县废。今卫城周七
> 里有奇。[66]

由以上史籍可推知：唐温池县是建在隋弘静县旧地，弘静县则用了后魏薄骨律镇的仓城，只要弘静县或温池县在重建时未使用旧城原址，另建新城，即可形成两个时代相近的城共处一地的局面。

三、其他几个古城归属的蠡测

乌审旗境内位于海流兔河上的沙沙滩古城从文物遗存可以推测其为宋夏时代古城，有可能元时沿用。因其城池太小（127 × 115 m^2），不可能为州城，充其量为一要塞或军堡，《西夏书事》卷4载：李继迁在雍熙元年"冬十二月，聚兵黄羊平……平在夏州北"。藉此推测沙沙滩古城可能即是夏州北部的黄羊平，西夏开国前的一个聚兵之所，后为驿站所在。

伊金霍洛旗阿腾席热镇南的车家渠古城，当地文史资料显示其为汉代古城，而且认定其为汉代上郡白土县城，笔者以为不可。实地考察时所见地表遗存中有相当多的砖瓦残片及建筑构件，有褐色、绛色磁片，有的上面还有兰色的釉彩，这在毛乌素沙地的其他汉代古城中是从未见到的。琉璃瓦虽然在汉代已用于屋顶建

筑,但不大可能用到偏隅小城,而只有北魏以后才大规模使用,
《魏书·西域志》有载:

> 大月氏国于世祖时,其国人商贩至京师,自云能铸石
> 为五色琉璃。于是采矿山中,于京师铸之。既成,光泽乃
> 美于西方来者。乃诏为行殿,容百余人。光色映彻,观者
> 见之,莫不惊骇,以为神明所作。自此中国琉璃遂贱,人
> 不复珍之。

结合其他地表遗存,我们认为车家渠古城不会早于宋元时期,
特别是该古城规模很小,边长只有230m,也即是周长不到1000m,
达不到一个汉代县级行政单位的规格,所以,排除其为汉白土县故
城的可能性,该古城所处区域西夏至元代遗址多的情况,认为其应
为宋元时期的一个重要政治据点,具体归属有待于今后的考古挖
掘。

伊金霍洛旗的另外两处古城——乌兰敖包古城和黄陶尔盖古
城,分别属汉代和西夏时期,因为规模都很小,疑前者为汉时的驿
站,后者为西夏时期的军堡或驿站。

第四节　小结

以上的古城考释只是作者作为历史地理学领域的后进,在广
泛学习和参阅前人研究成果基础上,汇总课题组收集的一手资料,
通过总结、分析、推理的初步结果。在毛乌素沙地中,各历史时期
的古城分布广泛,有的延用很长时期,有的只有短暂的利用,无论
是从实地考察和考古信息,还是根据历史文献和民间传说,因为时
代久远,有案可考的毕竟是少数,能找到确凿证据的更是少数,因

此,很多古城址的归属只是尝试加以推定,更有一些因本人学业浅
薄无法判定(表5-1)。尽管如此,古城的空间分布格局、古城所
在地的局地条件、文献资料反映的古城所在地的人类活动等,都能
程度不同地揭示出一些环境信息,古城的考释是我们研究历史时
期环境变化的重要基础性工作。

　　课题组考察过的毛乌素沙地周边明清时古城堡共有20余座,
因归属明了,故未进行考释。其中有的营堡为前代已有后代重建,
在本文中有所涉及。

表5-1　毛乌素沙地古城考释

编号	古城址(遗址)今名	古城址归属	所属时代
M14	张记场古城	朐衍县及朐衍道 (或弋居县)	秦汉
M15-a	杨桥畔古城(东城)	阳周城	秦汉
M15-b	杨桥畔古城(西城)	三交城、龙眼城、南夏州、 宁朔城	十六国、隋唐
M16	古城界古城	未定	汉
M17	白城台古城	弥浑戍 代来城、悦跋城、 德静县 北开州、化州	北周 北魏 隋 唐
M18	大保当古城	雕阴道 或为匈归所尉治所	汉
M19	瓦片梁古城	高望县	汉
M20	敖柏淖尔古城	未定,疑为一塞城	汉
M21	水泉古城	未定	汉
M22	木肯淖尔古城	未定	汉

编号	古城址（遗址）今名	古城址归属	所属时代
M23	包乐浩晓古城	未定	汉
M24	大场村古城	未定	汉
M25	阿日赖村古城	未定	汉
M26	古城子古城	未定，疑为丁奚城	汉，十六国时期
M27	神水台古城	直道外一障城	汉
M03-b	白城子古城	大夏国都统万城 北魏统万镇 西魏化政郡 隋朔方郡 唐及宋夏之夏州	十六国 隋 唐宋（夏）
M28	定边新区古城	盐州城 （唐贞元九年后至宋夏）	唐宋
M29	沙场村古城	汉北地郡某城 隋之盐川郡 唐之废盐州城	汉、隋唐
M30	大池村古城	唐之兴宁县 唐及宋初之白池县 西夏之白池州	唐、宋（夏）
M31	城川古城	隋唐之长泽县 唐之新宥州 宋夏之宥州	唐、宋（夏）
M20-b	鸡儿庙古城	眩雷塞 唐中宥州（榆多勒城、经略军城） 存疑	秦、汉 唐、宋（夏）
M11-b	开光城	障城 北魏、唐之开光县、北宋开光堡 存疑	秦、汉 十六国、唐、宋（夏）

（续表）

编号	古城址（遗址）今名	古城址归属	所属时代
M32	兴武营	鲁州	唐、宋（夏）
M33	巴郎庙古城	丽州、匡州、延恩县	唐、宋（夏）
M34	乌兰道崩古城	含州	唐、宋（夏）
M35	敖勒召其古城	塞州、塞门县、怀德县	唐、宋（夏）
M36	苏力迪古城	汉代城池，归属未定 唐初六胡州之依州	汉 唐、宋（夏）
M37	巴彦呼日呼古城	六胡州之契州	唐、宋（夏）
M38	查干巴拉嘎素	兰池都督府、兰池州、旧宥州、 宁朔县、天宝元年之宁朔郡、至 德二年之怀德郡	唐、宋（夏）
M39	呼和淖尔古城	唐中宥州（榆多勒城、经略军城）存疑	唐、宋（夏）
M40	三岔河古城	唐代陶子城 宋夏之三岔口军城 元时之察罕脑儿镇。	唐、宋（夏）、元
M41	西破城	北魏仓城 隋之弘静县 唐之温池县	隋、唐
M42	北破城		隋、唐
M43	沙沙滩古城	西夏之黄羊平	西夏
M44	车家渠古城	西夏或元代古城	西夏、元
M45	乌兰敖包古城	汉代驿站	汉
M46	黄陶尔盖古城	西夏之军堡或驿站	西夏

参考文献

1　钟侃:《宁夏文物述略》,宁夏人民出版社,1980 年。

2　许成:《宁夏考古史地研究论集》,宁夏人民出版社,1989 年。

3　陈永中:《昫衍、盐州、花马池考》,《宁夏大学学报(人文社会科学版)》,1984 年第 1 期。

4　许成,陈永中:《昫衍县故址考》,《固原师专学报》,1984 年第 2 期。

5　周振鹤:《<二年律令·秩律>的历史地理意义》,《学术月刊》,2003 年第 1 期。

6　刘君德等:《中国政区地理》,科学出版社,1999 年。

7　宁夏文物考古研究所、宁夏盐池县文体班:《宁夏盐池县张家场汉墓》,《文物》,1988 年第 9 期。

8　《读史方舆纪要》卷 57 载:"弋居城,在州(延州)南。汉县,属北地郡。后汉因之。晋废,寻复置。后魏因之,仍属北地郡。后周废。"

9　王北辰:《公元六世纪初期鄂尔多斯沙漠图图说——南北朝、北魏夏州境内沙漠》,《中国沙漠》,1986 年第 3 期。

10　张泊:《上郡阳周县初考》,《文博》,2006 年第 1 期。

11、17　王北辰:《西北史地论文集》,《学院出版社》,2000 年。

12　朱士光:《论新郑黄帝故里在黄帝文化研究中的重要地位》,《黄帝故里故都历代文献汇典》,中国文联出版社,2005 年。

13　郭文奎:《庆阳史话》,甘肃文化出版社,2004 年。

14　张泊:《子午岭秦直道考察手记》,《游历陕北》,陕西旅游出版社,2001 年。

15　孙欢:《榆林汉墓考古发掘工作遭遇一波三折》,《西安晚报》,2007 年 8 月 13 日。

16　榆林市志编纂委员会:《榆林市志》,三秦出版社,1996 年。

18、22　戴应新、孙嘉祥:《陕西神木县出土匈奴文物》,《文物》,1983 年第 12 期。

19　艾冲:《论毛乌素沙漠形成与唐代六胡州土地利用的关系》,《陕西师范大学学报(哲学社会科学版)》,2004 年第 3 期。

20　孙周勇:《沙场秋点兵——大保当汉代城址考古纪行》,《文物世界》,2002 年第 4 期。

21　陕西省考古研究所、榆林市文物管委会:《神木大保当》,科学出版社,2001 年。

23　史念海:《两千三百年来鄂尔多斯高原和河套平原农林牧地区的分布及其变迁》,《黄土高原历史地理研究》,黄河水利出版社,2001 年。

24　张郁:《蒙古乌审旗的鄂尔多斯文化》,《鄂尔多斯文物考古文集》(内部资料),1981 年。

25　王晔彪等:《内蒙古发现汉代墓葬壁画》,《中国文物报》,2001 年 1 月 7 日。

26　《后汉书》志第 28《百官志》。

27、43、58　艾冲:《唐代河曲粟特人"六胡州"治城的探索》,《民族研究》,2005 年第 6
　　　期。

28　谭其骧等:《中国历史地图集(第二册)》,中国地图出版社,1982 年。

29　鄂托克前旗文史办:《鄂托克前旗考古文集》,1981 年(内部资料)。

30　陈永中:《朔方郡郡址献疑之二》,《宁夏文史(第二十辑)》(内部刊号),2004 年。

31　侯仁之等:《中国北方干旱半干旱地区历史时期环境变迁研究文集》,商务印书馆,
　　　2006。

32　艾冲:《唐代灵盐夏宥四州边界考》,《中国历史地理论丛》,2004 年第 1 期。

33　《读史方舆纪要》卷 62《陕西十一》。

34　俞少逸:《统万城遗址调查》,《文物参考资料》,1957 年(转引自侯甬坚主编的《统
　　　万城遗址综合研究》)。

35　康兰英:《统万城的调查与研究》,《统万城遗址综合研究》,三秦出版社,2004 年。

36　戴应新:《大夏统万城考古记》,《故宫学术季刊》,1999 年第 2 期。

37　纪国庆:《盐州考》,《定边文史资料(第一集)》(内部资料),1990 年。

38　陈永中:《朐衍、盐州、花马池考》,《宁夏大学学报(社会科学版)》,1984 年第 1 期。

39　黄文程:《盐州城址考略》。《定边古遗址——定边县文史资料第五辑》,2004 年
　　　(内部资料)。

40　许成:《盐州城考略》,《宁夏考古史地研究论集》,宁夏人民出版社,1989 年。

41、56　张郁:《鄂托克旗大池唐代遗存》,《鄂尔多斯文物考古文集》(内部资料),1981
　　　年。

42、57、64　王北辰:《唐代河曲的"六胡州"》,《内蒙古社会科学》,1992 年第 5 期。

44　侯仁之:《从红柳河上的古城废墟看毛乌素沙漠的变迁》,《文物》,1973 年第 1 期。

45　朱士光:《内蒙城川地区湖泊的古今变迁及其与农垦之关系,《农业考古》,1982 年
　　　第 1 期。

46　周伟洲:《十六国夏国新建城邑考》,见《统万城遗址综合研究》,三秦出版社,2004
　　　年。

47　《元和郡县图志》卷 4《关内道四》。

48　《资治通鉴》卷 241《唐纪五十七》。

49 《通典》卷 3《州郡志》。

50 《旧唐书》本纪第 9《玄宗下》。

51 陈海涛:《唐代粟特人聚落六胡州的性质及始末》,《内蒙古社会科学》,2002 年第 5 期。

52 赵永复:《历史上毛乌素沙地的变迁问题》,《历史地理(创刊号)》,1981 年。

53 穆渭生:《唐代宥州变迁的军事地理考察》,《中国历史地理论丛》,2003 年第 3 期。

54 宁夏回族自治区博物馆:《宁夏盐池唐墓发掘简报》,《文物》,1988 年第 9 期。

55 《嘉靖宁夏新志》卷之 3《所属各地之兴武营》。

59 见《元和郡县图志》新宥州条下,此新宥州指于经略军城寄置的宥州,后世一般称其为中宥州,将迁置隋长泽县后的宥州称为新宥州。

60 内蒙古文物考古研究所等:《乌审旗三岔河古城与墓葬》,《内蒙古文物考古文集(第 1 辑)》,中国大百科全书出版社,1994 年。

61 周清澎:《内蒙古历史地理》,内蒙古大学出版社,1994 年。

62 叶新民:《元上都研究丛书》,中央民族大学出版社,2003 年。

63 《元史》本纪第 21《成宗四》。

65 五铢钱自汉元狩五年(18)始铸至唐高祖武德四年(621)罢铸,历时数百年,在不能区分品类的情况下,五铢钱不具有具体的时代意义。开元通宝在唐代开元以后先后铸行二百多年,一至沿用至清末,其发现也不具有具体的时代意义,但可以证明该古城的使用是在唐代中后期以后。

66 《读史方舆纪要》卷 62《陕西十一》。

第　六　章
毛乌素沙地古城的环境意义

　　与今天的城市一样,古代的城市是它所处时代的政治、经济、文化、军事、交通中心,是"一种重要的人文地理现象——任何一个区域中的城市分布大格局,即城市体系,必定经历过较长的发展过程。而城市体系的变动,则是人类活动空间特征变化的反映,其中包含着政治、军事、经济、技术、环境改造等各方面的影响"[1]。藉于此,古城无疑是研究历史时期区域人类活动强度、土地利用方式、人口分布格局、环境影响程度等的绝好时空坐标。

　　侯仁之先生早在 20 世纪 50 年代末,就借助于文献记载,结合沙漠古城的现状环境,反演人类活动与环境变化的关系[2]。史念海先生则以长城和古城为坐标,研究黄土高原及其北部风沙区的水土流失、风沙危害及植被变迁[3]。王北辰先生的研究则更多、更直接地从古城考察获取环境变化信息,他在毛乌素沙地进行的古城与环境变化关系的研究,搞清或基本搞清了一些古城的归属、方位,对笔者的研究发挥着引导和开拓思路的作用[4]。李并成对甘肃河西地区古城与环境变化关系的研究[5],邓辉、侯甬坚对统万城兴废与环境变化的研究[6-7],俎瑞平等对塔里木盆地古城兴废与绿洲演化关系的研究等,都印证了沙漠古城可以为历史时期沙漠化过程研究提供多种信息[8]。王乃昂等人对河西走廊及其毗邻地区废弃古城的研究表明,古城大量废弃的时期往往是气候明显偏干冷时期,即魏晋南北朝、唐末五代和明清小冰期[9]。

　　聚落不论大小,在建设以前都要根据需要而选址,近水和防御是聚落选址的两个最基本条件,历史时期的中外城市概莫能外。由于不同的城市有不同的功能,而且形成过程也并不总是人们有意而为之,因此,各个城市总有自己形成的自然、历史和社会条件。毛乌素沙地的古代城市,绝大多数都不是由聚落自然而然地发展而来的,而是出于军事、政治等方面的需要刻意建设的,选址时除了考虑近水和防御因素以外,必然也会考虑土地载育能力、交通条件、环境状况,除非万不得已,人们是不会将城池建筑在沙荒地中的,即使在沙漠区域,城市毫无例外地分布在当时的绿洲之中。本研究在对毛乌素沙地的历代古城进行考释定名以后,秦汉以来各代城市体系的空间骨架即建立起来,无论是从单个古城或一个时代的古城,还是从不同时代古城的形制变化或空间格局变化中,我们都能读出许多的环境变化信息。

第一节　秦汉古城址及其环境意义

一、秦汉古城址的现状环境条件

1. 近水情况

　　水源条件是城市选址的首要自然条件,中国传统风水理论中有"吉地不可无水"的说法。在我们重点调查的毛乌素沙地29个汉(或秦汉)使用过的古城中(乌兰敖包古城因太小未记入),按现状地表水条件可分为五类:①临河而建的有 14 个;②距河不远(0.5km~2km)的有 5 个;③近湖(1km 以内)的有 5 个;④距湖 1~10km 的有 5 个;⑤方圆 10km 内未有地表水出露的基本没有(图6-1;表 6-1)。这种情形,充分说明秦汉时期古城的选址是优先考察水源条件的,尤其以靠河为建城首选;其次为近河或近湖。虽然现今有些河流已成季节河,如流经大保当古城的野鸡河;有些湖泊已成大碱滩,只有在大暴雨以后才能短暂积水,如土城子古城南北两侧的湖滩。但是当时建城时一定有比现在好的多的水环境,河流和湖泊都应是常年有水的。

其实早在春秋战国时期,我国就出现了陶管井。西汉时期又出现了陶瓦井和砖井,大保当古城就发现了汉代的陶管井,可见秦汉时期生活在毛乌素沙地的人们已经能够利用地下水源,使地表水源对城市选址布局的影响作用有所降低,但当时等级较高的城址,对地表水源的还是有很高的要求。在这 30 余个古城中,大多数古城目前都有较好的地下水源,如古城滩古城所在地为缸房村,古城壕古城一带也有缸房之名,缸房在陕北-东胜一带的民间特指酿酒作坊,只有水质优良才能做出佳酿;又如水泉古城之名也显示当地有泉水出露;鸡儿庙古城附近现近都有优质泉水水源。毛乌素沙地是我国少有的地下水丰沛的沙地,除高大梁地和深切河谷两侧以外,大范围地区的潜水埋深都在 5m 以内,矿化度一般在 1g/l 以内,基本都可以饮用和灌溉。

2. 地表积沙情况

按照城址内外的积沙情况,我们根据野外考察掌握的情况,参照现今的沙漠化土地类型划分标准,定性地将前述 31 秦汉使用过的古城进行归类,共分为四类(表 6-1),即:重度积沙古城——古城内外都有流动和半固定沙丘(A 类);中度积沙古城——古城内外均为固定沙丘覆盖,或古城内为平沙地,外部有半固定和固定沙丘(B 类);轻度积沙古城——城址内无明显积沙,但有沙质土壤,外围为平沙地(C 类);无积沙古城(D 类)。其结果是重度积沙古城7,其中西北部2个;中南部2个;东南部3个;中度积沙古城13个,其中在毛乌素沙地西南、东南和北部边缘较多,中部地带较少;轻度积沙古城8个,分别分布在毛乌素沙地的南缘和北缘;无积沙古城4个,均处在毛乌素沙地中东部的高大梁地上。结合局部地形和近水情况综合分析,重度和中度积沙古城主要分布在湖沼的干滩地上或河岸阶地上;轻度积沙和无积沙的古城主要分布在湖滩地边缘、河流阶地或高大梁地上。

表6-1　毛乌素沙地秦汉古城的现状环境条件

序号	古城址(遗址)今名	近水情况		地表积沙情况和植被
01	瑶镇古城	西临秃尾河	B	处在半固定沙丘包围之中,城址内为沙质土耕地。
02	红庆河古城	南侧临近一内陆河(巴干淖源头)		外围有流动和半固定沙丘,内部为平沙地,大部为耕地或林地。
03	白城子古城	南临无定河	A	内部有半固定沙丘和平沙地,并为流动沙丘半包围,东城开垦为农田。
04	古城滩古城	在榆溪河支流清水河南	B	西侧和北侧有高大的流动和半固定沙丘。城址内为沙质土耕地。
05	米家园则古城或银州古城一带	在鱼河与榆溪河汇流处	C	位于阶地上,因具体位置不详,近水情况视为一般,但从大致方位上看,应距无定河或鱼河不远。

（续表）

序号	古城址（遗址）今名	近水情况		地表积沙情况和植被
06	古城壕古城	南临牸牛川	B	地表有覆沙
07	温家河古城	距红碱淖10km余，有大冲沟深切，沟内有少量积水	D	为沙黄土地，大部分开发为耕地。
08	何家圪台古城	南侧有有水沟道	C	地表有红砂岩风化后的沙质沉积
09	鸡儿庙古城或伊旗城梁古城	东北侧有湖沼，西北侧有泉水	D	无明显积沙
10	喇嘛河古城	西临秃尾河	C	地表有浮沙
11	开光城	在开光川汇入秃尾河处	D	无明显积沙
12	瓦渣梁遗址（乌审旗）	东侧与北侧临纳林河	C	地表有浮沙，南侧有沙丘
13	石圪峁遗址	东临芦河	B	地表有浮沙，南、西、北有高大沙丘。
14	张记场古城	东距北大池约5km	B	南侧有流动沙带，西侧为固定、半固定沙丘，古城址内为沙质土耕地。
15	杨桥畔古城	西南临芦河	C	西侧、北侧有高大流动沙带，城址内无积沙，全为农田和村庄。
16	古城界古城	东临硬地梁河	B	北侧有流动和半固定沙地，城址内为平漫沙地。
17	白城台古城	北近硬地梁河	A	城址内植树造林后沙已为半固定，外围有流动和半固定沙丘链。
18	大保当古城	野鸡河流经城南	B	外围为半固定和固定沙丘，古城内轻度积沙

（续表）

序号	古城址(遗址)今名	近水情况		地表积沙情况和植被
19	瓦片梁古城	西北距河口水库不远(榆溪河上源)	D	沙黄土梁地,未积沙。
20	敖柏淖尔古城	东临盐湖	B	外围固定、半固定小沙丘,内为平沙地。
21	鸡儿庙古城	东临湖滩,西北有泉水	C	高亢梁地上,平沙地。
22	包乐浩晓古城	北临都思兔河	A	流动和半固定沙丘已半掩古城址,
23	大场村古城	东南距萨拉乌素河不远	C	地表沙质土,无积沙
24	阿日赖村古城	西北方向有呼和淖日湖	B	外围有半固定沙地,城址内中度积沙,有夯筑硬地面出露。
25	古城子古城	南北两侧均有湖滩	A	城址内外皆为半固定沙丘,城墙大部被进埋。
26	神水台古城	西临海流兔河	B	外围为半固定、固定沙丘,城址内为沙质土耕地。
27	沙场村古城	距红柳沟不远(苟池内流区小河沟)	B	邻近有沙带,城址内为平沙地
28	苏力迪古城	南侧和西侧近湖滩	A	严重积沙,城墙被沙埋80%。
29	火连海子古城	周边曾有海子	A	周围严重积沙,古城文化层只在沙丘间低地上有出露

二、秦汉古城址的土地利用现状

毛乌素沙地秦汉使用过的古城址,目前大多数都作为或大或小的居民点还在利用,其中红庆河古城、杨桥畔古城和瑶镇古城,都是或曾是今天的乡镇一级居民点(红庆河乡与纳林希里乡 2005 年合并建镇,镇政府在纳林希里),人口密集,城址被辟为村庄或耕地。白城子古城、古城滩古城等 15 个古城址,是行政村或自然村一级居民点所在,其中有的古城址内较之外围区域而言,由于城墙的阻隔,沙化程度较轻;有的古城址处在高亢梁地上或滩地上,沙漠化很轻微,因而多开垦为耕地使用。只有阿日赖古城、鸡儿庙古城和苏力迪古城未见农田林地,但其中阿日赖古城有三十年前兴修的引水渠穿过,鸡儿庙古城是市级文物保护单位,有农田撂荒痕迹。

三、秦汉古城址的环境意义

从毛乌素沙地秦汉时期古城的现状自然条件与土地利用可以看出,秦汉时期古城在选址时是充分考虑自然条件的。在以上古城中,有 51.6% 的古城临近河道或距河不远,48.4% 的古城在湖边或临近湖沼(图 6-1),而且有的古城周边还有泉眼,附近无地表水出露的没有一例。所有这些古城都有很好的地下水源和良好的打井采水条件,想必汉时在这一地区选址建城时的确是贯彻了晁错"相其阴阳之和,尝其水泉之味,审其土地之宜,观其草木之饶,然后营邑立城"的移民安置策略[10-11]。毛乌素沙地的汉代古城址中 77.4% 的目前来看属于中度、轻度积沙或无积沙,而且都是毛乌素沙地内可资开垦的土地资源,以至于秦汉时期的古城址今天还是当地大小聚落布局选址之所在,只有 22.6% 的古城址内积沙严重,不利于农业生产。一般来说,人们是不会将古城建在沙荒地上的,古城选址布局时也必然会考虑避开严重积沙的区域。从毛乌素沙地具体情况分析,笔者因之认为秦汉古城在布局时有可能不回避平沙地,但一定会避免将城池建在连绵沙丘中(包括流动沙地和半固定沙地),因此,对照古城的现状积沙情况可以得出以下结论:毛乌素沙地秦古城址在废弃后,有 64.5% 的古城所在地经历了沙漠化过程,其中 35.5% 的古城所在地经历了严重的沙漠化过程。而从重度和中度积沙的古城分布可以在一定程度上折射沙漠化程度的区域差异,即毛乌素沙地南部——特别是东南部和西南部的沙漠化程度比较严重,中南部、东部和北部地带次之。

图 6-1　秦汉古城的分布

　　毛乌素沙地的某些独立的秦汉古城也有一定的环境变化指示意义。龟兹属国据记载设有盐官,按当时实行的国家专营政策,盐、铁、酒是民制、官收、官运、官卖的,国家在产地才设盐、铁、酒官,由此可知龟兹属国境内必定有盐湖。然而看今天的古城滩古城所在的清水河及榆溪河中游一带,为覆沙的梁地滩地区,没有任何产盐湖泊的踪迹,以至于顾祖禹都据产盐地设地名而将龟兹属国的位置定在今蒙、宁、陕三省区交界的北大池一带[12-13]。但实际上,2000 余年中,自然和人为因素导致的环境变化,足以使一个湖泊消亡,新疆塔克拉马干盆地的罗布泊即是范例。龟兹盐湖既是盐湖,就已经是处于消亡过程中的湖沼,其位置可能在今牛家梁镇至神木县西南部一带,应当在明以前湖沼已消亡而成为风沙滩地。今天在神木县的西北部一带,仅粗略统计,大保当、中鸡、瑶镇 3 个乡就有 46 个海子,其中较大的有 12 个,这些海子周围肥沃富饶的土地及优越的生存条件也是现代居民的理想栖息场所[14]。其中红碱淖面积 67km^2,是鄂尔多斯台地上最大的淡水湖,瑶镇古城和温家河古城都在距其数千米的梁地上,研究表明,红碱淖是 1928 年前后才突然出现的一个淡水湖[15],环境变化之巨可见一斑。红庆河古城为西河郡西部都尉治所,即设有榷场的虎猛县所在,居于流动与半固定沙丘起伏的风沙台地上,这种景观特征与其在汉代所承担的功能显然是不吻合的,当时它最差可能只是平沙地,其周边有乌兰木伦河上源沟道及巴干淖尔等盆地的源头水系发育,地表植被状况也比较好,有一定的饮马和放牧条件。

张记场古城、敖柏淖尔古城、木肯淖尔古城等、水泉古城、阿日赖古城等临湖古城,目前都有程度不同的积沙,最初建城时绝不会置于流沙地上,只能是选择所谓"水草丰美"之地——即湖滩草甸或草甸草原,2000 年中,这些古城周边土地退化是非常明显的。目前来看,有的古城已陷入流动和半固定沙丘的包围之中,有的古城沙丘从远湖一侧形成半包围之势,这说明古城周边沙丘是由湖泊外围向中心逐渐发展的。又如位于河流阶地上的白城子古城、瑶镇古城、神水台古城等,处在流动和半固定沙丘的包围之中,据研究毛乌素东南部河流阶地土地沙漠化的风沙物质来源主要是地层中沙物质的活化,这应当可以说明,秦汉以后,特别是南北朝以后,毛乌素沙地东南缘经历了地层中沙物质活化的过程[16]。其实这一过程在毛乌素沙地西南部、中部、北部也不鲜见,野外考察时在定边的苟池、堆子梁,榆林的补浪河乡、靖边的红墩界乡、鄂托克前旗的敖镇、乌审旗的纳林镇、鄂托克旗的伊克乌素等诸多地方,都见到过遭受严重风蚀的黑垆土残丘,有的是因为沙丘的移动才出露。

第二节　统万城一带自然环境的变迁

一、统万城自然环境的相关研究

统万城即白城子古城,曾经是汉代的奢延县城,南北朝时期被再次利用,经新建扩建后成为大夏国国都统万城。自上世纪七十年代,侯仁之先生借助文献率先反演统万城一带的自然环境变迁以后[17],统万城遗址周边自然环境变迁的相关研究频见,特别是陕西师范大学西北环发中心与靖边县政府,在2003年9月联合举办了"沙漠古都统万城学术研讨会",肆后出版了《统万城遗址综合研究》论文集,形成了统万城的多侧面、系统性研究成果,有关统万城一带自然环境变迁的研究内容,也是其中之重要部分,它作为毛乌素沙地唯一的国都级古城,其兴废被当成是衡量其地环境变迁及人地关系变化的标尺,甚至可以表征整个毛乌素沙地的形成和发展过程[18],其所处的特殊位置,也决定了它在我国北方农牧交错带环境变迁研究中具有重要的标志作用[19]。

　　目前的白城子古城,西城虽然城垣高大,但一半面积已被从西墙跃入的流丘所覆盖;东城城垣虽不甚明显,但未有严重积沙,尽为撂荒耕地,土壤为沙质。古城四周尽为固定、半固定沙丘所环绕,其中西侧为高大的沙丘链,流动性较强;北侧为连绵的小沙丘;南侧沙丘因大量植树已趋于固定;东侧尚有大片耕地,其上也有流沙分布(图6-2)。流沙在白城子南和东南两个方向向无定河谷堆积,从无定河谷的白城子村上攀40m~50m的流沙,才能上到统万城所在的台地上。

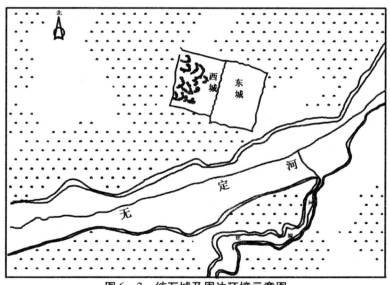

图6-2　统万城及周边环境示意图

　　对于统万城建成之初自然环境的认识主要有两种观点,其一认为赫连勃勃选址定都之时(418),统万城一带是水草丰美的草原或森林草原景观,以至于赫连勃勃发出"美哉斯阜,临广泽而带清流,吾行地多矣,未有若斯之美"[20]的感慨;其二认为统万城兴建之时就已受到风沙侵袭,呈现沙草并存的半干旱荒漠草原景观,考古发现是主要依据,统万城城垣是直接建在细沙地上的[21]。另一种折中的观点认为"古代人们对于自然环境的描写,必然有一定的依据,不会无中生有,虽然文学性的语言难免有夸张之处,但还是有一定的客观依据,应该反映一些实际情况的"。统万城附近建城时的环境,不一定像文献中记载得那么美好,但也绝不会如现在这样是一片沙碛[22-23]。

目前对于统万城荒废的原因的认识比较统一,即一是环境恶化,风沙危害严重;二是因为北宋在夏州军事力量的式微。但对于环境恶化原因的认识却有两种完全不同的看法,其一认为人类的过度开发是罪魁祸首[24];其二认为自然环境的变迁是统万城一带环境恶化的主导因素[27-28]。总体来说,由于文献记载的矛盾和研究者专业背景差异导致的资料采信度不同,才产生如上分歧。笔者认为,对统万城一带生态环境变化过程的研究,首先要利用已有的考古发掘成果,文献资料记载有文学渲染在里面,也不很客观,只能作为辅助证据使用。

二、十六国至宋夏时期统万城地区的环境变化过程

陕西省考古所早在上世纪70年代,就从统万城西城南垣一号马面内的竖坑形仓库中,挖掘了大量的粮食、植物残体和材木,经鉴定分别有松、柏、侧柏、杉、臭椿、杨、柠条、沙大王(沙打旺)、沙蒿、沙柳等植物[27],史念海先生推测这些材木"当为赫连勃勃初建统万城时的遗物,而为就地采伐所得的"[28]。但是从以上植物的生态习性而言,绝不可能产于一地,除非是高差在700-800m以上

的山地。然而统万城四周方圆数十里之内都找不到这样的山地，可以确信:柠条、沙打旺、沙蒿、沙柳等典型的沙生灌木和草本不值当从远处运来，应当是统万城周边原产，显示统万城周边应当有一定的积沙，由于柠条等植物还有很强的耐盐碱性，有可能统万城周边也有盐碱滩地。另据考古钻探发现:统万城的建筑瓦砾之下是原生自然堆积的细沙，钻探13m至墙基之下，仍为一色的黄沙，说明统万城的城垣也是直接建造在古风成沙之上的，建城时当地至少为平漫沙地。

综合以上两则考古证据，结合目前统万城城北连绵的沙丘上广布白刺灌丛的植被特征，笔者认为:在统万城建城之时，不仅其周边，而且在城址内已经有了一定程度的积沙，至少是平沙地，当时的自然景观应为局部积沙的平沙地、固定沙丘和盐碱滩地，而在其西北部和东侧可能还有较大范围的积水湖沼，正所谓"临广泽"是也，张力仁根据统万城外郭城无西垣这一点，也认定统万城西在1600年前应有大大小小的湖泊和沼泽[29]，实地调查发现统万城西乌审旗沙格利尔镇至八一牧场一带的现代风成沙层下，的确有深厚的灰白色湖相地层，农牧民家现今使用的牛棚羊圈往往都是当地人所称的"白泥墙"，即用湖泥夯筑。沙格利尔东方红林场有一地名称之"白泥圐圙"，实地已开垦，无圐圙墙体，但局部残留的大块白泥，被认为是墙体残块，2007年春在该地湖相地层最上部采得螺壳，测年显示为AD1700±40年，说明东汉末至魏晋时期该地还为浅湖相环境。

北魏两次进攻统万城都在城北驻扎，其中承光三年(427)北魏太武帝从平城(今太原)发轻骑18000兵至统万城，在城北三十里的黑水边宿营，而后分兵于黑水等地伏于深谷，引诱赫连昌出兵，赫连昌未识破太武帝的反奸计，领兵出城北，行五六里遇大风雨,"扬沙晦冥",赫连昌不听劝依然前行,结果大败而溃,连城都未得进入[30]。统万城北既是军兵宿营之所,一般不会有大范围的湖沼;城北数里又是轻骑交战之所,应当也无大沙,故此推测当时统万城北侧城下为草滩地,局部有积沙。另外在《十六国春秋别传》中称黑水为黑渠,恐不为笔误,可能就是由黑水向统万城引水的渠道。按胡义周所撰《统万城铭》所记,统万城有"华林灵沼"和"驰道苑园",也许就像现今林业上将灌丛植被称为"灌木林"一样,柠条、红柳等灌木林即所谓"华林",积水湖沼即为"灵沼",稍加人工修筑,不难构造出"驰道苑园"来。统万城一带的遥感影像判读发现:内城北部、西部及外郭城的北部都有古河道的痕迹[31],这些古河道不论其为天然河道还是人工渠道,对于统万城"华林灵沼"景象的形成也是非常重要的。但是统万城西城西墙南端内嵌,以至于西城内的宫城也不方正,这种情况的出现笔者认为建城时不是避水就是避沙。由于西城地势整个由西北向东南微倾,高差达6m,西南侧显然不是城址的低洼处,积水的可能性不大,而西南角楼目前残高还有31.62m,是全城最高处,当时建高楼于此角可能就有增大与地面的高差并加强防御能力的考虑,因此,筑统万城时其西城西南侧可能就有高大的沙丘,今日这一区域直至巴图湾一带均为连绵的新月形沙丘链,高度在数米至十数米不等。

宋淳化五年(994),中原政权对时为夏州州城的统万城不得不因"深陷沙漠中"而弃之。唐代及其以后有关统万城一带的地理环境的历史文献,也多显示其为沙漠环境。顾祖禹记《九域志》有云:

> 麟州西至夏州三百五十里,西南至银州一百八十里。
> 绥州(治在今绥德县)西至夏州四百里,皆翰海及无定河

川之地，所谓银夏碛中者也。[32]

说明元丰时期（1078～1085）夏州以东的土地主要为沙碛地和无定河的河川地。宋太宗时代的宰相宋琪也上疏称：

> 党项界东自河西银、夏，西至灵、盐，南距鹿延，北连丰、会。厥土多荒隙，是前汉呼韩邪所处河南地，幅员千里。从银、夏、至清、白两池，地惟沙碛，俗谓平夏。拓拔、盖蕃姓也。自鄜延以北，多土山柏林，谓之南山。野利，盖羌族之号也。[33]

按其描述夏州西侧也为沙碛土地，南侧的山地则为"土山"，上有"柏林"。宋人曾布在分析宋夏军事对垒形势时也言及毛乌素南部的沙化，称：

> 朝廷出师常为西人所困者，以出界便入沙漠之地，七八程乃至灵州。既无水草，又无人烟，未及见敌，我师已困矣。西人之来，虽已涉沙碛，乃在其境内，每于横山聚兵就粮，因以犯塞，稍入吾境，必有所获，此西人所以常获利。今天都、横山尽为我有，则遂以沙漠为界，彼无聚兵就粮之地，其欲犯塞难矣。[34]

说明横山在当时即被视为沙漠地与黄土地的分界。从唐长庆二年（822）的夏州的"飞沙为堆，高及城堞"，到宋淳化五年（994）的"深陷沙漠中"，以及前后其他历史资料，都反映出宋夏时期不仅夏州城本身受到风沙侵袭，而且其东、南、西三面也是沙漠环境。今天统万城一带的沙丘连绵的景观，应当在其建城至北宋淳化年间废弃时，土地沙漠化格局已初步形成。

第三节　"六胡州"的选址及其环境意义

一、"六胡州"古城址的现状地理环境

处于毛乌素沙地西南缘的"六胡州"古城址,现在都程度不同地受到风沙掩埋。查干巴拉嘎素古城和苏力迪古城是被流沙掩埋最严重的城址,前者北墙上的沙丘高出城池 10m～15m,墙外沙丘连绵,多为新月形流动沙丘,后者城墙出露部分不足十分之一。城内沙丘上生长沙苇、沙蒿及人工种植的沙柳和旱柳,不少树木由于沙丘移动,或根部出露,或茎枝被埋,可见人工固沙未能根本扼制沙丘的移动。巴彦呼日呼古城被流沙掩埋状况次之,墙外的积沙已逼近墙顶,西墙与北墙犹甚,城区北半部沙丘链已进抵城内,城周围则多固定、半固定沙丘,并稀疏生长油蒿灌丛、芨芨草等。乌兰道崩古城与敖勒召其古城情形比较相似,城外为固定、半固定沙丘,高度在 3m 左右,城内则一应为固定沙丘,生长芨芨草、白刺、盐爪爪等盐生植物,植被覆盖度较高。兴武营古城可能由于后期建城时间比较晚,距今不过五百年(1507 年迄今),且在建城后又经重修并长期住人,未有严重沙埋现象,但北墙、西墙外均有淤沙,西墙淤沙已至墙高一半以上,城内沙丘高度 2m～3m,并形成一个个白刺灌丛沙堆,城址西北方向一道道东北－西南走向的新月形沙丘链已覆压在明长城之上。巴郎庙古城址内有积沙但分布面积不大,形成半流动、半固定沙丘,生长沙蒿、沙柳、芨芨草等,城之东、北、西三面为黄土梁地,城南数公里低地上为波状沙地。

就野外考察所见,六胡州城址现今所处地貌部位不外乎 4 种类型。其一如查干巴拉嘎素古城、苏力迪古城和巴彦呼日呼古城,

均在湖滩地边缘附近。其中查干巴拉嘎素南墙紧邻湖滩,且城池的西南段未呈直角规则延伸,墙外分布有湖滩岩,表明城墙是循着湖岸而建。巴彦呼日呼古城的长边方向与湖滩地的延伸方向一致,可能也属于这种情况。其二如乌兰道崩和敖勒召其古城,是建在滩地中央,目前看来地势并不比周边高亢。其三如巴郎庙古城,位于起伏平缓的波状梁地中部,城址恰在一个西南向开口的围椅状地形内,其南侧有洪山塘洼地。兴武营古城即鲁州故址,处在两个梁地之间的洼地中,城址西侧目前还有封闭的季节性积水湖泊。干旱半干旱区的人类活动都有近水分布的特征,这从六胡州古城的具体选址上也可以体现出来。上述古城无论处在何种地貌部位,居于多高的海拔高度,即使在目前,也都有良好的水源条件。城内或周边2km内都有可用的淡水或微咸水水源,井水深度一般在2m~8m之间(表6-2,图6-3)。

表6-2　"六胡州"古城址的水源条件

古城	海拔(m)	井深(m)	水质
兴武营古城(鲁州)	1440	3~4	淡-微咸
巴郎庙古城(丽州)	1530	8~11	淡-微咸
乌兰道崩古城(含州)	1330	2~4	淡
敖勒召其古城(塞州)	1330	2~3	淡-微咸
查干巴拉嘎素(兰池州、宥州)	1365	2~3	淡
苏力迪古城(依州)	1392	2~4	淡
巴彦呼日呼古城(契州)	1353	2~3	淡

图6-3　六胡州古城址地貌位置图

二、"六胡州"古城址的环境指示意义

毛乌素沙地的唐代古城集中分布在六胡州一带,总数不少于15座。从空间分布上看,这些古城的位置均偏于毛乌素沙地的南部、尤其在西南部,而在毛乌素沙地的中、北部,除呼和淖尔古城和鸡儿庙古城可能为县级行政中心外,至今再未发现其他郡县一级的古城,其中的原因值得进一步分析。众所周知,唐时的鄂尔多斯是朝廷安置归附内迁异域部族的区域,先后设立过多个都督府和羁縻府州。如定襄都督府下有阿德州、执失州、拔延州、苏农州等,治所侨置在夏州宁朔县。桑乾都督府下设郁射州、艺失州、卑失等州,治所侨置在夏州朔方县,等等,几乎所有的府、州都建在鄂尔多斯南部和东部,特别是将治所建在原来的各级行政中心,而在中部和西北部一带不设州、府。六胡州以北、河曲以南的广大区域,唐时属丰州,位在今内蒙古河套平原上,其下辖二县中九原县在郭下,永丰县在州西160里;下辖的中、西受降城、天德军都远在套下,自六胡州至丰州的广大地域却是地旷"城稀",见于文献的只有天宝年间置宥州的经略军"榆多勒城",从河朔一带唐时动荡的

局势和防备的需要出发,这样的城池分布格局也是不尽合理的,很
有可能因为河套南、六胡州北已没有合适的筑城环境了。对比两
汉时期与唐代毛乌素沙地古城的分布状况,特别是六胡州一带不
同时期古城的分布情形,可以认为在南北朝时期,毛乌素沙地经历
了一次沙漠化过程,北部可能已经发生了严重的沙漠化,只有南部
还有比较良好的筑城与生产条件。

　　六胡州之鲁州所在地的兴武营,在明长城内侧,是盐池北部内
外两道边墙分野所在。成化十五年(1479)在修边墙时,

　　　　据余子俊始设之意,盖不专于扼塞而已。谓虏逐水
　　草以为生者,故凡草茂之地,筑之于内,使虏绝牧;沙碛之
　　地,筑之于外,使虏不庐,是故去边远,而为患有常[35]。

　　今人因此而视长城为明代的草原与荒漠的界线。除兴武营
外,六胡州的其他城郭都远在明长城两道边墙之北,显然是被弃于
长城以北的"沙碛之地"上,这说明唐末至明代的五百多年中,六
胡州一带又经历了一次沙漠化过程。

　　据艾冲研究,"六胡州"在贞观四年(630)建州时约有3万人,
开元九年(721)有10万人;开元十年(722)到二十六年(738)有3
万人;开元末有8万人[36]。王北辰认为在"安史之乱"前,六胡州的
常住人口在约6.5～8.5万人[37]。综合这两种观点,"六胡州"最繁
荣时期的人口可在9万人左右。艾冲估算出"六胡州"一带的地
域范围大约18000km²,可牧草场12000km²多,折合近1900万亩,
只能承载羊只近19万只,而估算出的"六胡州"一带牲畜数量在
折合成羊单位后可达3470万头。据此,他认为超载过牧造成"六
胡州"一带的生态破坏,宥州的三处治所和四次迁徙,都"显系生
态环境恶化所致"。但王北辰先生的观点与此截然相反,他认为

"六州的土地既然能载育、供养了那么多人口,足证当地的水、草、土壤等自然条件是不坏的"。而且认为在"公元7～9世纪间,在相当于今鄂托克前旗的大片土地上,土地肥沃、宜于建州的地方还是不少的"。

一般来讲,六州胡户应以各自部落的城池为中心驻牧或游牧,但六胡州古城址却分布在一个东西狭长的条带区域,各州的耕作半径(或放牧半径)势必有很大的重叠和交叉,显然对生产活动是不利的。出现这种状况的原因最有可能是在筑城时较多考虑了军事与交通原因。据我们野外考察,六胡州故地以北的梁地间还是有大片草滩地的,分散建城的环境还是有的,但可能在六胡州建城时其北部已经出现了大面积的沙地,才使城址靠南并相对集中。此外,六胡州及新宥州的古城址或选于卑湿滩地及其边缘,或建于高亢梁地的背风处,都是毛乌素沙地不宜沙漠化的地貌部位,古城址目前的沙漠化完全与后期地下水位下降、滩地干涸有关。从这样的选址来看,筑城之时即已考虑到防沙问题,这不能不让人怀疑当时有意要避开梁地下部、高湖滩地这样的宜于沙漠化地带,拟或避过已经开始沙漠化了的地貌部位。一如乌兰道崩古城和敖勒召其古城,二者几乎在同一经度上,呈南北呼应之势,但两者中间隔着人称"大沙头"和"小沙头"的两道沙梁,均呈西北东南向延伸数十公里,中间还有一道名为乌兰乌素(意为"红色的水")的丘间洼地。大、小沙头的下伏地形状况应当是梁地或小丘,当时不将城址选在避风向阳的梁丘南侧近滩地处,可能就是出于既避沙又避碱卤湿地的目的。查干巴拉嘎素现今位于敖格特尔沙与小沙头之间的滩地边缘,当时的选址应当也是基于以上的考虑。巴彦呼日呼古城城墙的夯层为粉沙质,且沙的来源为风成沙。由此可以认为,六胡州建城伊始湖滩草地广布,但风沙已在小片特殊地段堆积,至于唐代中后期该地区粟特人的迁徙与古城址的弃否,更多的还是出于政治军事方面的原因[38],六胡州古城址在西夏时期得到普遍使用,甚至在明清时有的还被重新修复,即能说明这一点。另外唐初六胡州一带的主要放牧牲畜是马、牛等大牲畜,与牧羊业相比,牧马业和牧牛业要求更好的草场条件,尤其是马匹,据称养马的三大要素是优良品种、优质牧草和科学饲养[39],其中马匹所需的优良牧草一般产于草甸草原区或干草原区,我国现代的养马中心分布的东三省、内蒙古自治区东部、西北山地区的原因就在于此。结合六胡州古城近水而建的特点,可以认为唐初六胡州一带有着比现今广阔得多的湖滩草地,湖滩间可能为干草原[40]。

第四节　明长城与明清古城址的环境意义

一、明长城及沿边城堡的创筑及现状自然环境

明代初期,蒙元残余势力被迫迁徙到漠北草原,休养生息、重整旗鼓,不断向南侵扰,成为朱明王朝的边患。明王朝从立国之初,就建立了东起辽东、西至甘州,由镇、卫、所三级单位组成的严密的攻防咸宜的军事体系,毛乌素周边的主要军事重城即有绥德卫(今绥德县)、延安卫(今延安市)、宁夏后卫(今盐池县)等。正统二年(1437),镇守延绥的都督王祯率众在今榆林一带明长城沿线修筑营堡,所谓"延绥等二十五营堡,东自清水营,西到定边营,俱系通贼紧阔处所"[41]当时驻军不多,每堡仅一二百人,目的在于"守套"。但是正统十四年(1449)的"土木事件",明英宗朱祁镇被蒙古瓦剌部俘房,50万明军死伤过半,使得明朝国力被严重削弱。与此同时,蒙古毛里孩、阿罗山、孛罗忽等部南进,入居河套以

南的鄂尔多斯地区,明王朝起初还与蒙古诸部开展争夺拉锯战,力图收回边防要地,但因军力势衰,主和派渐居上风,后来不得已对于这块"鸡肋"选择了"弃套"之举,于成化十年(1474)开始在毛乌素南部筑起边墙,将边墙以北弃于蒙古部族。余子俊主持修筑的明边墙,东起清水营,西至花马池营,绵延1770里,创筑了安边营及建安、常乐、把都河、永济、新兴、石涝池、三山、马跑泉八堡,修辑并拓筑了榆林城,并筑护壕墙崖砦819座,护壕墙小墩78座,边墩15座。同年,"巡抚宁夏都御史徐廷章奏筑河东边墙,黄河嘴起至花马池止,长三百八十七里"[42]。

明代修筑的边墙,即为今日所称明长城。毛乌素一带的明长城略呈"V"字形,半绕毛乌素沙地的南部,东起山陕黄河西岸的黄山川,西至宁夏灵武横城堡的黄河东岸。东段陕西境内的边墙有两道,分别为大边墙和二边墙。大边是弘治年间文贵所筑,目的在于保护边墙外耕地;二边是余子俊所筑边墙。翻捡史志,顾祖禹记述:

> 自东胜迤西路通宁夏,皆有墩台墙堑。永乐初,见亡元远遁,始移治延绥,弃河不守。正统中,稍稍多事,乃筑榆林等城堡二十有三,于其北三十里沙漠平地,筑瞭望墩台。往南三十里硬土山沟,则埋军民种田界石,列营积粮,以绝寇路。成化七年,抚臣余子俊言:延庆边山崖高峻。乞役丁夫,依界石一带山势,曲折铲削,令壁立如城,高可二丈五尺。山坳川口,连筑高垣。或掘深堑,相度地形,建立墩堠,添兵防守。此不战而屈人之计[43]。

据称余子俊所修边墙的选线原则为"凡草茂之地,筑之于内,使虏绝牧;沙碛之地,筑之于外,使虏不庐"[44]。许多学者据此认为明长城不仅是一条军事分界线,还在一定程度上是一道自然和人为界线[45-46],即农业区与畜牧区的分界、草原区与荒漠区的分界、风沙区与黄土区的分界,等等。此道边墙目前实地踏察也显示其在陕西境内主要处于风沙地貌区与白于山梁塬间地沟壑区及东部丘陵沟壑地貌区过渡区,偏北一侧逼近流沙之地,是分割荒漠与荒漠草原的人为界线,在毛乌素沙地西南部尤其如此。明长城西段主要也有两道。成化年间修筑的长城在宁陕一带称为"二道边",位置偏北;另一道称头道边,是三边总制王琼在嘉靖十年(1531)主持修筑的,位置在二道边之南,西起清水营,东至花马池,全长约120km,以墙体高、壕堑深而得名"深沟高垒";又因以红粘土筑就,外观紫红色,也被称为"紫塞"。据当时主持工程的边关副史齐之鸾所记:

> 自红山堡之黑水沟,至定边之南山口,皆大为深沟高垒,峻华夷出入之防。堑深广皆二丈,堤垒高一丈,广二丈。沙土易圮处则为墙,高者长二丈有余差,而堑视以深浅焉。[47]

似可以说明头道边沿线当时也有局地积沙。另外在毛乌素沙地西缘还有一段长城,人称北长城,自黄河东岸的横城堡直向北经陶乐(今分属银川市和平罗县)直抵石嘴山,也为成化年间修筑。

毛乌素南部的明代边墙清代时被弃之不用,自明代以后基本未得到修筑。边墙内的营堡,大部分转为民用,但也较少给予修缮,但至今古城堡多数还很高大挺拔。毛乌素沙地南界明长城沿线的城堡自西向东主要有横城堡、红山堡、清水营、毛卜喇堡、兴武营、安定堡、英雄堡、花马池营、定边营、砖井堡、安边堡、柠条梁镇、靖边营、镇靖堡、横山堡、怀远堡、威武堡、波罗堡、响水堡、龙州堡、清平堡、保宁堡、榆林镇、镇北台、高家堡、常乐堡、建安堡、柏林堡、大柏油堡、永兴堡等。我们野外考察的重点在于更早时代的古城，对于毛乌素沙地沿线的明长城及沿线城堡，主要是实地了解周围自然环境，对居于沙地中的或临近沙地的城堡，如常乐堡、波罗堡、镇北台、保宁堡、响水堡、威武堡、定边营、安定堡、红山堡、横城堡等进行了踏勘，只有兴武营因其前身曾为唐代古城，故此做了重点细致考察。

二、明边墙及城堡周边的自然环境

毛乌素沙地西南部明边墙及诸城堡目前都有程度不同的积沙，一般来说都在边墙北侧、城堡的北墙和西墙外侧有 1m～2m 高的沙丘倚墙堆积，风沙越过城墙后也有沉积，但高度较墙外低，加上墙体坍塌堆积物，古城内一般都呈中间低平外围高亢的形态。从横城堡到兴武营的一段，头道边和二道边近乎平行排列，站在边墙上向北望去，近处一般可见有白刺沙堆生长的固定沙丘和盐碱滩地，远处则为流动和半固定沙丘连绵分布；向南望去，为梁地与滩地起伏的平沙地。对比这一带边墙内外的景观，非常契合余子俊"沙碛之地筑之于外"的选线原则。

明边墙从宁夏盐池县兴武营始呈西北—东南走向，到陕西定边营后折向正东方向。这一段长城二道边内外的景观特征也可以体现上述选线原则，但头道边则不然，多筑在平沙地上，边墙内外地形和植被状况相似，有的地段沿湖而筑。砖井、安边一带的明长城沿线人口稠密，均开垦为农田，农田林网纵横，积沙情况少见，但荒地上多分布白刺沙堆，流动和半固定沙地在城堡以北 5km 处才出现。如砖井堡、安边营紧临大边，大边外很宽的一个条带都是干湖滩地与固定沙丘地并存的土地类型，新修的定边——榆林高速公路即从这一带通过。毛乌素沙地的南缘基本在安边至靖边的杨桥畔镇一线,而这一段的明大边则向南凸起,远离沙漠,古城堡也不例外(图6-4、6-5)。

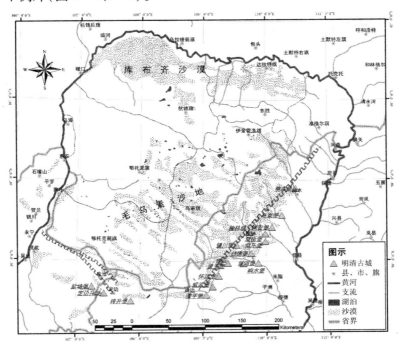

图6-4　毛乌素沙地榆林市域内明长城沿线诸城堡

　　从靖边县杨桥畔镇始,明边墙是沿着芦河西岸延伸到无定河北岸,再向东北方向直至榆阳区的镇北台,而后沿清水河右岸高地至秃尾河流域的神木县高家堡镇,沿柳树沟右岸高地至神木镇止。这一带的边墙除从波罗镇至榆阳区再到常乐堡的一段外,其他段现在还都可以视为是沙漠与非沙漠的分界线。这一带的边堡,积

沙情况较之南段或西南段的边堡要严重得多,最为严重的是保宁

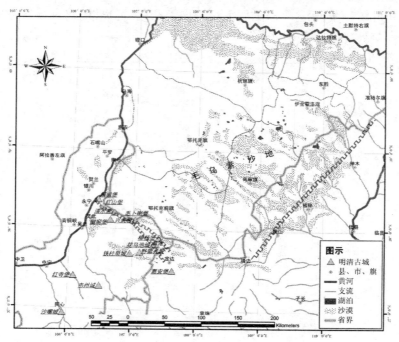

图6-5　毛乌素沙地吴忠市域内明长城沿线诸城堡

堡,城址内90%的地面有风沙堆积,其中一半以上的地面积沙高及城墙;波罗堡、常乐堡的积沙情况次之,西侧和北侧墙体内外确有"平墙大沙",部分墙体也明显是夯筑在黄沙层之上的;清平堡、威武堡也有地表积沙,但程度不及波罗堡;响水堡、怀远堡、高家堡、鱼河堡等,虽然周边有风沙堆积,但由于目前还都是城镇所在地,因为有人为清理,积沙程度更轻。神木县境内的明长城和边堡,都处于窟野河西的黄土丘陵区,城堡地势高亢,未见明显的风

沙侵害。

三、明长城与明清古城堡的积沙及其环境意义

1. 明长城的积沙及其环境意义

毛乌素南缘长城有不少的段落可能就是建筑在沙地之上的。早在成化二年（1471）余子俊上疏提议修筑边墙时，就有反对意见，认为"延绥境土夷旷，川空居多，浮沙筑垣，恐非久计"[48]，一些墩台和边墙本身就建在大沙梁之上的，万历《延绥镇志》卷1《建置沿革》记载了靖边营"墩台三十一座。木边城即占范老关。高崎沙梁。迤逸而上"；清平堡"墩台一十一座。木边之城高崎沙梁之上"。说明当时榆林沿边一带地表即有一定程度的积沙，以至于筑城用土不足而不得不以沙为之。筑城后100年中，风沙堆积日盛，其中"中路边墙三百余里，自隆庆末年创筑，楼橹相望，雉堞相连，屹然为一路险阻。万历二年（1574）以来，风雍沙积，日甚一日，高者至于埋没墩台，卑者亦如大堤长坂，一望黄沙，漫衍无际，筹边者屡议扒除、以工费浩大，竟尔中止"[49]。说明榆林沿边一带在明长城修筑后的一百年中，风沙危害非常严重。

明长城在毛乌素沙地西南缘一带主要有两支，北支称为二道边，为余子俊主持修筑的河东墙；南支称为头道边，为嘉靖十年至十四年（1531～1535）三边总制王琼命佥事齐之鸾主持修建的深沟高垒。头道边比二道边南移了数公里至数十公里，原因主要是"风沙侵蚀和战争破坏"[50]，同时也由于这段长城距城池远，"贼至不即知"。其实嘉靖年间在讨论是否需要重筑边墙（头道边）时就有争议，杨守谦就认为："奈何龙沙漠漠，亘千余里，筑之难成，大风扬沙，瞬息寻丈，成亦难久。"[51]可见在成化十五年（1479）至嘉靖

十年(1531)的 80 年中,风沙已漫过河东墙,以至于不得不将新筑的深沟高垒建在沙碛地的南沿。重筑的头道边西起自宁夏灵武清水营,与头道边相距不过数十米,平行东去直至盐池兴武营,然后大角度转向南东方向,并分为两支,直至定边境内。今天考查头道边与二道边之间,确实有大片的积沙,特别是在兴武营以东的苏步井村和柳杨堡村一带,主要为半固定沙地和平沙地,而在两边以北,则可见大片明沙。兴武营以西的明边墙,至今来看,还可以称为是沙地与黄土地的分界线,因为明长城以北已为集中连片的流动和半固定沙地,而明长城南侧只有局部地形部位有小片积沙,或为平沙地。当时在修筑头道边时,外侧除挖掘深沟外,还挖有"品字形"的陷马坑,目前不但沟坑皆满,地表已无任何痕迹;而且积沙已在很多地段已有 1m～2m 高,半埋长城的北侧。较之榆林一带在明嘉靖年间即风沙雍墙,高至数丈的情形而言,毛乌素西南侧长城沿线的积沙情况是相当微弱的。

　　明长城的修筑采用就地取材原则,4 万人用时 3 个月筑就 800km 边墙,想必也只能就近就便取材。边墙筑城材料以沙土为主,说明边墙沿线本来就多为沙土,虽然文献无法反映沙黄土和沙土的区别,但笔者野外考察中途经的几处成化墙,确系沙土版筑,只是沙土是否为风成沙尚需今后研究中加以实验证明。宁夏境内的头道边一带也有沙土夯筑长城,据齐之鸾的《东长城关记略》载:

　　　　自红山堡之黑水沟,至定边之南山口,皆大为深沟高垒,峻华夷出入之防。堑深广皆二丈,堤垒高一丈,广二丈。沙土易圮处则为墙,高者长二丈有余差,而堑视以深浅焉。[52]

2. 毛乌素沙地东南部明长城沿线诸城堡的环境意义

　　榆林镇在明初以前是一个原始小居民点,名为榆林庄(今榆林城内龙王泉处),永乐时因庄置寨,是为榆林寨,无防备军兵;正统初年(1436)升为榆林堡;成化七年(1471)设榆林卫于此;成化九年(1473)迁延绥镇于此,榆林镇作为九边重镇的地位就此奠定。《明史》卷42《地理三》载:"榆林卫,成化六年三月以榆林川置。其城,正统二年所筑也。"清代榆林为延榆绥道治所,雍正九年(1731)升榆林卫为榆林府。榆林城建镇伊始,四周就多积沙,所谓"镇城四望黄沙,不产五谷,不通货贿,一切资粮,皆仰给腹里"[53]。随着建制地位的提高,榆林城经历了多次拓筑、修筑和改筑,其中"成化二十二年(1486),巡抚黄黻展北城;弘治五年(1492),巡抚熊绣展南城,增建南门怀德门,城周十三里三百四十步;正德十年(1515),总制邓璋筑南关外城"[54]。《榆林府志》称其为"三拓榆林",但民间讹称为"榆林三迁",直到同治年间还历经一次改筑,最后形成东城长2293m、西城长2184m、南城长1059.5m、北城长1125m、城周长6596.5m,城池面积3015亩(合2.01km^2)的城市格局[55]。榆林城的多次修筑,究其原因,一般都为建制提升、军事防御、人口增加、城镇功能增多、旧城毁坏等,但积沙往往是其防御功能降低、城墙废圮的重要原因。至万历二十九年(1601),流沙就已大量堆积,于是时任右佥都御史的孙维城"见城外积沙及城,命余丁除之"[56]。又如民国《榆林县志》记载:

　　　　同治二年,常道宪瀚鉴于本省同州、朝邑之回乱,目睹北城沙压残废,于十月内倡议改筑。时绅士有畏难,阻止此。常道宪一日集绅开议,悬剑于门首,曰:'有阻挠

此以军法从事。'群议始息。于是相度地形,弃旧城,南
徙。筑土为垣,计长四百三十八丈七尺,高三丈,阔一丈
八尺。……实勘得新北城东北隅距旧城东北隅缩回有一
百一十四丈,新北城西北隅距旧城西北隅缩回有一百七
十一丈有奇。[57]

可见自榆林城在明代升为镇城的 100 多年后,即出现严重的
积沙问题,从明后期到清末的 300 余年中,一直受到风沙危害的困
扰。

榆林城尚且如此,明长城的边垣堡寨也难抵风沙侵袭,需要不
断的疏浚,特别是中路一带(原为延绥中路,设榆林卫后为榆林卫
中路),由于"地多漫衍",在边墙筑就后二三十年中,就已有日益
严重的积沙,而且号称"黄沙弥望,旋扒旋壅。数日之功不能当一
夜之风力"[58]。万历三十八年(1610),涂宗浚又在《修复边垣扒除
积沙疏》中称:

东自常乐堡起,西至清平堡止,俱系平墙大沙,间有
高过墙五七尺者,甚有一丈者。

榆林等堡芹河等处大沙,北墙高一丈,埋没墩院者长
二万三十八丈三尺;向水等堡防胡等处比墙高七八丈,壅
于墩院者长八千四百六十八丈七尺;榆林威武等堡樱桃
梁等处比墙高五六尺及与墙平,厚阔不等。

中路边墙三百余里,自隆庆末年创筑,楼橹相望,雉
堞相连,屹然为一路险阻。万历二年(1574)以来,风壅
沙积,日甚一日,高者至于埋没墩台,卑者亦如大堤长坂,
一望黄沙,漫衍无际,筹边者屡议扒除、以工费浩大,竟尔
中止。[59]

万历三十七年(1609)闰三月至九月,六个月中扒除了32933.5丈(约120km)的积沙,并在原先积沙的地方密植栽蒿[60]。由此可见,榆林镇所辖各城堡在17世纪,风沙壅积的现象非常严重,而且表现为榆林中路——即榆林城东北至南部一带风沙危害最为严重,即说明毛乌素沙地向东南的扩张在这一时期(1574~1610)很强烈,植草等人为措施在那时已被用于防风固沙。

刘敏宽的《榆镇中路论》虽是研究明朝万历年间军事战略之策的,但也述及其地环境,可以看出积沙严重的同时,还出现湖水减少、湖面缩小、牧畜饮水困难等问题,兹摘录如下:

> 榆林城在常乐、保宁之中。文式开府其间,五营重兵彪腾虎踞,且左山右水,固天设之岩疆,全镇之上游也。保宁、波罗相去八十里,中虽有响水一堡,去边七十里,旧恃无定河为限。所虑者,冰坚之时耳。今河水浅不足恃,宜于保宁、波罗之间深筑一堡,移响水之兵宁文。怀远、威武、清平,边垣虽临险阻,高峰峻坂,似若可据。然冲口实多,川面平衍,如西川小理河汉坝最为首冲。若或大举南驰,则安定、白落、卧牛诸城悉被其毒矣!且东起常乐,西抵波罗,沿边积沙高与墙等。时虽铲削,旋垄如故,盖人力之不敌风力也。保宁昔称水泽之区,年来诸水渐涸,马无所饮。倘保宁日就涸疲,则归德之伪造可虞,是今之首当加意绸缪者也!然犹有隐忧焉:保宁、常乐实扼归德、鱼河大川之中,雕阴、上郡在在可虞。今虽设有中协副将一员可以联系一路,但兵不满二千,马止于数百。苟且支吾,以幸无事,岂完策哉![61]

韩昭庆根据乾隆《河套志》,辑录了该区域的9个营堡存在程度不同的风沙危害(表6-3)。调查显示陕西境内明长城沿线共有 17 个城堡遭受比较严重的风沙灾害。无论是文献记载还是近期调查,都反应今榆阳区周边及其南部横山县一带的明长城及城堡遭受的风沙危害最为严重,而且风沙危害状况并不是从边墙外向内均匀递减的,有时距边远的城堡甚于距边近的城堡;风沙危害状况往往与城堡所处局地地形有关,如保宁堡居于榆阳区西南芹河右岸的梁地上,城内外四望都是流动和半固定沙丘。波罗堡与响水堡都在无定河右岸梁坡地上,2007 年考察时恰遇扬沙天气,发现响水堡一带风沙很大但少有积沙,原因是该城堡恰在无定河由东南流向转为正东流向的折点处,北城墙几无,从西北方向沿河谷刮来的风沙经河谷的狭管作用加强以后,从城堡掠过,加之有连续的人工清理,未见大量沉积;波罗堡一带的无定河水则为从正东流向,城堡的北城墙高大完整,西北风在受到河道和城墙的阻滞之后,很容易卸载下来在城堡内外堆积。

表6-3　陕北边堡清代遭遇流沙情况[62]

堡名	与边墙的相对位置	流沙的记载
盐场堡(今盐场堡)	北则河套,限于一墙	沙塞平原之地,虽有盐池而堡内自古无兵,田野毫无田亩,及镇榆林而堡始设,亦定边、花马池之亭堠耳。北则河套,限于一墙,边外风沙,墙皆湮没。东四十里则定边营矣。(注:余子俊所筑边墙的西端)
定边营(今定边)	边墙在北五十步	营西郭外南北二沙,挑之复塞。

（续表）

堡名	与边墙的相对位置	流沙的记载
旧安边营（今安边）	北至大边一里	余子俊以平漫沙漠,难以筑浚边壕,不利士马出入,乃于中山坡改筑新营,所谓新安边营也,王伦仍改守此。（注:旧安边营,正统二年置营,成化十年余子俊置新安边于中山坡,北至边墙六十余里,后王伦以旧营切近大边,仍复守此）
龙州城	边墙在北四里	堡在平地……水出塞外之白城儿,至此与堡之慌忽都河水合,而流盖大,谓之无定河,水中之沙,人马践之,如行幕上,多陷没之患,浅深不一,故名无定。
清平堡	堡在山原,距边甚远	城外之沙常陷车骑。鲍河在边外五十里,其水贯墙而入,址岸倾圮,水浅则平沙漫衍。
波罗堡（今波罗镇）	边城在北十三里	因有波罗寺故名。依山筑堡……然沿边之外,沙高于墙,无定河可以为隍,马不能徒涉,所防常在冰坚,水浅时,亦不足恃。
保宁堡	长城在北一里,堡在平地	西接榆溪,东引响水,鱼河直其南,红山通于北,切近长城。大川口版筑虽坚,而风沙特甚,夫堡与长乐实扼归德、鱼河大川之冲……
榆林卫	北距边墙	其城三面凭山,一面临水,可谓天险,然东南山阜参差,林木隐蔽,沙峰置楼,则高于城堁,攻击可虞也。
常乐堡	长城在北半里	旧堡在南,沙碛无水,弘治间移于岔儿河,即今堡焉……（注:成化间筑旧堡于南二十里,弘治二年巡抚刘忠改筑新堡）

　　其实榆林一带明长城沿线的古城堡早在创筑时,沿线的沙漠化问题已经很严重。例如榆林城东的常乐堡,"成化十一年（1475）巡抚余子俊修营堡12座,常乐系创治。弘治二年（1489）巡抚卢祥因其地沙碛无水,徙于北20里,置今堡。城设平川,系极冲之地"[63]。说明旧常乐堡原在更南的山塬上,因多沙无水,在创

筑 14 年后北移 20 里至川地上,但很快又壅起"平墙大沙"。可见明长城榆林段在当时也并非沙区与黄土区的完全分界,明长城内当时已有风沙堆积。

较之历史文献中描述的榆林镇明边墙与城堡遭沙压情况,今天这些古城堡与这一带边墙的积沙情况,除保宁堡以外,反而有所不及。清代以来,榆林卫的明代城堡都未做军事功用,多数未做过大规模的整修、除沙,有的城堡——如响水堡、怀远堡、鱼河堡、高家堡等,是因为作为城镇聚落所在,一定会有沙必除的。不过如果经常性积沙,城镇也会另行选址,不一定长居此地。但是如保宁堡、威武堡、归德堡等,邻近只有小村落或为庙宇所在,访问居住在明城堡附近的老年人,他们也都反映城堡中的积沙情况几十年来都是这个样子,而且原来多流沙,近几十年来经治理才扼制了流沙的移动。如此说来,十六至十七世纪,毛乌素东南部风沙堆积情形非常严重,是一个沙漠化发展的重要阶段。

3. 毛乌素沙地西南部明代诸城堡的环境意义

宁夏镇所辖明长城沿边城堡,现状积沙情况都比较轻微,虽然从横城堡至兴武营一带,北侧紧邻边墙即为流动和半固定沙地,明清以来显然未发生明显的南移。但是文献记载,清代这一带"土沙相半,剥落边墙,不堪保障,不可不防",而且在"营城外之飞沙特多"[63]。1697 年,康熙皇帝西征噶尔丹至花马池(今盐池)一带,见"飞沙特多,高与城坪,军士挑扒,劳苦无功"[64]。目前在实地考查时确能深刻感受到明长城的分界作用,可见 500 多年来,这一带的主导风向没有发生太大的改变,因而沙带没有自此往南发生明显移动。但较之沿边城堡,宁夏河东地区腹地的另一些城堡则有严重得多的积沙,如西破城、北破城及明代盐池县城(惠安堡古城)等,都已程度不同地被沙覆盖。磁窑堡古城在明时为磁窑寨,明清一直在使用,现今窑场已有严重积沙,四周还出现了高大的流动沙丘;西夏灵武窑所在的灵武市回民巷一带,在外围百米以外有积沙,窑场因地势较为高亢,部分为侵蚀环境。以上这些均反映自明清以来沙漠化过程的延续,但也表明沙漠化的过程在这一区域并非整体推进,而是在局部适宜积沙地段发展。

铁柱泉城是明嘉靖十五年(1536)在花马池营以南50km 的铁柱泉,为守泉而筑的城池,规模较之明边墙一般的营堡要大得多。管律的《铁柱泉记》描述了建城前的景象:

> 去花马池之西南、兴武营之东南、小盐池之东北,均为九十里交会之处,水涌甘洌,是为铁柱泉。日饮数万骑弗之涸。幅员数百里,又皆沃壤可耕之地,北虏入寇,往返必饮于兹。是故散掠灵夏,长驱平巩,实深籍之。[65]

于是,时任陕西屯政的都察院右都御史兼兵部尚书刘天和,便下令在这里驻军建城。新建成的铁柱泉城

> 环四里许,高四寻有奇,厚亦如之。城以卫泉,泉以卫隍,工图永坚……置兵千五,兼募以守之……因地之利而利,则给以耕之……置兵五千,兼收土人守之。设官操驭,皆检其才且能者,虑风雨不避之患,则给属以居之;因地之利而利,则给田以耕之。草莱辟,禾谷蕃,又可以作牧而庶兹畜。弃于百七十年者,一旦大有资矣,其廨宇仓场,匪一不备,宏纲细节,匪一不举,炫观夺日,疑非草创之者。[66]

可见当时筑城之坚固,建筑之细备,绝非图一时之利。《读史方舆纪要》卷62 中记铁柱泉城为“改筑”,上文又称其为“弃于百七十年者”,可见铁柱泉原来的旧城为元末至正年间(1366 年前

后)废弃。铁柱泉城改筑以后第二年,又在铁柱泉以南的梁家泉筑城守泉。20世纪50年代末,侯仁之先生考察铁柱泉时,这里已是一片荒漠,他在《沙行小记》中收入了他的考察体会,其中有一幅铁柱泉南门的素描图,我们2003年考察时拍摄的照片显示的情形与此一模一样,说明在近40多年中铁柱泉集沙的情况没有太大变化。目前的铁柱泉城中,除城东北角有一旺积水(生有芦苇)外,全为平沙地。南门外侧有一湖沼,西墙外沿墙有一开挖不久的探沟,积沙有3m多厚尚未见底,其层位似已接近城墙底部。城之东侧和南侧还有碱滩、村落遗迹,城西和城北皆为高大的白刺沙丘,沙丘间有厚达2cm~3cm的盐结皮,显示沙化与盐渍化相伴生,也说明此地地下水位很浅,开垦后可能先引起了严重的盐渍化,其后由于灌木白刺的聚土作用,逐渐形成白刺沙丘起伏的景观,这是一种沙漠化与盐渍化共同作用的结果。

铁柱泉城筑于嘉靖十五年(1536),位于其东北20km左右的另一古城——野狐井古城,筑于万历四十一年(1613),两者创筑时间相距77年。野狐井古城东墙建在积水洼地边缘,有个1m~3m的陡坎,城墙在陡坎之上。实地考察时发现,城墙是夯筑在沙层之上的,该沙层有非常明显的斜层理,应为风成沙,也说明在修筑野狐井城池之前当地已有地面积沙,但是否象榆林中路一带一样,在1574~1610年间有一个明显的积沙时期,尚无法定论,如果对铁柱泉城城墙下的原始地面能够做个探查,将得出更可信的结论。

明魏焕曾言:

先年套内零贼不时进至石沟盐池及固靖各堡抢掠,花马池一带,全无耕牧。自筑大边以后,零贼绝无,数百里间,荒地尽耕,孳牧遍野,粮价亦平。但内有卤湿墙七

十余里,宁夏又不肯协心防守,数万大势套贼卒至,犹不
能御。内固原小边,每年修理二次,亦各完备。但青沙砚
八十余里,俱走沙,摞石随风剥落,随修随坏,工力不堪。
节年套贼深入腹里抢掠。[67]

由此可知,宁夏镇的边墙有相当长的一段是修筑在斥卤之地
上的,虽然墙体不坚,但风沙未大范围越过此段长城,从目前调查
的情况来看,自清水营至兴武营的一段边墙,北侧确有东西不连续
分布的干湖滩和白刺灌丛,反映有较高矿化度并埋藏很浅的地下
水,可能就是上文所说的"有卤湿墙七十余里"。另外固原小边
(亦称"固原旧边")有地名曰青沙砚,"凡八十里,随风流走,不可
筑墙。寇若窃发,必假途于此"[68]。按史志描述的方位来看,青沙
砚应在红寺堡以南,萌城堡至李俊堡一线上,远在河东墙之南
100km 开外,是一流沙带。如是可见,毛乌素沙地西南部的成化墙
虽然确实有分割沙碛与黄土区作用,但边墙内特殊地形区依然
有积沙。种种迹象表明,铁柱泉城也应当是筑于沙地之上的,宁夏
河东沙地在明代修筑边墙之前已有一些地段积沙成丘或为平沙
地。

文献也记载宁夏河东墙有部分循湖沼而建。

> 虏众临墙止宿,必就有水泉处,安营饮马。今花马池
> 墙外有锅底湖、柳门井;兴武营外有虾蟆湖等泉;定边营
> 外有东柳门等井,余地无井泉,又多大沙凹凸,或产蒿深
> 没马腹。贼数百骑兵或可委曲寻路而行,多则不能。故
> 设备之处有限。[69]

花马池北的锅底湖,同文记述在定边营北 20 里,应为今日之
苟池无疑;兴武营北为高达 3m~5m 的半固定沙丘,西北侧有长有

沙苇和芨芨草的小湖滩,明代此区域的虾蟆湖必定是因其为泉水出露形成的淡水湖或微咸水湖,目前这一带的严重积沙,应与湖沼的干涸有直接关系。

第五节 毛乌素沙地各时代古城的地理分布及其环境意义

一、各时代古城分布格局的空间变化及其环境意义

由于城池一旦建成,往往会沿用很多朝代,中间还要被反复修筑和加固,古城考古根据文化遗存的使用时代往往能够粗略地反映其沿用过程。将毛乌素沙地内部及边缘规模较大(周长在800m以上)的历代古城(包括疑似古城)按其使用时代辑录成表(表6-4),即可发现一定的分布规律。

表6-4 毛乌素沙地中古城(堡)的时代和数量

使用时段	古城	数量
两汉	张记场古城、神水台古城、古城滩古城、古城界村古城、瑶镇古城、古城壕村古城、红庆河古城、敖泊淖尔古城、水泉古城、木肯淖尔古城、水利古城、杨桥畔古城、白城子古城、米家园则古城、温家河古城、何家圪台古城、鸡儿庙古城、喇嘛河古城、开光城、瓦渣梁遗址、石圪峁遗址、大保当古城、瓦片梁古城、敖柏淖尔古城、包乐浩晓古城、大场村古城、阿日赖村古城、古城子古城、沙场村古城、苏力	31
南北朝	白城子古城、白城台古城、开光城	3

（续表）

使用时段	古城	数量
隋唐	城川古城、大池古城、敖勒召其古城、乌兰道崩古城、巴郎庙古城、查干巴拉嘎素、巴彦呼日呼古城、兴武营、白城台古城、杨桥畔古城、白城子古城、呼和淖尔古城、定边新区古城、沙场村古城、鸡儿庙古城、三岔河古城、西破城、北破城、开光城	19
宋（夏）元时期	白城子古城、呼和淖尔古城、三岔河古城、车家渠古城、定边新区古城、鸡儿庙古城、城川古城、大池古城、乌兰道崩古城、巴郎庙古城、敖勒召其古城、查干巴拉嘎素、巴彦呼日呼古城、兴武营、沙沙滩古城、	15
明清时期	铁柱泉城、野狐井城、惠安堡、横城堡、红山堡、毛卜喇堡、清水营、兴武营、花马池营、定边营、砖井堡、安边堡、柠条梁镇、靖边营、横山堡、怀远堡、威武堡、波罗堡、响水堡、龙州堡、清平堡、保宁堡、榆林镇、款贡城、高家堡、常乐堡、建安堡	28

　　联系毛乌素沙地的两汉古城数量多、分布广，而且在沙地腹地的乌审旗中北部、鄂前旗东部、鄂旗东南部，比较集中，足以说明筑城之时，该地未有严重的沙化，毛乌素全境均有适宜筑城和农耕的环境。魏晋—唐的600多年中，匈奴、鲜卑、汉等民族辗转于此地，甚至建都立国，但所选城址位置均偏南，这里不排除军事与政治上的需要，但在广大的毛乌素腹地，只有1~2个该时段创筑的古城，此现象最可信的解释只能是毛乌素的中北部沙漠化面积扩大，没有很合适的筑城环境了。唐朝于贞观四年（630）已统一漠南，贞观二十年（646）统一大漠南北，鄂尔多斯全境均在大唐一统之下，在毛乌素边缘先后设有多个府州，中北部却没有，特别是调露元年（679）为安置突厥降部而设置的六胡州，以数万之众"全其习俗"而安置于灵州南部，它们展布在东西约100km，南北仅40余km的范围内，若按游牧方式来论，这么一个区域对上万人来说明显是局

促的,以致后来康待宾叛乱平定后,迁六胡州"胡户"异地安置会不会都与游牧地狭小有关? 宥州前后三个治所分别在兰池州府、经略军城(前身为榆多勒城)和长泽县,并未新筑城池,会不会在此区域没有更合适的建城环境? 对此虽尚难定论,但说唐时毛乌素中北部已不适宜农耕、居住、甚至放牧,应当不会有太大出入。唐朝末年,党项李氏家族割据于今毛乌素地区与陕北北部,直至西夏立国的180多年中,毛乌素沙地中并未新筑多少城池,倒是沿用了唐时的一些旧城,如夏州治所的统万城、宥州在唐后期的宥州城等。元代毛乌素地区的行政中心在今三岔河古城,沿用了宋代城池,其他诸多前代古城都未被使用。明清时期的古城位置在更偏南侧的明长城内侧,连今乌审旗河南乡这类自古至今都有优越农业发展条件的地区,也未圈入,不能不让人怀疑唐代—宋元,毛乌素沙地又进一步向南扩张了,而明清堡、寨、营与城池均分布在毛乌素沙的南部边缘,多有风沙堆积甚至被沙掩埋,充分说明明清以来,毛乌素沙地又一次经历沙漠化过程。

二、各时代古城分布重心的变化及其环境意义

毛乌素沙地中不同时代古城的分布,由北向南,呈现由老到新的变化趋势。两汉以前的古城在毛乌素全境都有分布,但在北纬37°37′15″~39°28′03″与东经107°21′52″~110°22′43″之间集中,其分布重心的地理位置为北纬38°38′06″和东经108°55′08″。唐时的古城比较集中于毛乌素沙地的南部与西南部,介于北纬37°28′03″~38°28′24″,东经106°38′01″~109°17′06″之间,中心地理位置为北纬38°02′49″和东经107°55′10″。五代至宋、西夏和元朝,除唐时的城池继续使用外,新筑的城池很少,呼和淖尔古城、三岔河古城、沙沙滩古城和车家渠古城,1个在毛乌素沙地的南缘,2

个在其北端,只有 1 个算是在中部。明清古城则集中地分布于长城内侧,界于北纬 37°29′11″~38°23′28″,东经 106°57′47″~109°50′50″之间,中心地理位置为北纬 37°54′11″和东经 107°45′07″。据此粗略估算,毛乌素沙地自汉代以来,严重沙漠化土地向西南或东南迁移约达 150km。

三、各时代古城的现状土地利用情况及其环境意义

毛乌素沙地中古城的保存状况与古城废弃的时间长短、城墙的坚固程度、人类后期活动的强度等有关,但在野外调查中发现,风沙危害强的古城,虽大段城墙被沙掩埋,但城垣尚可辨识;而风沙危害弱的古城,特别是有比较好的水源条件时,古城址往往成为耕地或牧草地,只留下支离破碎的痕迹,如碎瓦当、石碑残片等,这是人口众多与土地压力大使然。大多数两汉以前的古城址现今又被辟为耕地,主要靠井灌或旱作,土质较粗,开垦前似为平沙地,现今大多也没有严重的风沙危害。南北朝——唐以后的古城及两汉以后继续延用的古城,大多数受到流沙危害,其中如查干巴拉嘎素、包日古城、巴彦呼日呼古城、白城台古城等,几被风沙完全掩埋;统万城、三岔河古城等,流动沙丘也从北西方向形成半包围状,有的沙链已跃入城内,只有小片耕地分布;宥州古城和车家渠古城位于湖滩地上,未有沙化,耕地土壤为沙壤质;大池古城临近北大池,地势低洼,城内遍布白刺沙堆。明清古城堡遭受风沙危害情况不一而论,即便是严重积沙的城堡,周边也还有人口居住和耕地分布。从不同时代古城的积沙情况可以得到以下结论:其一,毛乌素沙地北部及腹地的积沙情况不及其南部;其二,秦汉以后越是人类强烈影响的区域,沙漠化问题越严重;其三,风沙危害程度较强的古城大多分布的位置偏南或偏东南,反应毛乌素沙地的沙漠化强

度有自北而南加剧的特点,这主要是沙物质在西北风作用下向东南搬运所至,包乐浩晓水利古城上世纪七、八十年代已完全积沙的北半部如今逐渐显露,似也能说明这个问题。

四、古城分布的局地条件及其环境意义

毛乌素沙地各时代的古城址显然都以"近水"为首要的选址条件。西汉时期,"朔方、西河、河西、酒泉皆引河及川谷以溉田"[70],沿河流川道有灌溉条件的地带自然成为城址布局之首选,毛乌素沙地的古城概莫能外,但是因为河滩地易被水患,而且从兼顾城池防御功能的角度考虑,将城池布局在河岸高阶地上,农田则分布在河滩或低阶地上,城池外也不似今日这般多积沙的环境。临湖分布的城池,当时应当布局在湖滩草甸上,距水岸不远,今天这些古城的积沙,与湖泊的缩小不无关系。如敖泊淖尔古城,一部分分布在缓慢倾斜的坡上,另一部分则在比较平坦的地面上,显然这曾是一个古老湖岸堤的上部,由古城向积水湖虽然再没有发现明显的湖岸堤,但至少说明自西汉建城时起,湖面就在缩小,而且缩小的原因主要是自然因素。

毛乌素沙地南北朝至宋元古城(图6-6),除白城子古城、杨桥畔古城、白城台古城临河或近河分布外,多数古城都是近湖分布的,这应当是一种出于畜牧业生产方式的明智选择,因为湖滩地周边地势平坦,有以干草原或草甸植被为主的广阔牧场,而河流两岸往往高山耸峙,不利于放牧。由于湖泊的萎缩,下湿滩地渐成干滩地,干滩地渐为风沙覆盖,"近湖"布局的选择,也是毛乌素沙地这一时期古城严重积沙或被沙掩埋的重要原因。

毛乌素沙地的明清城堡,特别是长城沿线的城堡在选址布局时,首先考虑军事防御作用,水源条件和防风防沙条件也在重点考

虑之列。因此,综合地看沿边明清城堡分布的局地条件,西南部以扼守边墙内侧,地近湖滩为特点;中南部则分布到白于山、横山北侧的黄土丘陵区边缘,多居于临河的高地上;东南部多居于边内一侧临河的山梁上,因地势高亢风大,本不易积沙,但在特殊的局地条件上,也会有风沙堆积。

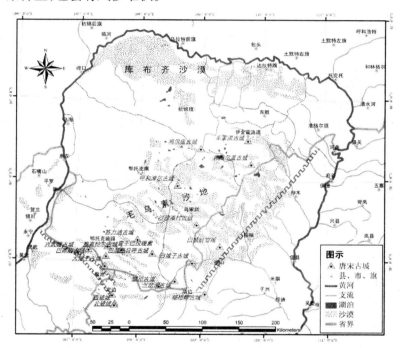

图6-6　南北朝-宋夏古城的分布

　　毛乌素沙地各时代古城中,但凡有严重积沙的,无一例外地表现为沙链由西侧或北侧跃入城内,土地沙化程度总是西北部甚于东南部,即使是西侧或北侧临近湖滩,如苏力迪古城,这种情形也非常明显。有轻度积沙的古城,则表现为古城之北墙和西墙外侧积沙程度较强,其他墙体部位较弱。结合包乐浩晓古城北半部近年来因沙丘南移而逐渐出露的情况,可以初步得到以下结论:西北风是毛乌素沙地风沙搬运的主要动力,沙物质因此被从西北方向——东南方向搬运堆积。

第六节　小结

　　研究毛乌素沙地历代古城的空间分布格局、局地布局条件、现状环境条件和土地利用情况,并结合相关的文献资料和考古发现,对该区域历史时期沙漠化的过程和原因,可以形成以下认识:

　　1、毛乌素沙地秦汉以后的两千多年中,在近河与近湖的地带一直有适合建城的局地环境,但毛乌素沙地大范围内确实经历了沙漠化过程,近2/3的汉代古城和绝大多数的唐宋古城都遭受风沙危害,其中以毛乌素沙地东南部和西南部的沙漠化程度比较严重,中南部、东部和北部地带次之。

　　2、毛乌素沙地历史时期主要有过三次沙漠化过程:第一次发生于东汉至南北朝时期,主要影响其中北部,在南部地区也有局部积沙;第二次发生于唐—宋元,主要影响毛乌素沙地的南部;第三次发生于明清时期,特别是十六世纪后期至十七世纪初期,主要表现为东南部长城及各城堡的严重积沙。依据各时代古城分布重心的变化,粗略估算出毛乌素沙地自汉代以来,严重沙漠化土地向西南或东南迁移约150km。

　　3、毛乌素沙地的土地沙漠化过程与湖沼的萎缩和消亡有直接对应关系,随着湖水面的缩小,湖泊外围的下湿滩地变为干滩地,原来的干滩地变为固定半固定沙丘地(植被则经历由中生草甸至盐生草甸,再到盐生或中生灌丛的演替),进而再演化为高大的流动沙丘。统万城唐代至宋夏时期逐渐"深陷沙漠之中",与其周边湖泊的干涸及渠道的湮废有关,也说明在这一时期经历的沙漠化过程与湖沼消亡呈反向对应关系。

4、毛乌素沙地的土地沙漠化过程同时与局地地形及局地风向有密切关系。明清以来,毛乌素沙地西南至中南部沿边一带的风沙并未整体向南侵袭,东南部一带则不然,体现了以西北风为主导的冬季风作用下,毛乌素沙地存在向东南扩张的趋势。

参考文献

1　邹逸麟:《中国历史人文地理》,科学出版社,2001年。

2　侯仁之:《从红柳河上的古城废墟看毛乌素沙漠的变迁》,《文物》,1973年第1期。

3　史念海:《河山集》(二集),三联书店,1981年。

4　王北辰:《西北历史地理论文集》,学苑出版社,2000年。

5　李并成:《河西走廊马营河、摆浪河下游的古城遗址及沙漠化过程初探》,《北京大学学报(历史地理专刊)》,1992年。

6、25　邓辉等:《从统万城的兴废看人类活动对生态环境脆弱地区的影响》,《中国历史地理论丛》,2001年第2期。

7、22　侯甬坚等:《北魏(AD386—534)鄂尔多斯高原的自然—人文景观》,《中国沙漠》,2001年第2期。

8　俎瑞平等:《2000年来塔里木盆地南缘绿洲环境演变》,《中国沙漠》,2001年第2期。

9　王乃昂等:《近2KaBP河西走廊沙漠化过程的气候与人文背景》,《中国沙漠》,2003年第1期。

10　《汉书》卷49《袁盎晁错传第十九》。

11　《汉书》卷28《地理志下》。

12　《读史方舆纪要》卷62《陕西十一》。

13　许成:《宁夏考古史地研究论集》,宁夏人民出版社,1989年。

14　陕西省考古研究所、榆林市文物保护研究所:《神木新华——河套地区前秦西汉时期文化生业与环境研究系统报告》,科学出版社,2005 年。

15　肖霞云等:《陕西红碱淖近百年来的孢粉记录及环境变化》,《湖泊科学》2005 年第
　　1 期。

16　李智佩、岳乐平、薛祥煦等:《毛乌素沙地东南部边缘不同成因类型土地沙漠化的
　　特征》,《地质学报》,2006 年第 5 期。

17、24　侯仁之:《从红柳河上的古城废墟看毛乌素沙漠的变迁》,《文物》,1973 年第 3
　　期。

18　陈喜波、韩光辉:《统万城名称考释》,《中国历史地理论丛》,2004 年第 13 期。

19、31　邓辉:《利用彩红外航空遥感影像对夏国都城统万城的再研究》,《考古》,2003
　　年第 1 期。

20　《太平御览》卷 555。

21、26　王尚义等:《统万城的兴废与毛乌素沙地之变迁》,《地理研究》,2001 年第 3
　　期。

23　吴洪琳:《大夏国史》,陕西师范大学博士学位论文,2005 年。

25　赵永复:《历史上毛乌素沙地的变迁问题》,见《历史地理(创刊号)》,1981 年。

27　陕西省文管会:《统万城址勘测记》,《考古》,1981 年。

28　史念海:《两千三百年来鄂尔多斯高原和河套平原农林牧地区的分布及其变迁》,
　　《北京师范大学学报(社会科学版)》,1980 年第 6 期。

29　张力仁:《大夏国都统万城的兴与衰》,见《统万城遗址综合研究》,三秦出版社,
　　2004 年。

30　据《北史》卷 93《列传第八十一》载:昌字还国,一名折,屈丐之第二子也。既僭位,
　　改年承光。太武闻屈丐死,诸子相攻,关中大乱,于是西伐。乃以轻骑一万八千,
　　济河袭昌。时冬至之日,昌宴飨,王师奄到,上下惊扰。车驾次于黑水;去其城三
　　十余里,昌乃出战。太武驰往击之,昌退走入城,未闭门,军士乘胜入其西宫,焚其
　　西门,夜宿城北。明日分军四出,徙万余家而还。另据《十六国春秋别传》卷 16
　　《夏录》载:赫连昌一名折,勃勃之第三子。身长八尺,魁岸美姿貌。勃勃薨,即位
　　于永安台,大赦,改真兴七年为永光元年。七月,杏城刘睹川有青石大如马头,浮
　　在水上,逆流而行,人见而送之。十月,魏乘虚来伐。三年五月,战于黑渠,为魏所
　　败。昌与数千骑奔还,魏追骑亦至,昌留河内公费连乌提守高平徙诸城民七万户
　　于安定以都之。四年二月,魏军至安定,攻城。三月,城溃,昌奔秦州,魏东平公鹅

青追擒之,送于魏。魏封昌秦王,尚始平公主,为魏所杀。

32　《读史方舆纪要》卷56《陕西七》。

33　《宋史》卷246《宋琪传》。

34　《续资治通鉴长编》卷500《元符元年》。

35、44、50　《嘉靖宁夏新志》卷1《边防》。

36　艾冲:《论唐代前期"河曲"地域各民族人口的数量与分布》,《民族研究》,2003年第2期。

37　王北辰:《唐代河曲的"六胡州"》,见《西北历史地理论文集》,学苑出版社,2000年。

38　穆渭生:《唐代宥州变迁的军事地理考察》,《中国历史地理论丛》,2003年第3期。

39　李琳:《唐代养马技术初探》,《文博》,1998年第5期。

40　王乃昂、何彤慧、黄银洲等:《六胡州古城址的发现及其环境意义》,《中国历史地理论丛》,2006年第3期。

41　《明经世文编》卷61。

42　《皇明九边考》卷1《镇戍通考》。

43、53　《读史方舆纪要》卷61《陕西十》。

45　赵永复:《再论历史上毛乌素沙地的变迁问题》,见《历史地理(第七辑)》,上海人民出版社,1990。

46　侯甬坚:《长城分布地带的生态指示意义——立足于沙漠－黄土边界带的观察》,《中国历史地理论丛》,2001年增刊。

47、51、52　齐之鸾:《东长城关记略》,见《嘉庆宁夏新志·艺文志》第十六下。

48　《明宪宗实录》卷97《成化七年》。

49、59　涂宗浚:《修复边垣扒除积沙疏》,见《明经世文编》卷448。

50　《明经世文编》卷448。

54　《延绥镇志》卷之一《地理志》。

55　侯仁之等:《风沙威胁不可怕,"榆林三迁"是谣传》,《考古》,1976年第2期。

56　《明史》卷227《列传第一百十五》。

57　《榆林府志》卷6《建置志》。

58　涂宗浚《议筑紧要台城疏》,见《明经世文编》,卷447。

60、62　韩昭庆:《明代毛乌素沙地变迁及其与周边地区垦殖的关系》,《中国社会科学》,2003 年第 5 期。

61　民国《榆林县志》卷 21《兵志》。

62　转引自韩昭庆:《明代毛乌素沙地变迁及其与周边地区垦殖的关系》,《中国社会科
　　学》,2003 年第 5 期。

63、64　转引自陈育宁:《宁夏地区沙漠化的历史演进考略》,《宁夏社会科学》,1993 年
　　　　第 3 期。

65、66　《嘉庆灵州志迹》16 上《艺文志》。

67　《明经世文编》卷 248《巡边总论一》。

68　《读史方舆纪要》卷 58《陕西七》。

69　魏焕:《巡边总论三》见《明经世文编》卷 250。

70　《史记》卷 29《河渠书》。

第 七 章

毛乌素沙地历史时期环境
状况的文献信息

第一节 秦汉至魏晋时期

唐代以前有关毛乌素沙地自然环境,的确很少有反面的记载,多为褒扬溢美之句。描述秦汉时期鄂尔多斯风土环境说法基本上都出自《后汉书》卷77《西羌传》,文中引虞诩上疏之言:

> 《禹贡》雍州之域,厥田惟上。且沃野千里,谷稼殷积,又有龟兹盐池,以为民利。水草丰美,土宜产牧,牛马衔尾,群羊塞道。北阻山河,乘厄险。因渠以溉,水春河漕。用功省少,而军粮饶足。故孝武皇帝及光武筑朔方,开西河,置上郡,皆为此也。

《后汉书·货殖列传》也云:"上郡、北地、安定三郡,土广人稀,饶谷多畜。"然而张家山汉简《二年律令》中却有"上郡地恶"之说,王子今对比张仪"韩地险恶"之说来理解"上郡地恶",认为此说当指其地形与气候等诸方面条件不利于农耕经济的发展;又以

《汉书·沟洫志》中所谓"恶地"为不"得水"之地来比对,认为"上郡"大致也如此[1]。

细究史料,也有一些有关该区域环境较差的记载往往被忽略,如《史记·袁盎晁错传》中所记晁错上言中,称

> 夫胡貉之地,积阴之处也,木皮三寸,冰厚六尺,食肉而饮酪,其人密理,鸟兽氄毛,其性能寒。
>
> 胡人衣食之业不著于地……如飞鸟走兽于广野,美草甘水则止,草尽水竭则移。

很显然,汉代匈奴居地也是寒冷、植被低矮、草场脆弱之环境。《史记·货殖列传》中称:

> 天水、陇西、北地、上郡与关中同俗,然西有羌中之利,北有戎翟之畜,畜牧为天下饶。然地亦穷险,唯京师要其道。

其中"地亦穷险"的"穷"字既有"极端"之义,也有"贫困"之义,不排除其中有双关意思。

南北朝时期,大夏国主赫连勃勃曾发出"美哉斯阜!临广泽而带清流。吾行地多矣,自马岭以北,大河以南,未有若此之善者也"[2]的感慨,并因此选定国都统万城建城之地。方家通常认为,这是对毛乌素沙地南端十六国时期自然环境的真实写照,但从文中可知,赫连勃勃选择的建都之地实为整个河曲以内少有的环境优越之处,马岭在今甘肃省环县,此段记载说明环县以北从白于山至今内蒙古河套地区,在十六国时期环境优越之地已很少见,而且只是因为临湖泽水域又接清澈水流,即为难得一见的高地。《水经注》卷3《河水注》记载:

汉破羌将军段颎破羌于奢延泽,虏走洛川。洛川在
南,俗因县土谓之奢延水,又谓之朔方水矣。东北流,径
其县故城南。王莽之奢节也。赫连龙升七年,于是水之
北,黑水之南,遣将作大匠梁公叱干阿利改筑大城,名曰
统万城。

由此可知,"广泽"即为《汉书·地理志》中所记奢延泽,"清
流"即为无定河的上源红柳河。城川古湖通常被认为是奢延
泽[3-4],由此可见,奢延泽在西汉至魏晋至少是一个东西延展60km
的大湖。十六国时期,在该大湖东南隅的台地上筑统万城;隋唐时
统万城为朔方郡或夏州所在,但史书都未记录其邻湖,说明湖泊已
缩小或干涸。古奢延泽从汉代以来经历了不断萎缩的过程,湖岸
台地上的自然环境也不断恶化,由汉魏时期的水泽草地,逐渐成为
毛乌素沙地南缘的一个大沙带。

《魏书》卷110《食货志》称:"世祖之平统万,定秦陇,以河西
水草善,乃以为牧地。""河西"指今山陕黄河以西之地,说明至5~
6世纪时,毛乌素沙地区确有很好的水草条件,是畜牧业的优良牧
场。据《魏书》卷38《刁雍传》记载:太平真君七年(446),北魏在
薄骨律镇(今宁夏灵武市)的屯田取得很大成功,政府下令由高
平、安定、统万及薄骨律四镇共出车5000乘,将屯谷五十万斛,调
给军粮匮乏的沃野镇。沃野镇位于今内蒙古临河市一带,与薄骨
律镇同在黄河主流线东侧,沿黄河直向北行即可将军粮运到。镇
将刁雍受命后先用车载粮,但"道多深沙,车牛艰阻",于是刁雍建
议"于牵屯山河水之次,造船二百艘",结果运粮60万斛,从而受
到北魏皇帝的嘉奖。刁雍改车载运粮为船载运粮,从侧面说明今
宁夏河套的东缘,即毛乌素沙地的西缘,在北魏初期已有严重的土
地沙漠化。郦道元的《水经注》成书于520年~524年间,书中记

载了鄂尔多斯地区的三条沙带,其中一条就在汉虎猛县、高望县一带,即今之乌审旗北至伊金霍洛旗,也是今日毛乌素沙地的腹地[5-6]。这说明至北魏末期,毛乌素沙地虽然还是有大片丰富的草地水泽,但积沙问题已经存在,现今毛乌素沙地的刍形已出现。

第二节　隋唐至宋元时期

隋祚短促,将统万城立为朔方郡后不久,即为梁师都割据。唐贞观元年(627),太宗派遣夏州长史刘旻、司马刘兰攻打盘踞于夏州一带的梁师都时,采用"频选轻骑践其禾稼,城中渐虚"[7]的战略,说明唐初夏州一带是有农耕活动的,中唐以后显示"农桑事全无",可以想见当时干旱与风沙危害之重。夏州一带的人类活动频见于史籍与边塞诗中,文献反应唐代该区域已存在沙漠化问题,而且沙漠化过程有明显的加重趋势(表7-1)。

夏州以西的宥州一带,唐初是所谓"六胡州"。调露年间,因诗文而名世的李峤曾受武则天命督筑六胡州城,完工之后有感而为诗,题为《奉使筑朔方六州城率尔而作》,诗中言到:"雄视沙漠垂,有截北海阳……驱车登崇墉,顾眄凌大荒。千里何萧条,草木自悲凉……马牛被路隅,锋镝销战场……。"[8]中唐诗人李益随军行至六胡州一带时也多有诗作,传世下来的有一首题为《从军夜次六胡北饮马磨剑石为祝殇辞》,诗曰:"我行空碛,见沙之磷磷,与草之幂幂,半没胡儿磨剑石。当时洗剑血成川,至今草与沙皆赤……为之弹剑作哀吟,风沙四起云沈沈。"另一首题为《登夏州城观送行人赋得六州胡儿歌》,诗中称:"六州胡儿六蕃语,十岁骑羊逐沙鼠。沙头牧马孤雁飞……故国关山无限路,风沙满眼堪断魂。"以上三首诗都生动地体现六胡州一带多积沙的自然环境,也能证明马、牛为其时其地的主要牧畜。其中李峤诗中"顾眄凌大荒"一句,"顾眄"意即"往回看"或"回头看","凌"意为"邻近""或往下看",此句表明回首一望(应为北望)荒凉之地尽在眼前,结合"雄视沙漠垂"一句,可以断定,这邻近的荒凉之地即为沙漠("垂"意为"近"),说明六胡州城当初就筑在沙地的边缘,唐初毛乌素沙地的沙带已分布到今鄂托克前旗中南部。

表 7 – 1　唐代夏州沙漠化的历史记载

历史记录	时段	出处
无定河边数株柳……风沙满眼堪断魂。	大历年间(766~779)	李益:《登夏州城观送行人赋得六州胡儿歌》,《全唐诗》卷282
夏州沙碛,无树艺生业。	贞元十四年(789)	《新唐书》卷141《韩全义传》
夏州大风,飞沙为堆,高及城碟。	长庆二年(822)十月	《新唐书》卷35《五行志》
夏之属土,广长几千里,皆流沙。属民皆杂虏,虏之多者为党项,相聚为落为野,曰部落。其所全无农桑事,畜马、牛、羊、橐、驼。	约为中唐时期,沈亚之为元和十年(815)进士	沈亚之:《全唐文·夏平》卷737
迢递河边路,苍茫塞上城。沙寒无宿雁,虏近少闲兵。	元和~开成年间(806~840)	姚合:《送李侍御过夏州卷》,《全唐诗》卷496
茫茫沙漠广,渐远赫连城。	咸通年间(860~873)	许棠:《夏州道中》,(李熙龄)《榆林府志》

　　毛乌素沙地东北部属胜州辖境,据《新唐书·五行志二》记载:唐高宗永淳元年(682),"岚、胜州兔害稼,千万为群,食苗尽,兔亦不复见。"上述史料记载了一起野兔种群爆发事件,在我国黄土高原地区的森林草原或草原生态系统中,这类生态系统波动事件至今也频繁发生,往往与气候的干湿变化有关,通常在经历几个持续干旱年以后,草食和肉食动物种群缩小,湿润年份来临以后,生育周期短的啮齿类动物因缺少天敌而大量繁衍,破坏草原和农田,形成危害。由此说明,唐代毛乌素沙地东北部为草原或森林草原地带,这里存在着降水量的波动变化以及引发的生态系统年际变化。

　　唐末、十六国至宋,毛乌素沙地为党项羌人所割据。太平兴国六年(981)五月,宋太宗派遣供奉官王延德等出使高昌(今吐鲁番),其行走路线是至统万城后,向西北穿越鄂尔多斯,大约在今磴口一带过黄河,越乌兰布和沙漠,穿腾格里沙漠,过走廊北山后出玉门关。雍熙元年(984)四月,王延德等回到京城后叙述其路途,在今鄂尔多斯一带,

> 初自夏州历玉亭镇,次历黄羊平,其地平而产黄羊。渡沙碛,无水,行人皆载水。凡二日至都啰啰族,汉使过者,遗以财货,谓之打当。次历茅女口冏子族,族临黄河,以羊皮为囊,吹气实之浮于水,或以橐驼牵木伐而渡。

进入乌兰布和沙漠后,

> 次历茅女王子开道族,行入六窠沙,沙深三尺,马不能行,行者皆乘橐驼。不育五谷,沙中生草名登相,收之以食。[9]

　　由上文可知,统万城至玉亭镇(亦称王亭镇)一带尚无严重积沙,玉亭镇北的黄羊平一带地势平坦并有黄羊出没,然后用了两天时间穿过一片沙碛之地,可见当时沙地的面积已经相当大了,但是积沙程度可能不及乌兰布和沙漠,因为后者"沙深三尺,马不能行",前者显然马匹尚能行走其上。笔者以为王延德所说的黄羊平西北的这片大沙碛即是库布齐沙漠的前身——破纳沙,这也基本有公论。因为王延德所走的驿路必然是当时最好走的路,虽然《水经注》记载夏州西北已有积沙,但王延德等从夏州出来的前两日可能主要是穿行在河道、湖群中的,并未称行走于沙碛中,后来穿越沙碛实是不可避免。中唐诗人李益的《渡破纳沙》一诗有云:

　　　　眼见风来沙旋移,经年不省草生时;莫言塞北无春到,纵有春来何处知?

　　可见当时的破纳沙(今库布齐沙漠)已是不生寸草的流动沙地。

　　纵览相关史料,可以辑录出有关毛乌素沙地的宋夏时期环境状况的信息(表7-2),从中能够得出以下结论:①毛乌素沙地所在的夏、绥、银、宥、静一带总体是"沙碛不毛"之地,个别地域环境相对较好;②横山山脉是时尚有以丛生的柏树连片分布(疑为臭柏或千头柏),其北界是毛乌素沙地的南界;③毛乌素沙地内尚有局部适宜畜牧的土地,如地斤泽、宥州一带,但湖泽滩地外围则为沙地;④植被在横山一带有柏树林,东北部窟野河流域有松、柏类,农作物种类少且尽为耐寒旱的杂粮,救荒草可考的也都是该区域现今的地产种。

　　元代毛乌素沙地一带有关地理环境的记载不多,总体上来看,在蒙元王朝广大的属地上,鄂尔多斯一带拥有最上乘的牧业用地,因而成为王室封地,还是所谓"太平江山永居之地,衰落王朝复兴之邦。花角金鹿嬉戏之所,白发老者安眠之乡"。虽然传说和史实都反应鄂尔多斯元代的自然环境之优越是漠南、漠北广大地域无法比拟的,但没有找到更多的史料显示其自然环境较之其前代或明清如何。

　　自然灾害,特别是旱灾的发生频率,也是环境变化的表征。王天顺根据《内蒙古历代自然灾害史料》、《伊克昭盟志》等辑录的条目,发现自唐僖宗中和二年(882)"关内道大饥,饿死人甚众"以后,伊盟地区大旱至灾的年份增多,出现频率加快。从 966～1097 年的 131 年间,差不多包括北宋一代,大灾共有 23 次,平均 5.7 年一次。有时候连续干旱三年,灾情不稍减。如 990 年,伊盟南部大旱,民无食;992 年伊盟东部南部饥荒;997 年夏州饥;998 年夏州大旱;1002 年夏州又旱,自上年 8 月不雨,"谷尽不登,至是旱益甚";1003 年夏,银、夏、宥三州饥,"三州荒旱,饥馑相望"。元时旱灾更加频繁,尤其是元朝末年,几乎 2～3 年就有一次大旱。从元仁宗延祐六年(1319)至泰定二年(1325)连续 7 年,伊盟地区都有大旱的记录。隔了 2 年,到至和元年(1328)又有"陕西大旱、人相食",又隔 1 年,至顺元年(1330)7 月,大同路(辖伊盟东部和北部)至宁夏是月不雨,鄂尔多斯"畜牧多死"。翌年(1331)河套普遍大饥荒。史载"察罕脑儿蒙古饥","四月,大同路属县皆旱,不能种"。"七月,东胜州旱,大同路累岁大旱,民大饥"。旱灾频频地降临,直至元朝灭亡之后[10]。

表 7 – 2　历史文献中有关毛乌素沙地宋夏时期环境状况的表述

	文献记载	出处
环境严酷的表述	盐南距鄜、延,北连丰、会。厥土多荒隙,是前汉呼韩邪所处河南之地,幅员千里。从银夏至青、白两池,地惟沙碛,俗谓平夏。	《宋史》卷264《宋琪传》
	横山一带两不耕地,无不膏腴,过此即沙碛不毛。	《长编》卷347(元丰七年[1034]吕惠卿说)
	横山之北,沙漠隔限。	《资治通鉴长编》卷469(元祐七年)
	自前年复葭芦,去年筑神泉,今年筑乌龙,通接鄜延,稍相屏蔽。今又北自银城,南自神泉,幅员数百里间,楼橹相望,鸡犬相闻,横山之腴,尽复汉土,斥堠所及,深入不毛。	《长编》卷514
	灵州及通远军皆言赵保吉攻围诸寨,侵掠居民,焚积聚。上闻之,怒曰:"保吉叛涣沙碛中十年矣,朝廷始务含容,赐以国姓,授以观察使,赐予加等,俸人优厚,仍通其关市,又以绥、宥州委其弟兄,可谓恩宠俱隆矣。乃敢如是,朕今决意讨之。"	《续资治通鉴长编》卷35(淳化五年[994]春正月)
	裨将侯延广等议诛保忠及出兵追保吉,继隆曰:"保忠几上肉耳,当请于天子。今保吉远窜,千里穷碛,难于转饷。宜养威持重,未易轻举地。"	《续资治通鉴》卷17
	灵、夏并隔沙碛,川原平坦。	《西夏书事》卷5
	夏国宥州界,并沙渍,地卑湿,掘丈余则有水,若因大风,寻复湮塞。	《武经备要·边防》

（续表）

	文献记载	出处
环境严酷的表述	朝廷出师常为西（夏）人所困者，以出界便入沙漠之地，七八程乃至灵州，既无水草，又无人烟，未及见敌，我师已困矣。西人之来，虽已涉沙碛，乃在其境内，每于横山聚兵就粮，因以犯塞，稍入吾境，必有所获。	《续资治通鉴长编》卷500
	尹宪与曹光实计曰：地斥四面沙碛，兵难骤进。	《西夏书事》卷4
	予尝过无定河，活沙，人马履之，百步之外皆动，澒澒然如人行幕上。其下足处虽甚坚，若遇其一陷，则人马驰车，应时皆没，至有数百人平陷无子遗者。或谓：此即流沙也。又谓：沙随风流，谓之流沙……	《梦溪笔谈》卷3
	夏州唯一邮，有槐树数株。盐州或要叶，行牒求之。	《太平广记》卷460《草木一》
	逐水草牧畜，无定居。衣皮毛，事畜牧，蕃性所便。	《宋史·夏国传》
	夏州荒土，羌户零星，在大宋为偏隅，于渺躬为世守。	《西夏书事》卷5（至道元年[995]六月条）
	上以为夏州深在沙漠，本奸雄窃取之地。	《续资沼通鉴长编》卷35（淳化五年[994]）
	旧宥州地平难守，兼在沙碛，土无所出。	《太平治迹统类》卷15《徐禧等筑永乐》
	银、夏等州蕃落使李继迁，驰声沙漠，袭庆旌旗……。	《西夏纪事本末》卷2
	西北少五谷，军兴，粮馈止于大麦、荜豆、青麻子之类。其民则春食鼓子蔓、碱蓬子，夏食苁蓉苗、小芜荑、秋食席鸡子、地黄叶。登厢草、冬则畜沙葱、野韭、拒霜、灰条子、白蒿、碱松子，以为岁计。	《西夏传·隆平集》卷30
	盐州"以牧养牛、羊为业"，"地居沙卤，无果木，不植桑麻，唯有盐池"。	《太平寰宇记》卷37

（续表）

	文献记载	出处
环境比较优越的表述	宋兵遍驻银、夏，势难与争。宥州富庶，恃横山为界，若诱诸部并力图之，扼险观变，亦克复之策也。	《西夏书事》卷4
	继迁攻宥州不胜，仍驻地斥泽，地斥善水草，便畜牧，生聚渐众。	《宋史·党项传》《西夏书事》卷4
	自麟、延以北，多土山柏林。	《宋史》卷264《宋琪传》

第三节　明清以来

朱明王朝开国以后，在鄂尔多斯地区的屯垦活动似不甚成功，文献记载这与当时气候寒冷有很大关系，如洪武末年，东胜卫因"天气旱寒"，"田谷少获"[11]。有明一代，毛乌素沙地已经存在，对此前论已充分说明，但问题是明边墙一线是否已为沙漠还有很大争议，因为余子俊在主持修筑成化墙时依据的原则是"草茂之地，筑之于内……沙碛之地，筑之于外"[12]，故而给依据文献推演地理环境的研究者们造成印象，认为明边墙的修筑在当时是划出了一条草原与荒漠的分界线，笔者在以前也一直持有这样的观点。然而实地考察发现，明边墙的确有分界作用，从宁夏后卫至定边、靖边一带，明边墙在很多地段就是平沙地与流动或固定半固定沙丘的分界，但所谓"草茂之地"应当是指湖滩草地，明边墙有沿湖泊草滩延伸的特点，而且较之边墙外，边墙内的湖滩草地（包括干滩地）确实比边墙外面积大，积沙则比较轻。

翻捡历史文献,虽然有一些资料证明边墙有分界沙地与草原作用,更多的资料则显示边墙内外均为沙碛之地。如《读史方舆纪要》卷62记:

> 明自河套有事后,花马池为西陲肘腋之患。南扰则祸在庆环;西掠则忧在平固;西北则瞰灵州、阻宁夏,故防维为最切。弘治中,制臣杨一清言:花马池东至延绥安边营,西至宁夏黄河边横城堡,横亘四百余里。黄沙野草,弥望无际,无高山巨壑为之阻限,非创筑边墙,不足以御腹心之患。从之。正德以后,屯戍日密。议者犹谓宜择便利之地,大建城堡,增设将领,分屯重兵于清水兴武等营。令三百里间,旗帜相望,刁斗相闻。又于铁柱泉水草大路,尽建墩堡,断其出入之径,始为制驭良策耳。

同卷兴武营条下载:

> 兴武守御千户所在镇东南三百二十里。东至花马池百二十里,西至横城堡百四十里。其间沙漠平漫,向为寇径。正统九年,置兴武营。正德初,改置兴武守御千户所。所城周三里有奇,今设兴武营。

《嘉靖宁夏新志》卷1《宁夏总镇·边防》条下记,至嘉靖年间,河东墙已是"沙壅水决,鲜有完整"。又如《明经世文编》卷447记,延绥一带为"沙碛之场,不患无地,而患无人,或旱干不时,胡马蹂躏,报开什一,称荒什九。守边军丁,坐食月饷,不肯出力"。由是说明,延绥镇在边墙内的屯地,也是在沙地中开发出来的,由于开垦不易,灾害频繁,军屯并不很成功。据《明史·食货志》载,到了明朝后期,在长城沿线的"屯地或变为斥卤、沙碛",显示大规模的垦殖已引起土地盐渍化与沙漠化问题。

　　明代宁夏后卫一带的屯地均选在有水泉灌溉的区域,如在铁柱泉、梁家泉、野狐井一带筑城守泉,垦地牧畜;在大沙井、东湖一带的垦殖等。《读史方舆纪要》卷62载:

> 东湖,所(韦州千户所,位于今宁夏同心县韦州镇)东三十里。湖北三里,又有鸳鸯湖,互相萦注。所境田畴,多藉以灌溉。

　　可见东湖和鸳鸯湖是两个水源贯通的湖泊,两者的湖水均可溉田,必然有稳定的淡水补给,或为泉水,或为大罗山下泄的溪流。至清末民初,东湖和鸳鸯湖均已基本消亡,田地荒芜,地表积沙,但因地下水位较高,尚存在很好的芨芨草草原,直到近二三十年才出来沙丘连绵的景观,说明水环境恶化与沙漠化有密切的关系。成书于康熙十二年(1673)的《延绥镇志》记载当时常乐堡以北也有一处鸳鸯湖,但道光年间成书的《榆林府志》中未见记载。

　　明代的史料对毛乌素沙地,特别是沙地南缘的自然环境记载颇多,其中风沙危害是最突出的环境问题,在修筑墩台和边墙之季,就不可避免地考虑到防沙、避沙问题,边墙城堡建成以后又程度不同地存在着扒沙除沙问题,自宁夏后卫至榆林卫长城沿线的40余个城堡,很多都有扒除积沙的记载,如前述榆林卫城、常乐堡、响水堡、威武堡、保宁堡及花马池一带诸城堡,如涂宗浚的《修复边垣扒除沙疏》记载,在延绥中路一带,"边墙三百余里自隆庆末年创筑,楼橹相望,雄谍相连,屹然为一路险阻。万历二年以来,风雍沙积,日甚一日,高者至于埋没墩台,卑者亦如大堤长坂,一望黄沙,漫衍无际,筹边者屡议扒除,以工费浩大,竟尔中止"[13]。宁夏后卫也有类似情景,具体情况本文第六章已论及,此处不赘言。其他关于毛乌素自然环境的描述(表7-3),也多显示其为沙漠和环境渐趋干旱。

表7-3　历史文献中有关毛乌素沙地明清时期环境状况的表述

	文献记载	出处
环境严酷的表述	宁夏城池、屯堡、营墩俱在黄河之外，备御西北一带，其河道以东至察罕脑儿直抵绥德，沙漠广远，并无守备。	《明英宗实录》卷25（此为宁夏总兵官都督史昭的奏章所记）
	陕西地界与东胜及察罕脑儿一带沙漠相连。	《明英宗实录》卷25（此为陕西都督同知郑铭奏章所记）
	兴武守御千户所在镇东南三百二十里。东至花马池百二十里，西至横城堡百四十里。其间沙漠平漫，向为寇径。	《嘉靖宁夏新志》卷1《边防》
	镇城四望黄沙，不产五谷。	《读史方舆纪要》卷61《陕西十》
	天气寒旱，田谷少获。	《明洪武实录》洪武二十八年三月己亥
	镇城一望黄沙，弥漫无际，寸草不生，猝遇大风，即有一二可耕之地，曾不终朝，尽为砂碛，疆界茫然。至于河水横流，东西冲陷者往往有之……照得该镇地方，高仰者岗阜相连，卑下者沙石相半，其间称为腴田，岁堪耕牧者十之二三耳。且天时难必，水利不兴。雨或愆期，则束手无从效力。	《明经世文编》卷359《清理延绥屯田疏》
	保宁（堡）、波罗（堡）相去八十里，中虽有响水一堡，去边七十里。旧恃无定河为限，所虑者冰坚之时耳。今河水浅不足恃，宜于保宁波罗之间添置一堡。	《延绥镇志》卷1《地理》
	保宁（堡）昔称水泽之区，年来潴水渐涸，马无所饮。	《延绥镇志》卷1《地理》（此为刘敏宽所言）
	（保宁）堡为水泽之区，迩来潴水渐涸，马无所饮，其若之何？	《秦边纪略》卷1

（续表）

文献记载		出处
环境严酷的表述	从保德州渡河而西,黄沙极目,朔风猎猎。	《延绥镇志》卷2
	陕北蒙地,远逊晋边,周围千里,大约明沙、扒拉、碱滩、柳勃居十之七八。有草之地仅十之二三。明沙者细沙飞流,往往横亘数千里;扒拉者,沙滩陡起,忽高忽陷,累万累千。	《靖边县志》卷4
	蒙地沙多土少,地瘠天寒,山穷水稀,夏月飞霜。	同上
	延绥迤北沙漠之地,烈风震荡,沙石簸扬,各为坡阜,人马驰逐者,患苦之。	《皇明世法录》卷67
	延绥东接山西偏头关,西连花马池,沙漠二千余里。	同上
	延镇东起黄甫川,西止定边营,边长地远,为套房充斥之地……而又以地多沙漠,种植为难。	《九边图说·延绥镇图说》
环境良好的表述	河套之地,饶水草,宜五谷,本吾内地,初非寇巢。国初舍受降而卫东胜,已失二面之险;又辍东胜以就延绥,则以一面之地遮千余里之冲,遂使套中六七千里之沃壤为寇匜脱,外险尽失,宁夏屯卒反备南河。此陕西边患所以相寻而不可解也。	《读史方舆纪要》卷61《陕西十》
	今守榆林,乃养敌于套中,诚不知计所出也。又套以内,地广田腴,亦有盐池海子。初时敌少过河,军士多耕牧套内,益以樵采围猎之利,故诸堡皆称丰庶。自套内益炽,诸利尽失。	同上
	套内地广田腴,有盐池、海子。葭州等民多出墩外种食。	《明史》卷58
	河套之中,地方千里,草木茂盛,禽兽繁多。	转引自《明史》

1697年康熙皇帝亲征噶尔丹时,曾派主事萨哈连打前站。萨哈连在汇报中涉及榆林、宁夏一带的道路情况时,说:

自神木出边至榆林,共三百二十里,凡五宿,俱砂路。

> 自榆林至横城，共七百三十余里，分为十宿，水甚少，路有大砂。又有沿边外至安边一路，共四百七十余里，凡七宿，路虽小有砂，而水草足用。[14]

康熙皇帝在毛乌素南缘的行军路线大抵是从榆林沿无定河西行，经海流兔河西行至城川一带，而后向南进入安边堡，向西至定边，再沿边墙至宁夏横城堡。上述记载说明清初毛乌素沙地南缘边墙内外已有严重的风沙堆积，东南缘的神木、榆林一带，积沙情形较之今日似乎有过之而无不及。

清代榆林地区与蒙境间五十里黑界地中，已有积沙。放垦前蒙古王爷派出钦差至榆林踏勘，

> 得各县口外地土，即于五十里界内，有沙者以三十里立界；无沙者以二十里立界，准令民人租种。其租项，按牛一犋，征粟一石，草四束，折银五钱四分，给与蒙古属下，养赡。[15]

清后期放垦的土地，更是以沙地为多，故有曰"大抵屯人所占之地，即里民所荒之地"之说[16]。

据王晗研究，清代陕北长城外伙盘地土地垦殖可分为 4 个阶段，即明末清初的封禁期；康熙三十六年（1697）至乾隆六年（1741）的招垦期；乾隆七年（1742）至光绪二十八年（1902）的禁垦期和光绪二十八年（1902）至宣统三年（1911）的拓垦期。并认为陕北长城外伙盘地在清前期以下湿草滩地、干滩地为主；中期以下湿草滩地、干滩地、沙地居多，晚期拓垦期与其他时期相比，则以沙地为主[17]。农业大量开耕滩地，引河水或凿井灌溉，势必造成河流入湖水量的减少和地下水位的下降，从清代至民国，榆林境内有 80 多个海子名存实亡，变为滩地。

毛乌素沙地南缘和东缘诸县,清代和民国时期已基本形成目前这样的沙漠景观,风沙危害情况甚至甚于现代。如清代嘉庆《葭州志》记:"葭州北临沙漠,风气最寒。"民国《续修陕西通志稿》卷196记载神木县"境内山多水少,四面沉沙"。同卷记载榆林一带是"沙漠之区,土田硗瘠,户鲜善藏"。光绪《靖边县志稿》卷4《艺文志》记载其县域"地居沙漠,民鲜善藏。天时则寒早温迟,地势则山多水少……地土不肥,多不收成"。又载其多处都有明沙、扒拉,按丁锡奎的说法,"明沙者细沙飞流,往往横亘数千里;扒拉者,沙滩陡起,忽高忽陷,累万累千",说明流动和固定半固定沙丘已随处可见。

鄂尔多斯地区自古就有"三年一小旱,七年一大旱"的民谚,与统计资料大致吻合。《伊克照盟志》辑录的材料显示,近500年间大旱65次,约7~8年发生一次,旱年共133次,平均3~4年发生一次。20世纪50年代以来,毛乌素沙地自然环境变化过程主要体现为流动沙地、半固定沙地面积大幅度增加,固定沙地面积迅速减少;农田面积明显增加,草原、柳湾和盐湿低地等面积显著减少。50年代时还呈现流动沙地和固定沙地各占半壁的状况,但此后流动沙地不断蚕食固定和半固定沙地,至90年代形成流动沙地占绝对优势的局面。

第四节　小结

文献记载能够形象地反演毛乌素沙地的环境变化过程。秦汉时期,毛乌素沙地大体上还是土地良沃之地,但生态环境远比不上关中甚至渭北等地;魏晋南北朝时期这一区域即有沙带出现,环境优越并适于建城的地点已很难见到;隋唐时期毛乌素沙地的风沙危害更加很严重,人口比较集中地分布在区域南部,而且存在着植被日益退化、风沙日益严重的趋势;宋夏时期是历史时期毛乌素沙地风沙危害最严重的时期,风沙堆积的南界已至今甘肃庆阳地区,农耕带也向宋夏边界一带移动,毛乌素沙地内只有夏州和宥州一带尚可农耕,畜牧业也集中到安庆泽、地斤泽等较大的湖泽区;元代毛乌素沙地的环境状况比之塞北地区优越,但具体情形缺乏记载;明清以来沙漠化土地已延伸至明长墙一线,从延绥中路之常乐堡至威武堡一带甚至延至边内,而且明代的军屯土地和清代的放垦土地,很大一部分都是沙化土地。

　　自秦汉以来鄂尔多斯地区的自然灾害发生频度也是很好的环境变化指标,尤其是其中的寒灾、旱灾发生频度,与环境恶化情况呈正比关系。由于早期缺乏史志记载,我们无法了解唐以前该地区的灾害的整体情况。已有的文献记录显示,北宋、金元、明代中后期是鄂尔多斯和榆林地区灾害频仍的时期。

参考文献

1　王子今:《说"上郡地恶"——张家山汉简〈二年律令〉研读札记》,见《张家山汉简〈二年律令〉研究文集》,广西师范大学出版社,2007 年。

2　《太平御览》卷 555。

3　侯仁之:《从红柳河上的古城废墟看毛乌素沙漠的变迁》,《文物》,1973 年第 1 期。

4　曾昭璇:《历史地貌学浅论》,科学出版社,1985 年。

5　赵永复:《再论历史上毛乌素沙地的变迁问题》,见《历史地理(第七辑)》,上海人民出版社,1990。

6　王尚义:《历史时期鄂尔多斯高原农牧业的交替及其对自然环境的影响》,见《历史地理(第五辑)》,上海人民出版社,1987 年。

7　《旧唐书》卷 56《列传第六》。

8　《奉使筑朔方六州城率尔而作》载于《全唐诗》卷 57 – 5,全诗如下:奉诏受边服,总徒筑朔方。驱彼犬羊族,正此戎夏疆。子来多悦豫,王事宁怠遑。三旬无愆期,百

雉郁相望。雄视沙漠垂,有截北海阳。二庭已顿颡,五岭尽来王。驱车登崇墉,顾
眄凌大荒。千里何萧条,草木自悲凉。凭轼讯古今,慨焉感兴亡。汉障缘河远,秦
城入海长。顾无庙堂策,贻此中夏殃。道隐前业衰,运开今化昌。制为百王式,举
合千载防。马牛被路隅,锋镝销战场。岂不怀贤劳,所图在永康。王事何为者,称
代陈颂章。

9　《宋史》卷490《外国六》。

10　王天顺:《河套史》,人民出版社,2006 年。

11　转引自肖瑞铃等:《万历间延绥中路边墙流沙猖獗原因探析》,《内蒙古大学学报
(人文社会科学版)》,2005 年第 1 期。

12　余子俊:《地方事》,见《明实录》卷 61。

13　涂宗浚:《修复边垣扒除积沙疏》,见《明经世文编》卷 448。

14　《清圣祖实录》卷 181。

15　(道光)《神木县志》卷 3《建置志·上》。

16　转引自韩昭庆:《清末西垦对毛乌素沙地的影响》,《地理科学》,2006 年第 6 期。

17　王晗:《1644 至 1911 年陕北长城外伙盘地垦殖时空特征分析——以榆林金鸡滩乡
为例》,《干旱地区农业研究》,2006 年第 3 期。

第 八 章

地名揭示的毛乌素沙地环境变迁

今天的毛乌素沙地是"人造沙漠"还是"天然沙漠",抑或是双重因素共同作用的结果,不同的论点起因于不同的论据和对同一资料的不同理解。用科学的方法系统分析前人的论据,重新挖掘新的证据,是澄清问题的重要手段。本章将尝试用地名方面的史料,抽丝剥茧,对毛乌素沙地历史时期的环境及其变迁进行进一步的分析。

19世纪俄国地理学家谢苗诺夫－天山斯基（Семθнов－Тян－ШанскийП.П.,1827～1914）说:"如果仔细地追溯一个定居区域的地名,尽管这一地理区域自然地理景色不止一次地遭受过深重的灾难,那么根据这些地名,在许多情况下就可以复原古代这些地方的原始景观。"[1]利用地名恢复历史时期地理景观的方法,被称为"地名学与语汇学方法",是历史地理学的一个重要的研究方法。

第一节　有"沙"字含义的地名及其环境意义

"沙"作为地名通名的时代可以追溯至汉代,《汉书·地理志》中出现的 38 个地名通名中即有"沙"字。由于我国地名命名中长期以来同时贯彻墨子"取实予名"的原则和旬子"约定俗成"的原则[2],故此认为有"沙"字的地名很大程度上是因为其地有真实的积沙,虽然不能指示所在区域是沙地或沙漠,但如果与之连用的地名专名有特殊的地形地物方面的含义的话,至少说明积沙在一定地点的真实存在。如《汉书·地理志》中所载的云中郡沙南县,位置就在鄂尔多斯的东北部,据考证应为今十二连城古城,反映其城以北汉时已有沙带。

郦道元(约 466~527)在《水经注》卷 3 中,记述了毛乌素沙地几个有"沙"的地名,一曰"沙陵",称"诸次水自诸次山东历沙陵,届龟兹西北",而且黑水也"出奢延县黑涧,东南历沙陵注奢延水"。诸次之水和黑水前文已分别比定为榆溪河与纳林河,"陵"为山冈、丘陵之意,表明当时此 2 条河的上中游已有沙丘,位置相当于今乌审旗南部、伊金霍洛旗东部与榆阳区北部一带,杨守敬在《水经注疏》中也认为"沙陵"当在鄂尔多斯右翼前旗(即乌审旗)东北。二曰"沙溪",称"奢延水由东北与温泉合,源西北出沙溪",说明无定河支流温泉水上源为一沙溪,即为一流出沙地中的溪流,方位应在今白城子古城以北,自古城东注入无定河,如今该河流已无踪迹,应当是湮没在连绵的沙丘中了,说明北魏时统万城以北也已有沙。三曰"赤沙阜",原文称"奢延水源出奢延县西南赤沙阜,东北流,经奢延县故城南",说明在公元 5~6 世纪时,统万城西南奢延水流经处——即今乌审旗南部、鄂托克前旗东南甚至靖边县西北部,有红色的沙丘。如今亲历这一区域的无定河沿岸,确实可见出露的或压在沙层下的红沙岩,胶结很差,极易破碎。

　　唐至宋元时期,毛乌素沙地区初为突厥降部的安置地,后为党项族割据,至宋夏时期,其东缘和南缘为宋庭与党项势力的拉锯交锋之地,见诸于史料并有积沙之意的地名较多,有些颇能说明当地当时的环境状况。如中唐时期的边塞诗人李益在随军行于河朔之时,写下的著名诗作《登夏州城观送行人赋得六州胡儿歌》一诗中,称:

　　　　六州胡儿六蕃语,十岁骑羊逐沙鼠。沙头牧马孤雁飞……故国关山无限路,风沙满眼堪断魂……

　　"沙头"是平地突兀的高大沙丘,这个地物地名很形象化地反映了高大流动沙丘的景象。

　　《太平寰宇记》卷39及《宋史·夏国传》等史籍中记载的这一区域一些沙堆的名称,有神堆、盘堆、黄堆、荒堆、大吴神流堆、本晋堆、浪骨堆、朗沁沙等,这些地名主要出现在宥州、夏州、银州甚至府州附近,说明在今毛乌素沙地的南缘和东缘已有沙丘出现,而且其中一些(如大吴神流堆)明确指明是流动沙丘[3]。大吴神流堆位于宥州附近;盘堆在宥州西南八十里[4];神堆也称神堆驿,一说位于横山北麓,《长编》卷318记载:

　　　　元丰四年冬十月丙寅:王中正领兵渡无定河,循水而行,地多湿沙,人畜往往陷不得出。墓至横山下神堆驿,而种谔亦领兵至,两营相距才数里。

　　一说在宥州北侧50里,《太平寰宇记》卷38载:宥州"北至神堆泽五十里为界,以北属夏州",神堆泽应为神堆驿之误。朗沁沙则在夏州一带,《长编》卷490记载:"绍圣四年(1097)八月丙申:

诏罢赐夏国历日。丙午,鹿延奏,遣都监刘安击夏州,至朗沁沙与贼遇,破其众,斩首五百余级,牛羊千数。"

　　"黄堆"与"荒堆"(或泽荒堆)两个地名在史志中多次出现,从方位来看不应是同名传讹,应为两个地方。"黄堆"据《太平寰宇记》卷38记载,"在宥州西北八十里",即在今日的鄂托克前旗中北部。"荒堆"则不然,种谔在熙宁四年正月,遣都监赵璞、燕达筑抚宁故城;又令荒堆三泉、吐浑川、开光岭、葭芦川四砦与河东路修筑连通道路,各相去四十余里。[5]可见荒堆的位置在抚宁故城东四十里,而抚宁故城则应临近夏州东南无定河南岸。文献载西夏罗兀城在抚定故城北十余里处,今已认定罗兀城是榆阳区南60km的镇川镇石崖底村悬空寺山崖之石山峁[6],说明抚宁故城在其南部即横山北部一带,因此荒堆也应在横山北侧,而且位置更偏东一些。而由此可知,宋夏时期,横山北麓即毛乌素沙地东南缘即有一定程度的流沙分布。

　　窟野河东现今已划在毛乌素沙地以外,但该流域宋夏时期也有地表积沙。如麟州,其故城位于今神木县店塔镇东南窟野河东岸的山梁上,当时"城中无井,其惟沙泉在城外。向欲拓城包之,而沙土善陷,每夏兵围城,城中辄忧渴死"[7]。至少说明窟野河东岸梁地上其时已有积沙,目前这一带也是局部有积沙,但规模不大,此类分布于高处的积沙,是风力搬运堆积的结果。在毛乌素沙地西南部盐州一带有地名曰赤沙;在更偏西南的原州一带有摧沙堡,等等这些,说明宋夏时期毛乌素沙地外围东侧和南侧,较之今日有更普遍的积沙现象,显示当时毛乌素沙地有较之今日更强的西北风搬动堆积过程。

　　明清时期,毛乌素沙地一带更多见有"沙"含义的地名。从正统年间至成化年间,延绥镇、榆林镇、宁夏镇曾前后多次兴修边墙,整修边墩和城堡,毛乌素沙地及周边见诸于文献的含"沙"地名就有"黄沙嘴"、"黄沙沟"、"黑沙嘴"、"西沙嘴"、"沙海"等,如《读史方舆纪要》卷61载:

> 正统中,有宁夏副总兵黄鉴,奏于偏头关东胜州黄河西岸地名一颗树起,至榆沟、沙迷、都六镇、沙河海子、山火石脑儿、碱石海子、回回墓、红盐池、百眼井、甜水井、黄沙沟,至宁夏黑山觜、马营等处,共立十三城堡、七十三墩台。东西七百余里,实与偏头、宁夏相接,惟隔一黄河。

《榆林府志》卷6记载:

> 巡抚宁夏都御史徐延璋,镇守都督范瑾,奏筑河东边墙,自黄沙嘴起至花马池止,长三百八十七里。

说明毛乌素沙地南缘在明代中期也有相当规模的积沙,即使是植被比较好的地段也会有积沙,如神木县清代伙盘地分布到靠近乌审旗的一个名为"臭柏掌沙梁"的地方,指明了臭柏是生长在沙梁地的沟掌处的。

宁夏河东沙地是毛乌素沙地的西南延伸部分,明时有地名曰"沙窝井",位于惠安堡以北五里许,其井水"味清而甘美,居民万家及四方往来人畜咸利赖之,虽旱不竭"[8]。说明惠安堡以北在16世纪已有积沙。同书记载灵州城东南有"大沙井"、"沙泉"等地名,前者为灵州所辖三十六堡之一,明代设有驿递。从地图上看,大沙井应在今白土岗子乡至石沟驿之间,有考证认为其在今灵武县郭桥乡沙江村附近[9],也说明由惠安堡至灵州之间至少有三处井泉是从沙地中涌现的。另据《嘉庆灵州志迹·兵额营汛驿递志第十二》记:兴武营有边墩16处,其中有"沙"字的边墩有沙沟边墩、西沙边墩、沙岭边墩、中沙边墩4个;灵州营有边墩25个,有"沙"

字的边墩只有 1 处,即沙沟墩;其余如横城营有边墩 14 处,花马池有边墩 21 个,无一有沙字,可见兴武营一带当时即为积沙之区,与今天所见情形类似。

流经榆林市佳县县城的佳芦河,在清代叫葭芦川,当时也被称为"沙河"。《水经注疏·河水三》中注曰:"今沙河出府治东,则上流有湮塞矣。"《读史方舆纪要》卷57《陕西六》载:

> 真乡川,在州(葭州)东城下,系沙漠界来,流入葭芦河,城下有渡,曰桃花渡。

目前来看,佳芦河及其支流均为黄土梁峁区河流,主体已不在毛乌素沙地之内,但在河谷地带有积沙。《延续镇志》附图中绘出另一处"沙河",位置大约在海流兔河和芹河之间,位在今榆林市榆阳区西南。上述资料均显示,明清之际在毛乌素沙地东南部的黄土、沙漠边界区域,有严重的积沙,以至于河流会发生湮塞。目前从遥感影像上看,佳芦河主河道从源头到佳县县城一带,特别是王家砭镇以上地段,河谷中有连绵的沙带,情形与无定河、秃尾河河谷非常相像。

毛乌素沙地的现代地名,很多都是由明清时期的地名沿革下来的,自然地名尤其如此。今榆阳区的"十里沙"和"七里沙",是具有方位和规模含义的含"沙"地名,前者在榆林城西,后者在城北,可见榆林城西和城北大规模的积沙已有时日。定边县城北侧的"十里沙"地名,也有同样的环境指示意义。"五十里明沙"是横山县的一个地域地名,"五十里沙"则是榆阳区红石桥镇的一个地域地名,分别显示无定河左岸支流海流兔河与右岸支流芹河上,至少在明清时期就有了大规模的风沙堆积。"高沙窝"是目前宁夏盐池县的一个乡镇地名,原为当地余庄子村的一个地域地名,1960

年当地政府将这一带的若干村庄并为一个乡,采用了当地由来已久并最具典型性的地域地名,这一带的确有一道西北—东南向的沙带与兴武营北侧的沙带平行排列,这种情形应当在明代修筑边墙时大势已成。

　　毛乌素沙地现代汉语政区地名中有"沙"字的很多,如沙河川、沙河岔、沙峁头、沙石峁、沙梁、沙沙庙、前沙、后沙、沙界、沙渠、沙河、沙畔、沙边子、沙沙滩、孟家沙窝、高家沙窝、屈家沙、黄沙七墩,等等。这些地名中的"沙字"有时与一些有地貌指示意义的地名专名构成复合地名,从而有了更具体的指示意义。如宁夏盐池县柳场堡乡的沙边子村,的确是处于大沙带的边缘;神木县的沙界、靖边县的沙畔等也都有此类指示意义,目前来看这些村庄所处的地方应当还是在沙地边界带上。

　　毛乌素沙地的蒙语地名和蒙汉复合地名中,自然地名的数量远超出汉语地名中同类地名的数量,因此,蒙语地名和蒙汉复合地名的环境变化指示意义更强。遗憾的是语言障碍和资料限制使得笔者无法完全破解这里面蕴含的丰富信息。笔者从鄂托克前旗地方史专家阿日宾巴雅尔和曹纳木两位先生编著的《鄂托克地名》一书辑录了全部嘎查名[10],并请蒙古族同行作了释义,结果发现,真正有"沙"地含义的地名非常少,在鄂托克旗的 118 个村级地名中只有一个,即召稍乡(并召稍村),意为"不毛之地";鄂托克前旗69 个村级地名中有 2 个,一为伊克陶伦村,汉语名为蒙语原义,即大沙头村;另一为芒哈图村,意为"沙漠地",乡镇一级的地名中也有一个"芒哈图乡",具体位置的确在沙带中。乌审旗位于毛乌素沙地腹地,《伊克昭盟地名志》中辑录的 83 个村(包括行政村和自然村)名中,有"沙"字含义的只有三个,分别是呼和芒哈(意为"青色沙漠")、包日呼德(意为"灰色的沙滩")和布日都(意为"沙漠中的绿洲"），其中只有包日呼德是确有风成沙意义的积沙地[11]。

较之毛乌素沙地边缘的陕西榆林市和宁夏盐池县一带，位于毛乌素沙地腹地的内蒙古鄂尔多斯市下辖诸旗，有"沙"字含义的地名显然太少了，与当地实际的积沙情况不符，这种情形的出现，是地名命名时用特别地物而不用普遍地物的原则所造成的。前苏联学者早在上个世纪初，就发现在苏联的泰加林地带，村庄很少用当地常见的针叶树命名，而多用白桦、白杨、柞树等不多见的冷性阔叶树命名，并据此探寻泰加林带中针阔混交林群和落叶阔叶林的分布规律和人类对泰加林的垦殖开发进程[12]。毛乌素沙地腹地中，正是因为流动沙带和半固定沙地分布广泛，因而在村庄等行政区划单位的命名方面，较少采用其来命名，从而可以避免不必要的重复。

第二节　无"沙"字含义的自然地名及其环境意义

地名景观是地名学的研究内容，国内外学者在使用地名恢复自然景观方面有很多引人注目的研究成果。分析毛乌素沙地自然地名的景观指示意义，也有助于恢复该区域的历史环境，不失为历史时期环境变化研究的有效手段之一。

具有景观含义的自然地名，除前述有"沙"含义的地貌形态地名外，还指示山岗、丘陵、平原、滩地等其他地貌特征；指示林地、草地、树木、动物等生物特征；指示河流、湖泊、泉水等水文特征，等等。自然和人文复合地名则可以指示牧场、农田、居民点分布、地物的大小贫富等特征。有景观含义的地名很多，越是小地物地名越有景观意义，但是这类地名很难被记载和传承下来，即使有的可能见诸于史志，但也很难被考证出来，只有较高级别、见于正史的政区地名,其景观意义才容易挖掘。

比较久远的历史地名中,有景观指示意义的地名不多。林胡、白羊是前秦时期鄂尔多斯及周边的两个部族的名称,长期以来他们生居的地域也被称为林胡之地和白羊族之地,如《史记·赵世家》载:"三月丙戌,余将使女反灭知氏。女亦立我百邑,余将赐女林胡之地。"因此这些部族名也具有了地名的含义,它们分别指示当地景观中有森林植被、有白羊这样的动物。另有北地、上郡、朔方等地名,具有方位方向的含义。

《汉书·地理志下》中记录的鄂尔多斯及其周边的地名中,云中郡的桢陵(莽曰桢陆)、沙南、沙陵、武泉(莽曰顺泉)等四个地名有比较明确的地理含义,但指示的是今内蒙古自治区托克托县和准格尔旗一带的景观。北地郡十九个县中,具准确地理含义的只有泥阳(泥水之阳)一处,今人考证泥水为甘肃庆阳的马连河;富平和神泉障两地名均出于今宁夏吴忠市利通区一带,具有富饶平坦、有很好的泉水等景观含义。西河郡二十三县中,有一定地理含义的县名有驺虞、鹄泽、美稷、富昌、皋狼、广田、圜阴(圜水之阴)、圜阳(圜水之阳)、虎猛、西部、离石、穀罗、临水、隰成、平陆、博陵等,占其总数的2/3。虎猛县是今伊金霍洛旗的红庆河古城,其县名字面意义是"此地的老虎很威猛";美稷和富昌两县在今准格尔旗境内;圜阴和圜阳亦称圆阴和圆阳,前面已考证两县均位于今神木县境内;西部、离石、穀罗、临水、隰成、平陆、博陵诸县位于山西省境内,其余诸地名无考,但从字面上看,驺虞是一种传说中的野兽名,也叫驺吾,《说文》称:"驺虞,白虎黑文,尾长于身,仁兽,食自死之肉";鹄泽是有鹄鸟的湖泊,"鹄"一说是鸿鹄,即天鹅;另一说是鹤类,不论以那一说法为准,至少说明这个鹄泽县在命名之时临湖,湖中有大型涉禽往来蓄息。皋狼的"皋"字有两种相反的意思,一为水边湿地,即沼泽;另一层意思通"高",即高亢之地,因此,皋狼县地名或是指"有狼的水边湿地";或是指"有狼的高地"。上郡有景观意义的县名如木禾、浅水、桢林、高望、望松等,多数无考,高望县前文考证应为今榆阳区马合镇的瓦片梁古城;桢林、望松的大致方位应在今陕西省府谷县至内蒙古准格尔旗南部一带。朔方郡位于鄂尔多斯西北至河套地区,地名显示当时这一区既有适于耕作的肥沃之地(沃野),也有宜为牧场的广袤之地(广牧),还有洪水涌动的低洼之地(窳浑,也可理解为"水色浑浊土地粗敝"之地,《水经注·河水3》载:"河水又北迤西溢于窳浑县故城东,汉武帝元朔二年,开朔方郡……"由上可知,窳浑县名是当地地域环境的很好写照。同时这一区域有黄河泛滥形成的大湖屠申泽,据牛俊杰等研究:自西汉至北魏,屠申泽的水面面积约400km²,范围大约东起黄河干流,西抵阴山脚下鸡鹿塞,横亘整个乌兰布和沙漠的北部,沿湖地区当水草丰美[13],而窳浑县城正位于湖的西岸。黄河南岸的台地上还有金连盐泽、青盐泽这样的大盐湖(青盐泽即为今杭锦旗的盐海子)。五原郡位在河套及其北部,此不赘言。

北魏辖境覆盖今鄂尔多斯一带,见于《魏书》卷160下《志第七》的州名有3个,郡名有11个;县名有30个,总共44个地名中,有明确景观含义的有山鹿、沃野、朔方、高望、富平等,泾州新平郡下有白土县,并记载此县"二汉属上郡,晋属金城,后属。有歧亭岭"。因新平郡据两汉的安定郡故地,即在今陇西与宁夏南部地区,恐与居于窟野河上的上郡白土县不在一处。郦道元《水经注》中出现的有景观意义的地名前文大多已述及,如赤沙阜、沙陵等;榆林塞与榆林山两个关联地名笔者已考证在诸次之水流经的地方,即在今神木县瑶镇一带,因两晋及南北朝时期这一地区为属中原王朝的化外之域,郦道元文中出现的这一区域的地域地名尽为西汉时的县名,只是有一些地物地名——如桑谷水、小榆水、黑水、温泉水、交兰水、诸次之水等,有一定的景观含义。

《隋书》志24《地理上》出现的鄂尔多斯及邻近地区的郡县地名中,延安郡的丰林县与丰林山有典型景观意义,指示隋时今延安市一带有茂盛的森林;朔方郡长泽县地当今鄂托克前旗境内,地名显示此地在公元6~7世纪时有一长形的湖沼;榆林郡榆林县名虽说是沿用汉时旧名,地当今准格尔旗东北,但也不排除至隋代当地仍然有标志性特征的榆树林存在;盐川郡地名隋代初次出现,地当今陕西定边县、宁夏盐池县及内蒙古鄂托克前旗,下设一县,即五原县,郡县两级地名分别指示这一区域平川地带产盐,并有至少五个黄土塬,两个地名甚至可以形象地比定定边及其周边一带现今的景观。另外如岩绿、白池等地名也有一定的景观意义。

《旧唐书》志18《地理志一》和《元和郡县图志》卷第4《关内道四》所记郡县中,除从隋时沿用下来的一带地名,如长泽、盐州、榆林、鸣沙、河滨、五原等依旧有景观意义外,新的地名多为人文含义的地名,特别是其中的羁縻州名多以安置对象的族名为名,故无景观意义可解读。《新唐书》志27《地理一》记载的郡县地名与《旧唐书·地理志一》所载相差不大,但是其中记载了众多盐池的名称,如在灵州怀远县(治所在宁夏银川市)有红桃、武平、河池共三个盐池;会州会宁县(治所在今甘肃靖远县)"有河池,因雨生盐";威州(治所在宁夏同心县韦州镇)有盐池;夏州(治所在陕西靖边县北)有盐池二;宥州有胡洛盐池,杨守敬《水经注疏》考证其为汉代的金连盐泽和青盐泽;盐州有乌池、白池、细项池、瓦窑池等盐池,说明鄂尔多斯西南部有唐一代盐沼众多。夏州一带当时的水系有无定河和乌水,前者含有水量或水道变化无常之义;后者名体现其河水水色凝重,如果携泥沙过多水色泛黄而不是泛黑,而如果河谷深切谷底阴暗,必然会出现水色发黑的视觉感受,从乌水(今纳林河)下游的现状特征分析,乌水(南北朝至隋唐也称黑水)一名的来历盖因为此。另外在统万城周围出土的唐代墓志中,提及的今已不见的唐代历史地名有十多处,如鹿子苑、张吉堡、信陵源、清化里、崇道乡、崇信乡等[14],但基本均为人文社会含义的地名,只有其中的"鹿子苑"一名,显示当地有畜养鹿的苑囿,应当有较好的地表植被条件,草群密集、水源也可以保证。

《宋书》志第40《地理三》载录的毛乌素沙地南缘和东缘的政区单位繁杂,地名众多,计有府、州、县、砦、堡等地名100多个,有较具体景观含义的如白草、宾草、黑水、柏林、神木、合水、白豹、苍鸡、木瓜等几个,数量不多,这些地名当时或"取名予实",或从隋唐地名沿用下来,如《神木县志》卷3《建置志》记:"迨金兴定初,罢麟州镇西军,为神木寨。因城外东南有神松三株,即以为名。"因此,上述地名可以在一定程度上说明唐宋时期毛乌素沙地外围的生物种类,即在沙地东南今绥德至神木一带有柏林和巨大的松树;在靖边、定边南部至延安、环县一带有白草草原和生长木瓜树(无患子科的文冠果)的山岗,有白豹与苍鸡出没的山梁,等等。《宋史·夏国传》、《金史·夏国传》、《辽史·西夏传》及《西夏书事》中辑录出来的反映西夏早期五州(即夏、绥、银、宥、静五州)景观的地名有安庆泽、地斤泽、白草平、白草洼、艾蒿寨、蒿平岭、蒲草湖、黄羊平、松林堡、松花寨、三松岭、黑松岭、鹿儿原、白豹寨、神林堡、新泉城、仁多泉、荒堆三泉、奈五井、葭芦川、吐浑川、赤羊川、沙鼠浪、赤沙川等,指示毛乌素沙地及其周边区域其时有广大的湖泽、著名的井泉、广阔平坦的高地,高地上有的以白草或蒿类为标志,有的因黄羊出没而得名,同时还有赤羊、鹿、沙鼠等动物,有覆盖松林的山岗和葭苇茂密的河川。

元初的鄂尔多斯,东部和东北部设云内州、东胜州,归中书省河东山西道宣慰司大同路管辖;南部和东南部归陕西行省延安路管辖;西部归甘肃行省宁夏路管辖,因而《元史·地理志》中记载的鄂尔多斯外围地名多是先朝的汉语地名,在其中没有发现新的有景观指示作用的地名。然而在鄂尔多斯腹地,包括乌审旗大部、鄂托克旗与鄂托克前旗东部、杭锦旗南部、伊金霍洛旗及鄂尔多斯市域一带,是忽必烈第三子安西王忙哥剌的封地,地名为察罕脑尔(淖尔),字面意思是"白色的湖泊",忙哥剌于公元1272年受封以后,在察罕脑尔建起了他的行政中心,即察罕脑尔城(另一处察罕脑尔城为大都和元上都之间的驿站,在张家口北部一带,有说在沽源县境内),该城池前文已考证为乌审旗境内的三岔河古城。

《明史》志第18《地理志三》记载的鄂尔多斯一带的政区地名只有榆林卫、宁夏后卫、兴武守御千户所、花马池守御千户所等,都位于其南缘,堡寨地名有神木堡、长乐堡、双山堡、定边营等50余处,但自然地物地名较多,如榆林卫北的三岔川,卫东的长盐池、红盐池,卫西的西红盐池、锅底池;宁夏后卫东北的方山、东部的花马池、北部的大盐池、西南的小盐池等。有明一代无论是弃套前还是弃套后,汉族人口主要活动在毛乌素沙地南缘今明长城沿线,这一地带最有表征意义的地名实际上是那些堡寨的名称。正统元年(1436)至成化十三年(1477)的40多年间,延绥镇即后来的榆林镇一带的营堡有建有废,分别有木瓜园堡、神木堡、孤山堡、镇羌堡、双山堡、响水堡、鱼河堡、定边营、砖井堡、高家堡、波罗堡、皇甫川堡、怀远堡、靖边营、柳树涧堡、大柏油堡、柏林堡、旧安边营、榆林城、龙州堡、镇靖堡、永兴堡、建安堡、常乐堡、归德堡、保宁堡、清平堡、宁塞堡、把都河堡、永济堡、新安边营、新兴、石涝池堡、三山堡、盐场堡、饶阳堡、清水营、威武等 38 个营堡,其中余子俊撤砖井置新兴,柳树涧奏守永济,故砖井和柳树涧不驻兵。驻兵的只有 36 营堡,故号称"榆林 36 堡"[15]。宁夏后卫则有花马池城、高平堡、柳杨堡、安宁堡、英雄堡、兴武营、毛卜拉堡、清水营、红山堡、横城堡等。上述堡寨地名中有明确景观意义的如木瓜园堡、神木堡、双山堡、清水营(两处)、响水堡、柏林堡、柳树涧堡、柳杨堡等[16]。其实,神木、柏林两地名是宋时地名沿用,故对明时当地景观的指示作用不强;柳树涧位于定边县东郝滩乡;木瓜园堡在榆林东路,与宋夏时的木瓜岭(在芦子关北)不在一处,显示神木府谷一带明时有木瓜种植。《读史方舆纪要》卷 7 中记载在葭州以西三十里有地名为"箭坞",因地多竹箭而得名,与箭坞邻近的地方还有地名为"桃园子坞,以地多桃树而名"。在葭州东北百里之遥的还有地名为"秋千坞",因为"两山之顶,大树架其中为路,行者若秋千下过云"。箭竹在我国北方地区是生长在针阔混交林和寒温性针叶林下的比较喜阴湿的植物,林上植物破坏后会以灌丛状存留下来,由此可见在毛乌素东南部的外围山地上,明时还存留有森林破坏后的灌丛。柳杨堡则处于毛乌素沙地西南缘,明弘治年间筑堡时因当地杨柳成荫而命名,反映了当时的景象。石涝池堡、盐场堡等则体现城堡应建在湖泊盐沼之侧,其时无论是边墩还是边墙,依水而建的特征非常明显,如宁夏后卫的兴武营,管理着峭汲塘房墩、西倒墩塘房墩、苦水边墩、干沟边墩等;毛卜喇堡辖镇安塘房墩、石山塘房墩等;另有铁柱泉城、野狐井城等为守泉而筑的城,位于宁夏后卫的中南部。

　　《清史稿·地理志十》和《地理志十一》载录的毛乌素沙地南缘地名(包括陕西榆林卫和甘肃宁夏卫)有承上启下关系,没有新的有景观意义的地名。《清史稿·地理志二十四》载录的鄂尔多斯七旗名称都是以鄂尔多斯（意为"多宫帐"）加方位词（左右、前后中等）命名的，位于毛乌素沙地境内的四旗分别是鄂尔多斯左翼中旗（伊金霍洛旗）、鄂尔多斯右翼中旗（鄂托克旗）、鄂尔多斯右翼前旗（乌审旗）、鄂尔多斯右翼前末旗（鄂托克前旗）。这四旗中的地物中已知有景观含义的如乌兰木伦河（紫河）、西拉乌素河（金河，指无定河上游）、纳林河（细河，形容水道狭窄）、库勒尔齐（黄草山）等，另外在乌审旗有几个知名的盐池，即"东：忒默图插汉池，一名大盐泺。西南：乌楞池，一名红盐池。南：长盐池，蒙名达布苏图"。可见几个盐池的名称与明代时期汉语名称含义上是一致的。

　　毛乌素沙地的现代地名，无论是政区地名还是地物地名，字面上有景观指示意义的非常多，但是，地名是长时期沿革下来的，它指示的往往不是当地现时的景观。从上文可知，毛乌素沙地的蒙汉语地名虽然发音不同，但同区域同地物地名的含义往往是一致的。由于毛乌素沙地的现代地名有许多是从明清时期沿用下来的，聚落名称尤为如此，因此，可以据其来恢复明清时期的地域景观。

　　例如，在榆林市榆阳区芹河以南至横山县北一带，有多处通名为"海子"（或海则）的地名，如杨官海子、桑海子、酸梨海子、草海子、崔海子、天鹅海子等，说明明清时期这里有数个大大小小的湖泊，清代康熙十二年（1673）的《延绥镇志》犹有记载，但是到清末民国，这些湖泊大多都干涸了，只有杨官海子目前尚存，但已分裂成东西两个小湖泊了。榆阳区西部的巴拉素镇、补浪河乡、小纪汗乡和马合镇境内也曾有众多湖泊，地名显示有王玉海子、马家海子、火连海子、三连海子、鄂托海子、方家海子、散沙兔海子、大海子、大鱼海子、小鱼海子、臭海子、脑峁海子、乔沙海子等，由于位于明长城以及边墩之外,这些地名只能形成于清代招民放垦时期,指示的应当是18～19世纪的自然景观,目前这些海子多已消失。毛乌素沙地东南部的长城外还多有通名为"兔"或"图"的地名,如尔林兔、小壕兔、敏盖兔、木独兔、纳林皋兔、昌鸡兔、活鸡兔、彩兔沟、窝当补兔、阿包兔、讨壕兔、刀兔、大兔兔、皋兔滩、牙世兔、乌尔兔、忽惊兔、讨忽兔、打八兔、哈兔湾、陶高图、额尔和图、嘎鲁图等,"兔"或"图"在蒙文中有"平滩、草原、草甸"之意,用在地名中也有"地方"意思,将其与名词或形容词搭配是鄂尔多斯最常见的蒙语地名命名方式,虽然目前这些地名所在的地域存在着严重的沙漠化问题,现有的下湿滩地基本都被流沙包围,但不能说在清代放垦前这里完全是草原或草甸,因为五十里沙、一点沙、宋家沙、刘家沙等带"沙"字的地名,往往与某某"兔"地名间隔分布,只能指示当地当时还不似现在这样为高大的半固定或流动沙丘地。

有研究者从1:10万大比例尺地形图上的地名研究陕北的植被分布,也有人从延安和榆林的地名档案中整理出600多个植物地名,其中以乔木命名的480多个、灌木命名的近40个、草本命名的约100个,就此研究区域的植被特征。这样的地名研究法虽然有其可取之处,但也因为地名有历史性、继承性、象征性,同时也存在词语演变等现象,地名的表征意义往往不太确定,如陕北地区植物地名众多的原因到底是植被繁茂还是反之,尚无定论。植物地名的确能够指示有什么,如延安、榆林的600多个地名所反映出的自然树种有榆、山杏、山桃、杨、柳、柏、杜梨、木瓜、椿、冷杉(枞)、桦、黄榆、松、臭柏等10多种,栽培树种有枣、梨、桑、槐、桐、核桃等,灌木有红柳、酸刺、酸枣、柠条等,草本有白草、芦苇、黄草、艾蒿、地椒等[16]。但这些植物地名即使数量较多,也很难指示种群大小或群落面积,但若就此得出陕北的延安榆林一带历史上是森林景观的结论,则过于牵强。

　　内蒙古境内的毛乌素沙地现代地名中,有景观表征的自然地名很多,在鄂托克旗和鄂托克前旗的乡镇和行政村地名中,占到60%,主要有地形、地表物质、水体、植物、动物状态方面的含义,其中以布拉格(汉语意为泉水)、陶勒盖(山头)、温都尔(高原)淖尔及海子(湖泊)、柴达木(盆地、草滩)、乌素(水,指河流)为通名的地名较多,指示植被的地名不多,如有呼和塔拉(蓝色的草原)、苏亥图(森林)、嘎格查(一棵树)、德日苏(芨芨草)、哈日根图(柴胡)、葫芦素淖尔(芦苇湖)、哲日根图(麻黄套)等不多的几个。指示动物的地名基本没有。乌审旗地处毛乌素沙地中心,但它的乡镇和村落地名也显示此地并非完全是荒凉之地,如在乌审召有地名为布日都,意为"沙漠中的绿洲";嘎鲁图意为"有天鹅的地方";沙尔利格苏木有苏斯亥柴达木,意为"红柳滩";希日德格柴达木,意为"毡屉草滩",等等。

第三节　小结

　　毛乌素沙地的地名具有指示历史时期环境及环境变化的功能。有"沙"含义的地名在南北朝时期出现于今毛乌素沙地的腹地区,其后此类地名数量增加,到宋夏时期有"沙"的地名显示流动沙丘已分布至横山北麓一带,窟野河流域和宁夏河东地区的积沙似也格外严重。明清以来,沙地蔓延的趋势依旧存在,但似乎并不比宋夏时期更甚,然而明显甚于当代。毛乌素沙地无"沙"字含义的自然地名,很多也具有景观指示意义。从历代见于编年史《地理志》或《地形志》中的地名来看,主要有以下三个典型特征:一是大型兽类地名渐趋减少,如在汉时有驺虞、虎猛、皋狼等县名,至隋唐和宋夏有山鹿、鹿儿原、白豹、赤羊、黄羊等地名;到明清时期地名只显示有狐、兔等野兽。二是湖泊、沼泽、河流、泉井等水体地名历朝历代都频频出现,体现水体之于毛乌素沙地人类活动的重要性,但同时地名也显示湖沼与井泉在 2000 多年中总体上是逐步干涸消亡的。三是植物地名指示的植物种类相对单调,主要有榆、杏、杨、柳、松、柏、木瓜、山桃、柏、杜梨、桑、槐、酸刺、酸椿、红柳、芨芨草、白草、黄蒿等有限的一些种,而且以针叶树命名的地名出现较早,位置也偏于毛乌素沙地的东缘和南缘,落叶阔叶乔木和中生灌木地名在唐宋以来多见,也频出于沙地东南缘,旱生灌木和草本植物地名分布比较广泛,可深入到毛乌素沙地中。

参考文献

1　[苏]B.C.热库林著,韩光辉译:《历史地理学对象和方法》,北京大学出版社,1988年。

2　王际桐:《试论我国地名的命名原则》,《地球信息科学》,2001 年第 3 期。

3　王天顺:《西夏地理研究》,甘肃文化出版社,2002 年。

4　《西夏书事》卷29(文中载:"梁乙逋闻张蕴引兵入境,令众三千扼大吴神流堆,堆距宥州四十里。拒战不胜,宥州守兵溃走。")。

5　《宋史》卷 486《列传第二百四十五》。

6　榆林市志编纂委员会编:《榆林市志》,三秦出版社,1996 年。

7　《宋会要辑稿》卷 27。

8　[清]郭楷纂修:《嘉庆灵州志迹校注》第 4《城池堡寨志》。

9　鲁人勇等:《宁夏历史地理考》,宁夏人民出版社,1993 年。

10　阿日宾巴雅尔等:《鄂托克地名》,内蒙古文化出版社,1984 年。

11　伊克昭盟地方志编撰委员会:《伊克昭盟志(第一册)》,现代出版社,1994 年。

12　B.AЖУКЧЕВЦЧ 著,崔志升译:《普通地名学》,高等教育出版社,1983 年。

13　牛俊杰等:《历史时期乌兰布和沙漠北部的环境变迁》,《中国沙漠》,1999 年第 3 期。

14　康兰英:《榆林碑石》,三秦出版社,2003 年。

15　袁占钊:《陕北长城沿线明代古城堡考》,《延安大学学报》,2000 年第 12 期。

16　国家地理报道:《植物与中国地名的变迁》,见《中央电视台国家地理》网页(ht-tp://www. 到 cctv. com/geography/news/20021204/19. html),2002 年 12 月 4 日。

第 九 章

毛乌素沙地历代物产及其环境意义

古生物化石和孢粉等既然可以用来恢复地质历史时期的生态环境[1],历史时期各地的动物和植物物产信息,自然也有这样的功用。由于各地的地域差异显著,历朝历代,各地方都选择当地最有特色的物产作为自己的贡物,即为"土贡",从各地的土贡中,既能了解当地的生业方式和生产力发展水平,也能解读当地的自然环境状况,甚至还能折射出各地更深层的政治文化方面的现象。本节中笔者尝试用各阶段史志中记载的土贡情况,来恢复毛乌素沙地历史时期的环境及其变化。

历史时期各地物产的文献资料来源很多,可以从古代浩如烟海的各类文献书籍中挖掘,但最主要并且最有说服力的是编年史中的《食货志》及地方志中的相关记载。历史时期的毛乌素沙地一带在一多半的时间都属于中原王朝的化外之域,有关物产的记载不连续。尽管如此,追溯历史时期的物产情况,还是能找出一些规律的。

第一节　先秦时期毛乌素沙地的物产及其环境意义

先秦时期毛乌素一带的物产情况,目前所知的是有大牲畜的牛,《汉书·五行志》第七下之上记:

> 秦孝文王五年,游朐衍,有献五足牛者。刘向以为近牛祸也。

王守春曾用《诗经》中的一些诗篇,如《小雅·鹿鸣》、《大雅·生民》、《小耶·谷风之什·小明》等来反演黄土高原先秦时期的植被,并得出结论:草地在当时的黄土高原占有较大面积,同时黄土塬地上为疏林灌丛,山地区为森林[2,3]。毛乌素沙地在黄土地高原北缘外围,植被情况当与此有所不同。

《山海经·西次四经》载:

> 又北百二里,曰上申之山,上无草木,而多硌石,下多榛楛,兽多白鹿。其鸟多当扈,其状如雉,以其髯飞,食之不眴目。汤水出焉,东流注于河。又北百八十里,曰诸次之山,诸次之水出焉,而东流注于河。是山也,多木无草,鸟兽莫居,是多众蛇。又北百八十里,曰号山,其木多漆、棕,其草多药、芎藭。多冷石。端水出焉,而东流注于河。又北二百二十里,曰盂山,其阴多铁,其阳多铜,其兽多白狼白虎,其鸟多白雉白翟。生水出焉,而东流注于河。西二百五十里,曰白於之山,上多松柏,下多栎檀,其兽多牛乍牛、羬羊,其鸟多鸮。洛水出于其阳,而东流注于渭;夹水出于其阴,东流注于生水。

结合前文对《水经注·河水三》中毛乌素及周边几条河流的

考证,"汤水"应为佳芦河,"上申之山"应为米脂县北诸山,《山海经》称其山上没有花草树木,但到处是大石头;山下则是茂密的榛树和楛树,野兽以白鹿居多,而且多有一种称为㕛鸟的禽鸟。诸次之山是诸次之水发源的地方,诸次之水前文已考证为秃尾河,发源于宫泊海子一带,按《山海经》记载:秃尾河发源的区域树木繁茂却不生长花草,也没有禽鸟野兽栖居,但有许多蛇聚集。端水是秃尾河与窟野河之间的一条小河流,发源于号山,东流入黄河,山上的树木多为漆树、棕树,草则以芍药、芎藭居多,并且还盛产泠石。生水是今之无定河,它源于孟山并东流入河,按《山海经》载,孟山中的野兽有白色虎狼,禽鸟也大多是白色的野鸡和白色的翠鸟。《山海经》中的白於之山也是今天毛乌素沙地南侧的白于山,据载当时山上有茂密的松树和柏树,山下是繁盛的栎树和檀树,山中的野兽大多是牦牛(㸲牛)、羬羊,禽鸟则以鸮鸟居多,洛水发源于其南面,然后向东流入渭水;夹水发源于这座山的北面,向东流入生水。

　　《山海经》因为其博杂和所记多怪异之物,可信度一直有争议,许多人认为其内容为方士之术,但其地学价值自汉代以来就一直有人认可,近现代学者则越来越多地发现此书的科学和地学价值,如谭其骧先生的《"山经"河水下游及其支流考》一文,利用《山海经》中丰富的河道资料,将《北山经》中注入黄河下游的支流一条一条梳理,并加以排比,考证出一条最古的黄河故道,很大程度上肯定了此书的地学参考价值。北魏郦道元作《水经注》时引用《山海经》记载达80余处,在《河水三》里记载今鄂尔多斯东部的水系时,几乎全部主要的河流都与《山海经·西山经》中的记载作了对应,使我们在了解水系特征的同时,也有可能了解先秦时期这一区域的物产情况。

"榛楛",王守春等认为是榛树和牡荆,牡荆也即荆条(Vitex negundo)是马鞭草科(Verbenaceae)牡荆属植物,目前多以建群种在我国华北到黄土高原的低山丘陵地带分布,《榆林府志》在物产部分也有载;榛应当是榛(Corylus heterophylla)或虎榛子(C. ostryopsis),属榛科(Corylaceae)榛属(Corylus),是温带的小乔木或灌木,在陕北和晋北黄土高原中广泛分布,这两种植物组成的群落都属于落叶阔叶林演替过程中某个阶段[4],说明《山海经》成书的战国时期,此地的植被已有一定的人为破坏。

《山海经》记载端水发源的号山,出产漆、棕、芍药、芎藭,漆当为漆树科漆树属(Rhus)植物,自然分布在亚热带到温带,属第三纪孑遗植物,在洛川等地的黄土中,该属孢粉一直存在,而且越往早期含量越高;棕应为棕榈科植物,自然分布在热带至亚热带,其中的棕榈(Trachycarpus fortunei)一种却可以自然分布到秦岭北坡的落叶阔叶林中,据此分析,号山当时的自然植被至少应当为温性的落叶阔叶林。芍药和芎藭均为多年生草本,生于温带土壤肥沃的山坡或林草地等中生或湿生环境下,也反应当地有比较好的水热条件。

白于山在战国时期"上多松柏,下多栎檀",说明有明显的山地植被垂直带,"栎"为壳斗科栎属(Quercus)的一种,一般来说应该是我国温带地区分布很广的蒙古栎(Q. mongolica)或辽东栎(Q. liaotungensis),指示的是偏暖的温带生境,目前辽东栎在延安市周边山地还有小片次生林,到洛川、黄龙一带的低山丘陵上除辽东栎外,还有麻栎(Q. acutissima)、槲栎(Q. aliena)、栓皮栎(Q. variabilis)等同属偏暖性树种。"檀"所指树种很难考证,因为古书中称檀的木本很多,如豆科的黄檀、紫檀(即红木)、榆科的青檀等,其中前两者为热带高大乔木,只有榆科的青檀属(Pteroceltis)

植物最有可能,青檀(P. tatari – nowii)和翼朴(P. Maxim)目前在秦岭北坡、华北、辽东的山地区都有自然分布,指示的也是比较温湿的环境。白于山最高峰魏梁海拔只有1907m,与北侧的定边、靖边县城一带相对高差不足600m,与南坡山麓相对高差不足450m,从现代植被垂直分布特征来看,在温带区域一般要有500m左右的相对高差才有可能出现植被垂直分异,白于山如果当时的确在500~600m的相对高度上出现落叶阔叶树种与针叶树种的差别分布的话,或者类似今天长白山的情形[5],即基带很窄,不足500m,这是长白山居于北温带湿润地区的自然地理特征所决定的。今天在我国华北和西北的山地区,下部是落叶阔叶树,上部是针叶树的植被带结构很常见,只是一般在落叶阔叶林带和针叶林带之间有一个过渡性的针阔叶混交林带。《山海经》中记述的白于山地植物种类及其分布特征是相当可信的,说明当时的气候条件应当是比较暖湿的。白于山现在的自然植被为灌丛草原,已无森林。

《山海经》还记述申山的物产为"其上多榖柞,其下多杻橿"。申山即今子午岭,在白于山南侧100km开外。"榖"为构树(Common papermulberry),是桑科构树属落叶乔木;"柞"为栎类植物的通称,以栎树和构树组成的群落常见于我国暖温带和北亚热带的西部类型中。"杻橿"为壳斗科的橿子栎(Quercus baronii),是半常绿的小乔木或灌木,多散生于其他落叶阔叶林中或以纯林存在,有该树的群落至少是暖温性的落叶阔叶林,那么申山下部以"榖柞"为主的群落至少是暖温性的植被类型,反映出子午岭当时的地带性植被为暖温带落叶阔叶林,与白于山一带已有水平地带性分异。目前的子午岭一带下部为杨、桦树树种为主的落叶阔叶小叶林。

秃尾河发源的"诸次之山",当时是"多木无草,鸟兽莫居,是多众蛇"。无定河发源的盂山则是"其阴多铁，其阳多铜，其兽多白狼白虎，其鸟多白雉白翟"。上古时期的人们不可能准确知道这些较大河流的源地，只知道它们大概的来龙去脉，《山海经》在记载了毛乌素周边诸河流源头山地代表性植物的同时，唯独未记载这两条流经毛乌素沙地腹地的河流源头的具体植物物产，岂不是不太合逻辑？最大的可能是这一区域没有代表性的植物物产，只有这种情况才说得过去。秃尾河发源于陕西省神木县的宫泊海子，完全有可能因周围地下水位高，土壤盐渍化严重，多耐盐灌木生长而无草本，蛇比较多，其他鸟兽必然比较少了。

综上可知，先秦时期，今毛乌素沙地的东南缘，即今白于山、横山至神木县东部山地一带，发育着温带森林植被，人为干扰在当时已经出现；毛乌素沙地的腹地，当时应为草原环境，隐域性的盐生植被发育。

第二节　秦汉至南北朝时期毛乌素沙地的物产及其环境意义

毛乌素沙地秦汉时期的物产，主要为各种牧畜及畜产品。《史记·货殖列传》记载："天水、陇西、北地、上郡与关中同俗，然西有羌中之利，北有戎翟之畜，畜牧为天下饶。"毛乌素沙地西南属北地郡，东部及东南部归上郡。《史记·货殖列传》的有关记载还显示：西汉与匈奴的关市中，卖出的主要是丝绸织物、美酒、粮食、食盐等；买入的主要是马、牛、羊、骆驼等牲畜及畜产品。通过匈奴传入大汉的域外各地的毛皮制品已成了当时市场上流通的重要商品，并在当时的社会生活中产生了较大的影响，不但皇室贵族的服用，多取名贵皮毛，连身份低下的平民百姓也大量穿戴各种皮毛制品[6]。《汉书》卷 100《叙传》中记载："始皇之末，班壹避堕于楼烦，致马、牛、羊数千群。"楼烦居地当在今山西北部和今陕西榆林一带。另载桥姚乘官府斥开边塞之机，"恣其畜牧"以至于积累起"马千匹，牛倍之，羊万头，粟以万钟计"的巨大财富。经营者能在较短期内经营起规模化的畜群，反映了畜牧经济在当地应当有优越的自然条件支撑，草场面积广袤或者承载能力强，至少不应当为沙质荒漠或荒漠化草原。

农业在秦代之前的鄂尔多斯地区已兴起，但规模不大，秦统一以后，在原来的基础上获得了很大的发展。秦始皇三十六年（前211）迁三万家至今内蒙古河套及鄂尔多斯东北部屯垦土地；元朔二年（前27）移民 10 万口至朔方，即今鄂尔多斯北部地区；汉武帝元狩三年（前118）将山东贫民 70 余万口移至鄂尔多斯地区；元鼎六年（前11）命"上郡、朔方、西河、河西开田官，斥塞卒六十万人戍田之"[7]。鄂尔多斯一带在秦汉时称为"河南地"，但因出现"人民炽盛，牛马布野"[8]而成为与关中毗富的"新秦中"，而且这一区域

> 沃野千里，谷稼殷积，又有龟兹盐池，以为民利。水草丰美，土宜产牧，牛马衔尾，群羊塞道。北阻山河，乘厄据险。因渠以溉，水春河漕。用功省少，而军粮饶足。故孝武皇帝及光武筑朔方，开西河，置上郡，皆为此也。[9]

《史记》卷 110《匈奴列传》记"卫青复出云中以西至陇西，击胡之楼烦、白羊王于河南，得胡首虏数千，牛羊百余万"，显示鄂尔多斯一带秦汉之际的确是个"土宜产牧"的区域，但农业人口的大量移入也取得了丰硕的收成，说明这一区域是在当初是农牧咸宜的。两汉时期，从河西走廊到黄河河套地区已经开始发展灌溉农业，河南地一带的河谷水系也被利用无疑，从现今两汉古城的近湖

与近河分布特征即能证明这一点，当时该区域的农业生产方式无论是旱作还是灌溉皆有条件，应当有着比较好的水源条件。狩猎业汉时在鄂尔多斯一带也非常普遍，《汉书·地理志》载：

> 安定、北地、上郡、西河皆迫近戎狄，修习备战，高上气力，以射猎为先。

近年来榆林市域汉墓中出土的画像石中，狩猎题材很常见，而且图中射猎的动物，主要有鹿、虎等。鄂尔多斯春秋战国时期的匈奴墓中出土的器物中，鹿和虎也是常见的题材，如1957年神木县纳林高兔村的匈奴墓就出土过金质和银质的虎、鹿形怪兽造形的精美文物，还有银质盘羊扣饰等，这些器物上的动物造型，其素材来源无疑是现实生活，因此，可以想象，在秦汉之前，鹿、虎、盘羊等动物，在鄂尔多斯地区有些很大的种群，是先民们主要的狩猎对象[10]。

三国、魏晋至南北朝时期，毛乌素沙地所在的鄂尔多斯一带的归属变动频繁，先是匈奴、鲜卑羌等多种民族聚居或杂居于此，即所谓羌胡地带；而后为北齐统治，再为前秦之地，再后为北魏、东魏、北周先后统治，基本上该区域都为游牧民族占据，畜牧业为主要生计，其他物产情况在正史中没有专门记载。《魏书·食货志》载：

> 世祖之平统万，定秦陇，以河西水草善，乃以为牧地。畜产滋息，马至二百余万匹，橐驼将半之，牛羊则无数。高祖即位之后，复以河阳为牧场，恒置戎马十万匹，以拟京师军警之备。每岁自河西徙牧于并州，以渐南转，欲其习水土而无死伤也，而河西之牧弥滋矣。正光以后，天下丧乱，遂为群寇所盗掠焉。

现今的鄂尔多斯七旗及其周边处于农牧交错带的榆林5县和宁夏盐池、灵武两县，2006年的牲畜总头数折算成羊单位大约2000万头（只），这是在放牧畜牧业已为养殖畜牧业替代的基础上实现的。由此可知。北魏时作为皇家牧场的鄂尔多斯及其周边地区，即有马匹200万只和骆驼100万头，折合成羊单位为1700万头（只），牛羊数目更是多的不可统计，可见当时畜牧业规模之大。在自然经济时代的游牧畜牧业能有如此之大的规模，应当是有很好的草场资源。若按目前内蒙与宁夏一带干草原的标准载畜量（10～24亩/羊）的下限计算，仅上文中记载的北魏时期官方放牧的马和骆驼，就需要上好的干草原草场17000万亩，折合11.3万km^2，超出今天鄂尔多斯市域总面积（8.7万km^2），如果再将数倍于马及骆驼的牛羊算进去，所需的草场面积至少应在20～30万km^2以上，绝不是今天的鄂尔多斯及其周边区域所能承载的。目前鄂尔多斯市草场总面积为8300万亩，可利用面积7200万亩，草场载畜量可达400万个绵羊单位。

出现这种统计矛盾的原因应当有三。其一，所谓"河西水草善"中的"河西"并不局限于鄂尔多斯地区，今陕甘宁黄土区、宁夏平原、河西走廊此时都在北魏版图之中，可能有一部分也属"河西"，有人认为"北朝时的'河西'常泛指山西吕梁山以西黄河两岸"，西面直至薄骨律镇；其二，鄂尔多斯及周边地区当时有着较现在为好的自然条件，除干草原外，还有载畜量更高的草场类型，如草甸草原（载畜量为5～6亩/羊单位）等；其三，史志中有关记载比较夸大，或为多年累计数量。然而据《魏书·帝记第二》记，仅在攻下大夏国都统万城的一次战争中，就"簿其珍宝畜产，名马三十余万匹，牛羊四百余万头"。《北史·魏本纪第一》和《魏书·帝记第二》都记述北魏对刘卫辰的一次战役"破直力鞮军于铁歧

山南,获其器械辎重。牛羊二十余万"。那么整个"河西"地区有
200万只马、100万只左右的骆驼、数百甚至上千万的牛羊是可信
的。如是来看,第三个原因可以排除。那么北魏在"河西"地区有
大规模畜牧业的原因只能是这一区域地域广大,同时也的确有很
好的草场条件,"水草善"应说明有大范围的湖滩草甸。

　　毛乌素沙地所在的鄂尔多斯高原还是北魏的猎场,据侯甬坚
统计,仅《魏书》中记载的北魏皇帝"行幸河西"就有9次(表9-
1),射猎动物有虎、豹、野马等。《北史》卷58《周室诸王》也载:北
周天和五年(570),11岁的宇文贵随其父齐炀王宇文宪在盐州一
带狩猎,"一围中,手射野马及鹿一十有五"。夏州一带还产鱼和
白鸠、白雉等飞禽,也从侧面说明夏州一带当时有较大的湖泊,过
境候鸟会在此停留。

表9-1　北魏部分皇帝西行田猎的记录[11]

年代	记录时间	地点	猎获物	资料出处
417年	泰常二年夏四月	田于大漠		魏书太宗记
419年	泰常四年冬十二月	辱孤山、薛林山	野马	魏书太宗记
421年	泰常六年冬七、八月	柞山、犊渚	虎	魏书太宗记
428年	神麚(加)元年夏四月	田于河西		魏书世祖记
	神麚(加)元年十一月	大校猎		魏书世祖记
429年	神麚(加)二年十一月	田于河西、柞山		魏书世祖记
436年	大延二年八月	校猎于河西		魏书世祖记
456年	太安二年秋八月	畋于河西		魏书高宗记
463年	和平四年八月	畋于河西		魏书高宗记

　　榆树和柳树是毛乌素沙地秦汉至南北朝时期重要的植物物

产,《水经注》卷3载诸次之水:

> 东迳榆林塞,世又谓之榆林山,即《汉书》所谓榆溪
> 旧塞者也。自溪西去,悉榆柳之薮矣。缘历沙陵,届龟兹
> 县西北。故谓广长榆也。王恢云:树榆为塞。

毛乌素沙地东南部的榆树种植历史可以上溯至汉武帝时代,大将军卫青率领3万将士北击匈奴时在长城沿线营建了"广长榆"林带,而且这个林带显然到郦道元时代还存在着。目前这一区域的榆树主要是榆科(Ulmaceae)榆属(Ulmus)的榆树(U. pumila),也即小叶榆或家榆,是一种耐寒旱、耐瘠薄、抗风保土、生长快、寿命长、根系发达、萌生力强的阳性树种,它可以指示阳生的旱中生生境,目前在毛乌素沙地有小片集中分布,但没有大规模的林带,榆树林在毛乌素沙地往往象征着当地少有的优越生态环境,如鄂尔多斯传统民歌《六十棵榆树》中歌唱的那样:"远望着郁郁葱葱的六十棵榆树哟,虽然年年大旱还是那样繁茂……"柳树是我国最早驯化栽培的树种之一,陕北地区常见的柳树是杨柳科(Salicaceae)柳属(Salix)的旱柳(Salix matsudana),在榆林和鄂尔多斯地区都被看成是当地的乡土种,可见栽培历史已很久远,该树种有耐寒旱、耐瘠薄,耐轻度盐碱,萌蘖能力很强,根系发达等生态习性,而且用途多样,如嫩枝叶绵羊、山羊喜食;干枝叶,牛、羊、骆驼喜食;不同规格的茎干还可做不同用途的建筑材料或农具,等等,因为其广泛的用途的速生性,柳树现在是毛乌素沙地及其周边地区最主要的造林树种。榆树和旱柳都是我国北方地区广泛分布的栽培树种,本没有太多的植被地带性指示意义,但大片榆树林带消失和小片榆树林地的残留,至少说明适合栽种榆树的旱中生小生境在减少。而且榆树、柳树都具有很强的抗逆性,选择它们而不是槐树、垂柳等我国北方同样广泛栽培但抗逆性不那么强的树种,在长城沿线的高亢显域地境上榆树可成林带,似可以说明

毛乌素沙地东南部在汉代至南北朝时期总体虽是比较寒旱的环境,但较之现代的气候要湿润。另外在鄂尔多斯地区北魏还有地名曰"柞山",顾名思义应为生长柞树的山,泰常六年(422),北魏国主拓跋焘向西巡视曾抵达柞山[12],顾祖禹认为其在大同西北五百余里,拓跋焘"始光初命长孙翰等伐柔然,自将屯柞山,亦曰柞岭。是年焘破夏统万,引兵还至柞岭,即此。神家二年焘西巡至柞山"[13]。但西夏时期文献记载柞岭(称"槅柞岭")在毛乌素沙地东侧的葭芦川一带[14],应为顾祖禹推算有误。北魏皇家历次将柞山作为其屯兵之处,想必应为环境较好,树木繁茂盛,有利于存兵之地。狭义的柞树指柞栎(Quercus dentata),一般所谓的柞树是广义的,指壳斗科栎属(Quercus)诸种,目前鄂尔多斯地区并无此类树种自然分布的记载,北魏时有柞树生长,说明当时此地的环境还是比较湿润的。统万城遗址的马面中也出土过许多粗大的松、柏、侧柏树干,应当是邻近的山地——如白于山、横山或神木、府谷一带的山地——运来的,说明当时周边山地还有原始的针叶林生长。

第三节　隋唐至宋夏时期毛乌素
沙地的物产及其环境意义

唐时居住毛乌素一带的主要是降唐的突厥人、粟特人、沙陀人、党项人等,他们均以放牧为主,故而畜牧产品是其地的主要物产。如《唐会要》卷70记唐高宗永隆二年(681)七月,夏州群牧使昭武九姓胡安元寿奏"从调露元年九月后,至二月五日前,死失马一十八万四千九百匹,牛一千六百头"。同卷还记载开元二年(714)太常少卿姜晦上疏,请求"以空名告身于六胡州市马"即是明证。宁夏盐池窨子梁墓葬群壁画中的"牧牛图"似也能说明当时牛是重要畜牧之一。

关于毛乌素一带的土贡方物,《新唐书·地理志》里有这方面的记载,宋人马端临的《文献通考》还根据杜佑《通典》中的记载,对唐代各地的常年土贡做了细致的记录。《元和郡县图志》也对各州在开元年间的贡赋有所记载(表9-2)。由此表可以看出,除灵武郡外,其他各州郡的贡物种类都不多,而且从来源来看不外乎四类,第一类为动物产品,如氍(同毡)、酥、麝、鹿角、鹿角胶、狩牛等;第二类为植物产品,如拒霜荽、徐长卿、芍药、桦皮、木瓜等;第三类为矿物类产品,如蜡、蜡烛、盐山等;第四类是有当地地方民族特色的制成品(原料来源可不限于本地),如胡女布、胡布、女稽布、角弓、麻、布等。灵武郡因辖境广阔并有富饶的黄河河套平原,治所灵州还是拥有10万劲兵的朔方节度使驻地,其富庶程度远在其他几个州郡之上,故而贡物种类繁多,但从来源来看基本上也属于上面几类。

表9-2 《新唐书》与《文献通考》中记载的毛乌素及其周边地区的土贡

	《新唐书》卷27《地理志一》	《文献通考》卷22《土贡考一》	《元和郡县图志》卷第四、第三(开元年间的贡、赋)
朔方郡(夏州)	氍、角弓、酥、拒霜荽	白毡十领	角弓、氍、酥、拒霜荽、麻布
灵武郡(灵州)	红蓝、甘草、花苁蓉、代赭、白胶、青虫、雕、鹘、白羽、麝、野马、鹿革、野猪黄、吉莫靬、鞾、毡、氍、库利、赤柽、马策、印盐、黄牛	鹿角胶、代赭、花苁蓉、白雕翎	甘草、青虫子、鹿皮、红花、野马皮、乌翎、鹿角胶、杂筋、麝香、花苁蓉、赤柽、马鞭
榆林郡(胜州)	胡布、青地鹿角、芍药、徐长卿	青龙角两具、徐长卿十斤、赤芍药十斤	女稽布、麻、布、粟、
延安郡(延州)	桦皮、麝、蜡	麝香三十颗	蜜蜡、麝香、麻、布

（续表）

	《新唐书》卷27《地理志一》	《文献通考》卷22《土贡考一》	《元和郡县图志》卷第四、第三（开元年间的贡、赋）
银川郡（银州）	女稽布	女稽布五端	女稽布、麻、布、粟
五原郡（盐州）	盐山、木瓜、狩牛	盐山四十颗	盐山四十颗
新秦郡（麟州）	青地鹿角	青地鹿角二具、鹿角三十具	
上郡（绥州）	胡女布、蜡烛		蜡、布、麻
宁朔郡（宥州）	毡		

　　上述贡物中动物产品既有畜牧业产品如毡、酥,也有狩猎业产品麝、狩牛。鹿角的来源则比较复杂,因为夏州一带当时已有鹿子苑这样的苑囿,但没有证据证明榆林郡和新秦郡有否鹿苑,很可能鹿角产出既有饲养又有野生的。麝香是我国传统高级香料,取自偶蹄目麝科（Noschidae）动物原麝（Noschus noschiferus Linnaeus）,亦称獐子或香獐,一般栖息在针叶林、针阔叶混交林、疏林灌丛地带的悬崖峭壁和岩石山地,以植物的嫩枝叶、果实及苔藓地衣、蕨类杂草为食。所以,总得来看毛乌素沙地及其周边的土贡方物中的动物产品,显示夏州、宥州一带有适合放牧的草原环境,但外围的延州、胜州一带有鹿等偶蹄类动物生活的林地或林缘环境。

　　上述贡物中的植物产品能识别的种类要么是林产品,如桦皮、木瓜;要么是林缘草坡分布的中草药,如徐长卿、芍药等,显示毛乌素沙地边缘的延州一带有桦木林,盐州一带有木瓜树,胜州一带有林缘草坡出产赤芍、徐长卿等草药。徐长卿（Cynanchum panlculatum Kitag.）是萝摩科鹅绒藤属多年生草本植物,多生于草坡、多石砾的山坡或灌丛中;赤芍在《山海经》所称的号山就有出产,号山论其方位是秃尾河和窟野河之间的一条小河,应在今神木县和府谷县之间,与胜州(今内蒙准格尔旗)毗邻,均为丘陵沟壑起伏的地形,赤芍生长需要的森林土或草甸土在此区域的丘陵山地阴坡仍很普遍。产于夏州的"拒霜荠"是何种植物有待考证,中药拒霜是锦葵科(Malvaceae)木槿属(Hibiscus)植物,为我国原产,中国名为木芙蓉(H. nutabilis),因其花大而美丽,大约在唐宋时期已经广为栽培并食用,主要在南方地区种植。而"荠"却是一种两年生草本植物,即十字花科的荠菜(Capsella bursa – pastoris),是一种世界广布种,《诗经》中就多次出现该植物名,如《诗经·邶风·谷风》中有云:"谁谓荼苦? 其甘如荠"。据贺次君点校的《元和郡县图志》按曰:"'拒'各本作'苣',与霜荠为二物。"但笔者未发现有名为"霜荠"的中草药,认为"拒霜荠"应为一种类似木芙蓉的野生草本类食用植物,最有可能的就是木芙蓉的同属植物野西瓜苗(H. trionum),是一世界广布种,在温带旱中生的生境下生长,在夏州一带就有这样的局地生境。

唐末至宋初,毛乌素沙地为党项羌人所割据,在五代十国(907~960)的动乱中党项诸部名义上先后依附于梁、唐、晋、汉、周及北汉王朝,受其封号,但实际上保持着独立的统治权。西夏建国前主要的辖境就在今毛乌素沙地及其周边,夏、绥、银、宥、静五州是其最早的属地,西夏建国后这一区域也在其版图之中。正史中没有这一时期此地土产贡物的具体记载,《太平寰宇记》等著作的记载也不全面。但在党项拓跋氏、李氏家族及其政权与唐、宋、辽、金的往来中,畜牧产品马和骆驼是最主要的贡品,狩猎产品如沙狐皮等也是重要的贡物,如《西夏书事》卷4载:淳化元年(990)李继迁向契丹

献良马二十四、粗马二百匹、驼一百头,锦绮三百匹、

织成锦被褥五合、苁蓉、甘石、井盐一千斤,沙狐皮一千
张、兔鹘五只、犬子十只。自后,每岁八节贡献。

同书卷十载:天禧五年(1021)十一月,李德明"谢契丹封册。
献良马二十四、凡马百匹"。大宋大中祥符元年(1008),经李德明
请求宋朝在陕西保安军(今安塞县境内)设立榷场,西夏以驼、马、
牛、羊、玉、毡、甘草、蜜、蜡、麝香、毛褐、羚羊角、碙砂、柴胡、苁蓉、
红花、翎毛等换取宋朝的缯、帛、罗、绮、香药、瓷、漆器、姜、桂等物
品,其中甘草是宋夏交易中最大宗的野生特产,《宋会要辑稿·食
货三》也载"赵德明奉人使中卖甘草、苁容甚多"[15]。骆驼、沙狐都
是荒漠半荒漠地区适生的动物,而骆驼此前并未成为这一区域的
重要畜产(但考古显示在距今4000年的龙山时期榆林一带就有养
殖);苁蓉在我国也主要产于沙区,甘草主要产于我国北温带轻中
度盐碱土上,以透水性好的沙地上的品质为佳;柴胡应当是石竹科
银柴胡(Stellaria dichotoma),通常也在荒漠半荒漠区分布;红花的
药用种也有蕃红花、草红花等不同的种,鉴于当地物产的野生性
质,故认为西夏早期本土产的红花应为草红花(Carthamus tinctori-
us),是菊科一年生草本植物,性喜沙质干燥土壤,也应产于沙荒地
上。据上述贡物可揣测西夏五州其时已经有相当面积的沙地,即
毛乌素沙地已具有相当的规模。

《西夏书事》卷9在记载李德明请赈时,对西夏建国前的军队
和平民口常的口粮种类和来源有所体现,称:

　　西北少五谷。军兴,粮馈多用大麦、荜豆、青麻子之
类。其民春食蚍子蔓、咸蓬子;夏食苁蓉苗、小芜荑;秋食
席鸡子、地黄叶、登厢草;冬则畜沙葱、野韭、柜霜、灰□
子、白蒿、咸松子以为岁计。时绥、银久旱,灵、夏禾麦不

登,民大饥。德明遣使奉表求粟百万斛。廷议不知所出,
或言德明方纳款而敢渝誓,请降诏责之。宰相王旦曰:
"第语德明:'尔土实馑,朝廷抚驭荒远,固当赈救,然极
塞刍粟,屯戍多,不可辍易。已敕三司具粟百万于京师,
可遣众来取。'德明得诏,惭且拜曰:'朝廷有人,臣不合
如此。'"遂止。

　　文中记述的西夏救荒植物,全部都是当地野生植物,虽然《西
夏书事》一书为清代学者吴广成所撰,他在破解西夏史料时不免
加入个人理解,但总体上还是基于史实和实际生活经验的。了解
西夏前期救荒植物的生态习性与分布(表9－3),对我们分析其地
环境很有帮助。

表9－3　宋夏时期毛乌素一带所产救荒植物的生态习性与分布 * [16-19]

西夏时期主要救荒植物	中文名称	可食性	植物的习性与分布
鼓子蔓	也称谷子蔓,是陕西农村对某种农田杂草的旧称。	幼嫩时全草可食	具体物种不详
咸蓬子	碱蓬(Suaeda glauca)	幼嫩时全草可食,果实亦可食	一年生植物,温带内陆及沿海地区的盐渍化土壤上
苁蓉	肉苁蓉(Herba Cistanches)	幼嫩时可鲜食,四季可熟食。	为无绿叶寄生植物,寄主为梭梭(Haloxylon ammodendrou)。主产于巴丹吉林、腾格里、乌兰布和等沙漠,毛乌素沙地亦有分布。

（续表）

西夏时期主要救荒植物	中文名称	可食性	植物的习性与分布
小芜荑	榆树（Ulmus sp.）	即榆树荚，可生食或蒸食	家榆为温带常见人工栽培树木；野生灰榆在内蒙、甘肃、宁夏的荒漠草原区有分布。
席鸡子	芨芨草（Achnetherum splendens）	主要为药用，种子可食但过于细小难于采集。	高大的密丛型耐盐草本植物，广泛分布在欧亚大陆干旱及半干旱区盐化草甸。
地黄	地黄（Rehmannia glutinosa）	全株可食并药用，生食、熟食均可。	多年生草本，多生在干旱但土壤含水量较高的生境下生长。
登厢草	沙米（Agriophyllum squarrosum）	幼嫩植株全株可食，种子可制淀粉。	一年生沙生植物，多分布在流动和半固定沙丘上。
沙葱	沙葱（Allium. sp）	叶可作蔬菜	多年生草本植物，生长在轻中度沙地上。
野韭	野韭（Allium. ramosum）	叶可作蔬菜，花和花葶可腌食。	多年生草本植物，生长在草地上和灌丛中。
拒霜	野西瓜苗（Hibiscus trionum）	幼嫩植株全株可食，成熟植株全草药用，种子可榨油。	耐旱一年生植物，温带地区较干旱的荒地、路旁、坡地等生境下广布。
条子	碱地肤，扫帚菜（Kochia scoparia）	幼嫩时全草可食用。夏秋季嫩茎叶可食。	旱生中植物，耐盐性强，温带、亚热带地区的田间、路旁、村寨旁极常见。
白蒿	白蒿（Artemisia sieversiana）	种子制成淀粉可当菜饭。	沙生植物，分布在固定、半固定沙丘上。

（续表）

西夏时期主要 救荒植物	中文名称	可食性	植物的习性与分布
碱松子	＊猪毛菜一种 （Salsola sp.）	嫩茎叶可鲜食 或晾干后加工 食用。	一年生草本,分布在温带荒 漠和草原地区,有盐生特 性。

＊为疑似植物。

从上述救荒植物的习性来看,除小芜荑为榆树的荚果,肉苁蓉为寄生植物外,其他均为多年生或一年生草本植物,其中碱松子、咸蓬子、席鸡子、条子都是盐生植物;白蒿、登厢草均为沙生旱生植物;野韭和沙葱为旱中生植物;苁蓉的寄主白刺（Nitraria sibirica）是一种耐强碱的盐生旱生植物。由此可见,西夏早期五州平民经常食用的救荒植物大多是长于盐碱土、沙地上的,这说明当时人们就是生活在一个土地盐碱化、沙化严重的环境中。

比较唐代与宋夏时期毛乌素沙地及其周边地区物产的环境指示意义,可以发现:环境的旱化、土地的盐渍化和沙漠化趋势非常明显,王守春等对甘草、银柴胡等物产进行的研究也曾得出同样结论。甘草（Glycyrrhiza uralensis）是我国西北草原和荒漠地带广泛分布的旱生小灌木,具有极强的耐旱性,其地理分布的变化,可以指示环境变化。鄂尔多斯地区汉代的盛产甘草的地方是朔方郡临戎县（今杭锦旗西北部）,因甘草交易盛行故而县城被称为"甘草城"[20],《元和郡县志》等记载"其城,周（557～581）、隋（581～618）间俗谓之甘草城"[21]。至唐时有大宗甘草出产并作为的贡物的只有一地,即灵州;到宋代进贡甘草的有原州、环州、丰州。原州位于泾河上游,包括今平凉、镇原地区;环州位于泾河上游今环县地区;丰州包括今陕北府谷县以及内蒙古伊克昭盟准格尔旗和伊金霍洛旗的部分地区。由此可知,自汉代以来,甘草的主要产地不断扩大,尤其是宋代与唐代相比,甘草主产区向黄土区扩展,表明这些扩展的黄土高原地区的环境趋向干旱化。中旱生的石竹科植物银柴胡在宋代成为银州一带的土贡;龙胆科植物秦艽(Gentianama crophylla)由西周时期的主产于平凉、庆阳一带,到宋代主产于延安一带。《元丰九域志》卷第3《陕西路》中记载在今延安及其周边地区以苁蓉为土贡,药材苁蓉包括列当科(Orobanchaceae)肉苁蓉属(Cistanch)和草苁蓉属(Boschniakia)的几种寄生植物,基本都产于沙地上,寄主主要有梭梭(Haloxylon ammodendron)、柽柳(Tamarix sp.)、白刺(Nitraria tangutorum)、红砂(Reaumuria songarica)等沙生植物,这说明宋代在今延安一带也有不少的沙地。等等这些,都反映了毛乌素沙地南侧的黄土高原从秦汉至唐宋,自然环境经历了逐渐的旱化过程。

西夏横山一带有柏树的记载在见于各类文献中,其中《大元一统志》卷55《葭州》中记:西夏"欲自鄜延以北,盗耕窟野河西之田,抽其兵还,然银城以南,侵耕自若,盖以其地外则蹊径险隘,多柏丛生,汉兵难入"。史念海先生认为这里的银城"当是银州城,其地在无定河上。西夏盗耕自鄜延以至窟野河西之田,就是因为这一带'多柏丛生',恃汉兵不能远去阻止"[22-23]。"多柏丛生"实际上未必是当地柏树长势旺盛或柏林葱葱,而是因为此柏树为臭柏。臭柏(Sabina vulgaris)又名叉子圆柏或沙地柏,是一种生长在干旱、半干旱区的山地、黄土丘陵及沙地上的常绿灌木,其群落的生态类型从中生至旱中生到旱生,在今天的毛乌素沙地及其周边,臭柏灌丛都很常见,在无定河及窟野河流域目前还都建有臭柏自然保护区。

第四节　元明以来毛乌素沙地的物产及其环境意义

元代鄂尔多斯一带的物产,《汉译蒙古黄金史纲》中有这样的译文:"主圣望见穆纳山咀,降旨道:丧乱之世,可以隐遁;太平之世,可以驻牧。当在此猎捕麋鹿,以游豫晚年。"[24]民间传说则称成吉思汗途径今鄂尔多斯时,流连于伊金霍洛的丰饶美丽,做诗说这里是"梅花鹿栖息之地,百灵鸟孵化之乡。衰落王朝复兴之地,白发老人颐养之邦"[25]。仅从字面意思分析,蒙元时期的鄂尔多斯中部无疑地区是富饶的牧场和狩猎之地,应当有广阔的草地,至少应当有很好的草原或湖沼草甸,梅花鹿、麋鹿等野生动物才能栖息其中。元代建国以后,鄂尔多斯腹地成为皇室封地,元代诗人周伯琦(1298~1369)有诗称其地为"朔方戎马最,趋牧万群肥",说明这里有着很好的畜牧条件,自然环境当比西夏时期优越。今天毛乌素沙地的东南缘元时属延安路的绥州、葭州;西部和西南缘属宁夏路,其时物产情况不详。

明代初期,虽然收复了鄂尔多斯,但在元代察罕脑尔,即今鄂尔多斯腹地,依然是蒙古族的聚居区。洪武三年(1370)以后,明庭陆续在沿边地区屯田,毛乌素沙地南缘的也在屯戍之列。正统三年(1438),"宁夏总兵官史昭以边军缺马,而延庆、平凉官吏军民多养马,乃奏请纳马中盐"[26]。连平凉、延安、庆阳一带军民都兼以养马为业,而地处毛乌素沙地西南缘的宁夏镇马匹又不敷使用,可见明初农牧区毛乌素沙地及其周边应是农区与农牧区的分界。明景泰年间(1450~1456),鞑靼部族首领孛来率先入套,其后又有毛里孩等部也陆续入套,明庭无奈选择弃套之举,于成化十年(1474)年筑起边墙退守在边墙内。明边墙就此成为农耕和畜牧的人为分界线,边墙内外物产迥然不同,从蒙汉互市的交易物品可见一斑。据《万历武功录》卷8《俺答列传》记载,俺答汉曾屡次请求"以牛马易粟豆",由大同至延绥、宁夏一带渐次开市。互市时,汉人"以段绸、布绢、棉花、针线索、改机、梳篦、米盐、糖果、梭布、水獭皮、羊皮盒、易虏马、牛、羊、骡、驴及马尾、羊皮、皮袄诸种"。至清初,互市规模和频次更加放大,如榆林的红山市在正月望日后开市,"间一日一市",汉商以"湖茶、苏布、丝缎、烟,不以米,不以军器"[27],而且蒙古牧民所带的货物多为"羊绒、驼毛、狐皮、羔皮、牛、羊、兔,不以马"。由蒙古牧古入市交易的物产可以看出,明清以来的鄂尔多斯的牧畜主要是骆驼、马、牛、羊等,狩猎物主要是狐狸和野兔,与宋夏时期党项人的贡物很相像。

　　1697年,康熙皇帝御驾亲征嘎尔丹时,从山西保德县入境府谷、神木一带,在康熙皇帝写给太监的手书中提到这一带"山上有松树柏树,远看可以看得"。又记"宁夏地方好,诸物最贱,但无花草耳"。在农历三月初进入宁夏境后,"朕领三边绿族兵打围,兔鸡多的非常。二十二日到兴武营,满围都是兔子,朕射三百十一支。二十三日到清水堡,兔子如前,朕不能射了,只射一百有零"。由这些记载可以看出,清代毛乌素沙地东侧的神木府谷一带尚有松柏树木,但已不成林了。毛乌素沙地西南部在仲春季节还是万物萧索的荒凉景象,但是野兔却非常的多,这段描述也适合今天这一地区的自然景观。另据光绪《绥德直隶州志》卷3《物产》记载:当时绥德境内只有松树"数株矣",灌木有杞柳,"俗呼臣柳,丛生地界",棘"生山崖间",榛"生山野中",可见毛乌素沙地南缘的森林和灌丛,已没有成片分布并已具有很强的次生性。

　　明清时期毛乌素沙地的野生植物物产情况知之不多。《宁夏志笺证》卷8中出现的野生沙地植物有桱、沙葱、沙芥、苁蓉、甘草、麻黄等,但同时也记载众多野生中生植物,可见宁夏境内存在着生境的多样性,今天宁夏的植物多样性也有如此特征[28],如果不知道具体产地则很难体现出物产的环境指示作用。明代宁夏土贡是鹰、鹖雕、天鹅、红花、豹子、马牙碱、黑鼠皮、沙狐皮等。

　　明清时期,榆林地区的物产中有柏子仁一项,由于臭柏的种子难以采收,柏子仁不大可能是其种子,只能是易采收的侧柏种子,反映侧柏树应当在山地沟谷中成林分布。甘草俗有"十方九草"、"药中之王"之称,需求量很大,明清时期一直为鄂尔多斯的大宗出产,清代中后期在北部的杭锦旗、河东的河间县一带形成了甘草的集散中心,民国时期连外国商人都进入包头办公司生产甘草膏,商业拉动使甘草也成为毛乌素沙地诸旗县的最大宗药材,有批量收购。当时行内认为品质最好的甘草出产于杭锦旗及陕北诸县,俗名"梁外甘草",主要生于深厚的黄沙土地上;其他如宁夏盐池、内蒙鄂托克旗、上河川与下河川(指杭锦旗、达拉特旗以北黄河两岸地区)的甘草品质稍逊,被列为中等货,因其产地"上层为黄沙土、下层为油碱土"之故[29]。毛乌素沙地至民国时期年产甘草在300万斤上下,其中陕北三边和柠条梁、宁夏盐池在200万斤左右;内蒙鄂托克旗及周边在100万斤左右,说明甘草适生的沙漠化土地面积广阔。近半个多世纪以来,鄂尔多斯的最大宗中药材由甘草变为麻黄,麻黄是麻黄科(Ephedra – ceae)麻黄属(Ephedra)植物,正种是草麻黄(E. sinica)生于向阳山坡、沙地、荒滩地,属强旱生植物,野生麻黄、苦豆子等资源的富集往往相伴着银柴胡、远致、秦艽等抗逆性较差的中药材资源的枯竭,是区域环境旱化的体现,麻黄和甘草实际上从清代以来就逐渐成为陕甘黄土高原区的大宗药材,也反映了黄土高原区经历了环境的整体旱化过程。

　　另据《宁夏志笺证》载:

盐州有乌池、白池、细项池;灵州有温泉池、两井池、长尾池、五原池、红桃池、回乐池、弘静池。地理志:怀远县盐池三:红桃、武平、河池也。二说不同。怀远即今宁夏之军城也。城北三十余里有盐池一,城南一池,去城亦三十余里,不审古为何名? 盐池在宁夏界内者,大盐池在三山儿东,小盐池在韦州东北。国朝设盐课司,收积池盐,以待客商支给。萌城设称盘所,盘验客商之盐,以防夹带。其余花马池、孛罗池、狗池、硝池、石沟儿池、忻都之北,沙中有一池不知名,并在河东。[30]

由此可知,明清时期毛乌素沙地及周边的盐产业却非常兴旺,与元时河西只有"韦红二盐"的情形有很大反差,出现这种差异的原因可能有经济、政治等方面的因素,但与环境差异也有很大关系,因为池盐的生产情况直接受盐池中卤水的浓度制约,卤水浓度太低是晒不出盐的,池盐产区都有"雨多盐少,雨少盐多"之说,毛乌素沙地及其周边明代出盐的盐池多于元代的原因,应当与气候趋于干旱有关。但是明清以来,如宁夏的红桃池、回乐池、弘静池、惠安堡小盐池等的干涸,也导致盐业资源的减少。

第五节　小结

毛乌素沙地及其整个鄂尔多斯地区,自先秦始畜牧产品一直是其主要的物产,两汉时期及明清以来,种植业虽然在当地的经济生活中占有重要地位,但并未替代畜牧业的地位,说明该地区是传统的牧业区,只在两汉、明清一度成为半农半牧区。鄂尔多斯的畜牧产品两千多年来有着明显的变化,两汉以前以牛、马为主;魏晋时期在大量放牧马、牛、羊的同时,骆驼数量也明显增加,以至达马匹的半数；唐代则以马、牛为主，至宋代马和骆驼成为主要畜产，牛、羊退居其次；元代畜牧产品所记不多，但有限的资料显示该地为马匹的优良牧场；明清时马、牛、羊、驼产品均为互市时蒙古族牧民出售的商品，其中羊及骆驼产品最为大宗。野生动物物产品在这一区域的历史变迁更为明显，由先秦的虎狼、犴牛（仵牛）、臧羊之类，至唐宋时期的野马、獐子、鹿，再到明清时期的赤狐、兔子，这种递变显示大型野生动物逐渐消失，人们的狩猎对象不得不退而求其次。历史时期毛乌素一带植物物产及植被的变化也非常鲜明，先秦时期其周边山地有温带落叶阔叶林和针叶林，树种有栎、檀、漆、棕、榛、松、柏等，还有中生的芍药、川芎等；至两汉南北朝时期，这里的树木除考古挖掘显示的松柏类以外，文献记载的主要是人工种植的榆、柳之类，但还有自然生长的柞树；唐宋时期松、柏、桦类的乔木，木瓜等灌木组成的群落，徐长卿、芍药等草本药材是其主要物产，榆柳等树木的分布都比较稀少，西夏时期的救荒植物则以盐碱土和沙地产的为主；明清以来，毛乌素外缘的松柏林虽有残留但生长更加稀疏，鄂尔多斯一带旱生、强旱生中药材如麻黄、甘草类产量增加，而那些中生或旱中生植物却不再成为大宗中药材。

　　综合历史时期毛乌素一带的物产的变化情况，可以发现，这一区域有三方面的环境变化规律：一是环境的整体寒旱化，表现为先秦时期曾出现的温带甚至亚热带树种，如栎、檀、棕、柞等的消失以及中生和旱中生植物药材的减少等；二是气候变化具有明显的波动性，秦汉较之魏晋、唐代较之宋夏时期有着更适宜的气候和更丰饶的物产，元代似比明清时期更湿润；三是生物群落的简单化与生物多样性的降低，盐碱地和沙地等土地退化类型的面积增大，这也是生态环境退化的典型标志。

参考文献

1　刘鸿雁:《第四纪生态学与全球变化》,科学出版社,2002 年。

2　王守春:《论古代黄土高原的植被》,《地理研究》,1990 年第 4 期。

3　吴祥定等:《历史时期黄河流域环境演变与水沙变化》,气象出版社,1994 年。

4　中国植被编辑委员会:《中国植被》,科学出版社,1980 年。

5　长白山地的植被垂直带结构为海拔 500 米以下为落叶阔叶林带,500 米～1000 米为针阔叶混交林带,1000 米～1800 米为针叶林带,1800 米～2300 米为矮曲林带,2300 米以上为高山冻原带。

6　谭前学:《秦汉时期的汉匈文化交流与融合》,《寻根》,2004 年第 6 期。

7　《汉书》卷 24 下《食货志》。

8　《汉书》卷 94 下《匈奴传》。

9　《后汉书》卷 87《西羌传》。

10　田广金等:《鄂尔多斯式青铜器》,文物出版社,1986。

11　侯甬坚等:《鄂尔多斯高原的自然—人文景观》,《中国沙漠》,2001 年第 2 期。

12　《册府元龟》卷 115《帝王部·藉田·狩》称魏世祖"西巡田于河西至柞山而还"。

13　《读史方舆纪要》卷 44《山西六》。

14　《西夏书事》卷 3 载:"继迁数寇河西,银、夏诸州无宁日。太宗令银、夏、绥、宥都巡检使田钦祚与西上阁门副使袁继忠率兵巡护。继迁从榾柞岭引众拒之,战于葭芦川,不胜,弃铠甲走。"

15　转引自罗福苌、罗福颐集注,彭向前补注:《宋史夏国传集注》,宁夏人民出版社,2004 年。

16　刘瑛心等:《中国沙漠植物志》,科学出版社,1987 年。

17　雷明德等:《陕西植被》,科学出版社,1999 年。

18　中国科学院内蒙古宁夏综合考察队:《内蒙古植被》,科学出版社,1985 年。

19　高正中等:《宁夏植被》,宁夏人民出版社,1988 年。

20　李森:《对历史时期乌兰布和沙漠成因的几点认识》,《西北史地》,1986 年第 1 期。

21　《元和郡县图志》卷 4"丰州条下"。

22　史念海:《黄土高原森林与草原的变迁》,陕西人民出版社,1985 年。

23　史念海:《历史时期黄河中游的森林》,见《河山集(二集)》,生活·读书·新知三联书店,1987 年。

24　朱风等译:《汉译蒙古黄金史纲》,内蒙古人民出版社,1985 年。

25　伊克昭盟地方志编撰委员会:《伊克昭盟志》(第一册),现代出版社,1994。

26　《明史》卷 42《地理三》。

27　康熙《延绥镇志》卷之 2《建置志·市集》。

28　何彤慧等:《宁夏植物多样性特征及其保护》,见《宁夏第二届青年科技论文集》,宁
夏人民出版社,1998 年。

29　尹子衡等:《解放前原绥远省甘草和甘草行业的概况》,《内蒙古文史资料(第二
辑)》(内部资料),1979 年。

30　[明]朱旃著,吴忠礼笺证;刘仲芳审校:《宁夏志笺证》,宁夏人民出版社,1996 年。

第 十 章
毛乌素沙地及其周边历史
时期的人类活动

第一节 毛乌素沙地及周边地区的人类活动方式

一、秦汉至魏晋时期

战国时期,毛乌素沙地及周边一带居于秦国北部、赵国西北部,这一带的居民主要是义渠(居于陇东、庆阳、固原一带)、匈奴(在鄂尔多斯中北部)、林胡(大约在鄂尔多斯东南部)、楼烦(大约在鄂尔多斯东部)、朐衍(在鄂尔多斯西南部)等少数民族政权。义渠人以农业为生,主要活动在秦陇黄土高原地区,自春秋至战国,与秦抗衡百余年。其他民族则以游牧、狩猎为生,特别是其中有匈奴人,以游牧、狩猎为生,牲畜以马、牛、羊为最多,其次则为骆驼、驴、骡等。《史记·匈奴列传》称匈奴的生活方式为"逐水草迁徙,毋城郭常处、耕田之业。然亦各有分地"。而且"儿能骑羊,引弓射鸟鼠,少长则射狐兔:用为食。士力能毋弓,尽为甲骑"。"其俗,宽则随畜,因射猎禽兽为生业,急则人习战攻以侵伐,其天性也。其长兵则弓矢,短兵则刀鋋。利则进,不利则退,不羞遁走"。
《史记·货殖列传》记:"天水、陇西、北地、上郡与关中同俗,然西
有羌中之利,北有戎翟之畜,畜牧为天下饶。然地亦穷险,唯京师
要其道。"可见毛乌素沙地主体所在的上郡一代,战国时期总体上
是一个以畜牧业为主的地方。毛乌素以南的黄土高原地区,在秦
代以前也是畜牧业为主的地区,关中以北自龙门至陇山之西均属
于畜牧业地区。

公元前306年,秦昭襄王"筑长城以拒胡",在今毛乌素东南
部划出了一条人为的农牧分界线。秦始皇统一六国后,于公元前
215年,派大将蒙恬率兵30万,一举占领了鄂尔多斯地区,并设置
了四郡三四十个县,将中原地区的3万农户迁入北河(今巴彦淖
尔市乌加河)、榆中(今鄂尔多斯北部)一带进行农业开发,使鄂尔
多斯成为当时重要的粮食产地,从而有"新秦中"之称谓。秦祚短
享,这一阶段的农业开发只维持了十余年,《汉书·匈奴传》云:

> 十有余年而蒙恬死,诸侯叛秦,中国扰乱,诸秦所徙
> 谪边者皆复去。于是匈奴得宽,复稍渡河南与中国界放
> 故塞。

秦末至汉初的七、八十年中,毛乌素沙地及其周边地区主要在
游牧的匈奴人的经营之下。20世纪70年代以来,内蒙古自治区
的文物部门先后在杭锦旗的桃红巴拉、阿鲁柴登、准格尔旗的玉隆
太、西沟畔、速机沟、鄂尔多斯市的补洞沟、伊金霍洛旗的公苏壕等
地,先后发现了大批春秋至战国时期的匈奴墓葬,出土的青铜器和
其他器物,也说明鄂尔多斯是匈奴族的重要栖息地,而游牧业是其
主要的生业方式。但据《史记·货殖列传》记载,上郡、北地、陇西
三郡"与关中同俗",想必在毛乌素沙地东南部,农业也有相当地

位。

汉文帝时(前180～157),采纳晁错"募民徙塞下"的建议,在边关地区开始了民屯,很快即形成了"边食足以支五岁"[2]的局面,但农耕应当未成大气候。汉武帝继位后,曾率万余骑北出萧关,狩猎于新秦中,因为"新秦中或千里无亭徼,于是诛北地太守以下,而令民得畜边县,官假马母,三岁而归,及息什一,以除告缗,用充入新秦中"[3]。可见当时鄂尔多斯一带总得看来还是人迹罕至,以畜牧生产为主业。汉武帝元朔二年(前127),匈奴族被逐入漠北,汉庭"得首虏数千,牛羊百余万。于是汉遂取河南地,筑朔方、五原郡,因河为固"[4]。同年还"募民徙朔方十万口"[5],到元狩三年(前118)又将贫民七十余万迁入鄂尔多斯与河套等地,其后又实施了军屯,采用了铁犁、耕牛、代田法等当时最先进的农具与耕作方法,有条件的地方还引水溉田,《汉书·沟洫志》云:汉武帝塞瓠子之后,"用事者争言水利,朔方、西河、河西、酒泉皆引河及川谷以溉田",鄂尔多斯地区其后也成为"沃野千里,谷稼殷积"之地[6]。前文研究显示汉代古城、墓葬等遗址广布毛乌素沙地全境,也说明当时的农业开发范围广阔,而且应该也有很好的农业收成,如准格尔旗境内的美稷县和谷罗县的地名,都显示当时此地农作物生长很好[7]。但因为鄂尔多斯地区当时仍然有匈奴人留居,此外还将历次战争中归降的其他民族战俘,如龟兹等族的人口就安置于这一带,以至于形成"葆塞蛮夷"[8]的局面,故此,西汉的畜牧业生产仍然占有重要的地位,并且"牛马衔尾,群羊塞道",呈现一片农牧业兴旺的局面。与此同时,鄂尔多斯地区还"盐产富饶",有龟兹盐池等出产池盐。

到新莽时期(8～25),州郡纷纷易名,边事混乱,边地诸郡逐渐衰落。东汉初期,光武帝刘秀因国力有限省并了一些地方行政机构,对鄂尔多斯一带的统治有所松弛,一度为卢芳割据政权所据,边民为时局所迫,颇多内徙。其后虽然因南匈奴附汉,北边又趋安定,内迁民众又有组织地返回原住地事以旧业,杂居的南匈奴人虽以放牧为主业,但也逐渐习以种植业。至永初三年(109)南匈奴反叛,鄂尔多斯又陷入动荡境地,农业凋敝,至东汉后期(约在188年前后),南匈奴摆脱东汉王朝管辖,鄂尔多斯地区又成为其驻牧地,而汉族"百姓皆空",彻底结束了汉武帝以来这一区域的大规模农业开发。

　　魏晋—南北朝时期(220~580),鄂尔多斯地区成为匈奴、鲜卑、乌桓、敕勒等游牧民族演绎军事与政治历史的大舞台,游牧业是这里主要的生业方式,与此同时,这些游牧民族也在很长时期内,"入塞寄田,春来秋去"[9],兼营农业。赫连勃勃于407年建立大夏国,413年在毛乌素东南营造都城——统万城;427年北魏太武帝灭夏以后,置夏州,设统万镇,对当地的屯田民和游牧部落分别实行"计口授田"和"离散诸部,分土定居的政策"[10],作为牧场,鄂尔多斯曾养马二百余万匹,骆驼一百余万头,牛羊无数,畜牧业有了比较稳定的发展。据研究,北魏时的统万镇一带,主要分布的是稽胡,一般认为这一地区的稽胡是屠各、卢水、铁弗、月支等各种杂胡的总称[11]。《魏书·稽胡传》记载:

> 稽胡,一日步落稽,盖匈奴别种,刘无海(刘渊)之苗胤也。蚑云山戎赤狄之后。自离石以西,安定以东,方七八百里,居山谷间,种落繁炽。其俗土著,亦知种田地,少桑虫,多麻布。

　　在鄂尔多斯周边有灌溉条件的区域,这一时期的种植业非常繁荣,如太平真君七年(446),北魏在薄骨律镇(今宁夏吴忠市)的屯田取得很大成功,政府下令由高平、安定、统万及薄骨律四镇共出车 5000 乘,将屯谷五十万斛,调给军粮匮乏的沃野镇。沃野镇位于今内蒙古临河市一带,即鄂尔多斯的西北缘,因此可以说,在这一政局比较稳定的阶段,鄂尔多斯及其周边的畜牧业和种植业都很繁荣。

但是在鄂尔多斯腹地的毛乌素沙地一带,畜牧业是这一时期的主要生业方式。北魏败赫连昌攻入统万城时,号称"获夏王、公、卿、将、校及诸母、后妃、姊妹、宫人以万数,马三十余万匹,牛羊数千万头,府库珍宝、车旗、器物不可胜计"。其中关于牲畜的数据未免夸大,但至少体现了其地放牧牲畜之巨。北魏占领统万城地区后,使其成为自己马、驼、牛、羊的供给地,《魏书》卷 110《食货志》称:

> 世祖之平统万,定秦陇,以河西水草善,乃以为牧地。畜产滋息,马至二百余万匹,牛羊则无数。高祖即位之后,复以河阳为牧地,恒置戎马十万匹,以拟京师军警之备。每岁自河西徙牧于并州,以渐南转,欲其习水土而无死伤也。而河西之牧弥滋矣。

北魏末年,源子雍镇守夏州,其时,沃野镇人韩拔陵起义,统万城胡人群起响应,夏州受困,粮草断绝,源子雍留子困守州城,而自己则突围而出,前往东夏州(今陕西延安市)乞求粮食,史念海先生据此认为"夏州在正常岁月中,粮食是无须外求的"[12],意即夏州有农耕,产粮可以自给,但笔者以为此条史实并不足已得到此结论。《资治通鉴》有关此事件的记载称:

> 魏朔方胡反,围夏州刺史源子雍,城中食尽,煮马皮而食之,众无贰心。子雍欲自出求粮,留其子延伯守统

万,将佐皆曰:"今四方离叛,粮尽援绝,不若父子俱去。"
子雍泣曰:"吾世荷国恩,当毕命此城;但无食可守,故欲
往东州,为诸君营数月之食,若幸而得之,保全必矣。"乃
师羸弱诣东夏州运粮,延伯与将佐哭而送之……子雍见
行台北海王颢,具陈诸贼可灭之状,颢给子雍兵,令其先
驱。时东夏州阖境皆反,所在屯结,子雍转斗而前,九旬
之中,凡数十战,遂平东夏州,征税粟以馈统万,二夏由是
获全。[13]

由此可知,源子雍在外求粮至少用了九十天,才给已无粮食而
靠"马皮"为食的夏州供粮,在断粮之后尚能靠畜产维持三月之
久,显见此地应以畜牧业为主,粮食生产远未达到自给自足的水
平。

二、隋唐至宋元时期

统万城自赫连勃勃于此建都起,在其后的很长时期都是鄂尔
多斯南部地区的政治中心,北魏孝文帝于477年立为夏州,历北周
到隋代下设岩绿、德静、长泽等县,其地在这一阶段一直是个亦农
亦牧的地区。隋大业十三年(617),地方豪强梁师都曾割据夏州
称帝。梁师都一说为汉人,一说有突厥血统,但与梁师都同时见于
史志的数人,即与梁师都同时反叛的刘季真(离石胡人)、李子和
(同州蒲城人)、刘武周及梁师都部下大将张举、刘旻、李正宝、辛
獠儿等,都有汉族姓氏,即使不是汉人,也基本汉化。《旧唐书》卷
56记:

颉利政乱,太宗知师都势危援孤,以书谕之,不从。
遣夏州长史刘旻、司马刘兰经略之。有得其生口者,辄纵

遣令为反间,离其君臣之计。频选轻骑践其禾稼,城中渐
虚,归命者相继,皆善遇之。

　　说明当时夏州一带以农业人口和农耕为主业。唐初在统万城
设夏州都督府,后曾一度改称朔方郡,下辖朔方、德静、宁朔、长泽
等县,唐贞观年间,为安置突厥降部设立了云中、呼延州、定襄、达
浑、安化州、宁朔州和仆固州等都督府,羁縻府州,其中为突厥诸部
所置的定襄和云中两都督府,后来就分别侨置于宁朔县和朔方郡。
唐贞观八年(634),党项首领拓跋赤辞率部降唐,被安置在统万城
一带,夏州人口构成逐渐以"杂虏"为主。

　　唐代的夏州及其西部"六胡州"一带的民族及生业方式,是近
年来学界研究的一个热点。[14]"六胡州"的主体居民粟特人,原是中
亚草原地带以经商为主、农牧兼顾、半牧半农、掌握灌溉技术的民
族,隋唐时期有大批的昭武九姓粟特人沿丝绸之路经商牟利,其中
有不少人流离中土各地,长年不归,遂为移民,当时在西州、伊州、
敦煌、张掖、武威、长安、洛阳以及河朔等地,都分布有昭武九姓的
聚落[15]。六胡州的居民"六州胡"在置州之初主要就是昭武九姓的
粟特人,而归属东突厥后的粟特人则以部落形式存在,长于骑射,
是一个军事化的游牧民族[16]。留寓于河朔一带的昭武九姓人是裹
胁在东突厥人中东迁的,由于原居地有高度的城邦文明,尽管也在
不断地融合和同化,但其在东突厥各部族中具有较高的政治与经
济地位是毫无疑义的[17]。唐廷之所以不选择河曲地区的广大腹
地,而是选择灵、盐、夏州之间的政治军事敏感地区安置粟特人降
户,可能既为了照顾到他们从突厥浸染的游牧习俗,又可使他们接
受农耕的熏染,更多的则是出于笼络和分化这股政治势力的需要。

　　关于六胡州人的生业方式,蔡鸿生认为:昭武九姓的粟特人本
是中亚草原地带以经商为主、农牧兼顾、半牧半农、掌握灌溉技术

的民族,而归属东突厥后的粟特人则以部落形式存在,长于骑射,是一个军事化的游牧民族[18];王义康也认为六胡州居民主要从事游牧畜牧业,同时以鞍马从戎为能事,终唐一带一直保留着部落组织[19]。陈子昂《上军国机要事》中载:

> 今国家为契丹大发河东道及六胡州、绥、延、丹、隰等
> 州稽胡精兵,悉赴营州,而缘塞空虚,灵夏独立……不可
> 竭塞上之兵,使凶虏得计……

说明六胡州落稽胡户是唐之精兵兵源之一。唐代中后期中央政权式微,藩镇割据,粟特人后裔中涌现出一大批将领,如仅两唐书之列传中列出的就有李抱玉、李国臣、李元谅、康日知等人。军事人才的大量出现似也能从侧面证明昭武九姓聚落是保留着半军事化生产组织的。艾冲则认为粟特人原居中亚两河流域,有着定居的历史传统,移入六胡州后仍保持定居的习惯,这就决定了他们从事的畜牧经济是一种定居的驻牧型畜牧生产活动,大致囿于六胡州一带,围绕定居地放牧,回旋的空间与草场有限[20]。他认为史载"兰池胡久从编附,皆是淳柔百姓,乃同华夏四人"。姜伯勤则认为六胡州是一个"突厥人的草原穹庐文明和粟特人的绿洲城邦文明互动的典型例子"。无论以上哪种观点为主,畜牧业在六胡州一带应是最为重要的生业方式,这一点是无可厚非的,而且主要的放牧牲畜是马,牛拟或还有骆驼等大牲畜和羊。《唐会要》卷70记唐高宗永隆二年(681)七月,夏州群牧使昭武九姓胡安元寿奏"从调露元年九月后,至二月五日前,死失马一十八万四千九百匹,牛一千六百头"。同卷还记载开元二年(714)太常少卿姜晦上疏,请求"以空名告身于六胡州市马"即是明证。宁夏盐池窨子梁墓葬群壁画中的"牧牛图"似也能说明当时牛是重要畜牧之一。

唐玄宗时期在边疆地区开始了大规模的屯田,《唐六典》卷7《屯田郎中》条下记载的关内道有 258 屯,毛乌素沙地及周边有盐州牧监四屯、盐池七屯、夏州二屯、胜州一十四屯。《太平寰宇记》卷 37 记六胡州南部的盐州一带,是"以牧养牛、羊为业","地居沙卤,无果木,不植桑麻,唯有盐池",说明此地除畜牧业以外的第二大产业应为制盐业。唐元和三年(808 年)六月,沙陀酋长朱尽忠与其子执宜率众三万,"被置之盐州,为市牛羊,广其畜牧"[21]。

唐代中期以后,党项拓跋氏即割据毛乌素及其周边地区。唐末,党项首领拓跋思恭因镇压黄巢起义有功,被唐僖宗授予定难军节度使之职,赐姓李,封夏国公,领夏、绥、银、宥、静五州,辖境相当于今陕西榆林市和内蒙古鄂尔多斯市全境,这种格局一直延续到五代十国时期,后汉又将静州隶属定难军,党项平夏部贵族在此"虽未称王,但自其王久矣",夏、绥、银、宥、静五州自此成为西夏立国的基业所在。宋太宗太平兴国七年(982),因党项内部权力冲突尖锐,首领李继捧率族人至开封,将领地献给宋太宗,北宋政权即派遣官员接手了对五州的统治。时任定难军都知蕃落使的李继捧族人李继迁对此大为不满,逃至夏州北部三百里的地斤泽(亦称铁斤泽)一带,联络豪强大族,开始了他的抗宋"复土"之路。1002 年,李继迁占领灵州(治所在今宁夏吴忠市),更其名为西平府,势力大增,宋真宗在迫不得已的情况下,将上述五州及灵州割让,横山一带及所居蕃户一并让出。此后直到西夏立国的 190 年(1038~1227)中,毛乌素沙地区域基本都在党项人的统治之下。

如果从拓跋思恭拥有夏州之地算起,至最后被蒙古所灭,毛乌素沙地区在西夏政治集团的主导统治下长达 347 年。畜牧业是西夏党项民族长期从事的主要生产部门,西夏建国前后莫不如此[22-23],因而有西夏"以马羊立国"[24]之说。唐末夏州一带就被认为其"属民皆杂虏,虏之多者曰党项,相聚为落于野,曰部落。其所业无农桑,事畜马牛羊橐驼"[25]。毛乌素所在的河套地区盛产马、牛、羊、驼等牲畜,雍熙元年(984),尹宪在地斤泽大破李继迁时,"焚千四百帐,获牛羊、器械万计"[26];宋淳化二年(991),"保忠上言,帅众乘夜击败之,熟户貌奴、猥才二族以兵邀截,夺牛畜二万余"[27];淳化四年(993),李继隆入夏州,生擒赵保忠,"收获牛羊铠甲数十万",并将赵保忠用槛车转送府州,府州防御使折御卿上言:"银夏等州蕃汉户八千帐族悉归附,录其马牛羊万计银、夏州管内蕃汉户八千帐族悉来归附,录其马、牛、羊万计。"[28]这一地区多牧畜的情形一直维持到西夏后期,《元史》卷119《孛鲁传》记载成吉思汗命孛鲁"攻银州,克之,斩首数万级,获生口、马、驼、羊、牛数十万"。

农业在西夏历史上也是重要的生业方式,尤其是西夏建国以后,在银川平原和河西走廊一带兴修水利,利用黄河水和祁连山融雪水发展灌溉农业,使得"耕稼之事,略与汉同"[29]。今毛乌素沙地一带,农业应为次于畜牧业的第二种主要生业方式,在东南部缘边一带,可能还是主业。西夏建国前,党项人的一些部族即在这一区域定居并从事耕作,定居的蕃部与汉族杂居,被视为"熟户",但是毛乌素及其周边一带适于耕作的地域不多,普通民众常常以野菜和野草种子为食,只在宋夏交界的区域及宥州一带,所谓"塞垣之下,逾三十年,有耕无战,禾黍云合"[30]。在米脂、葭芦两城的周围,有良田一二万顷,夏人谓之"歇头仓",又名"真珠山"、"七宝山",以盛产粮食而著名,以至于"夏人赖以为国"[31];宥州一带则"每岁资粮,取足洪、宥"[32];与宥州毗邻的夏州一带也应有相当面积的耕地,以至1110年"乾顺命发灵、夏诸州粟赈之"[33],以解瓜、沙、肃三州的饥荒。而鄂尔多斯的其他地方,则"地不产五谷"[34]。西夏建国以后,农业虽有长足发展,但在毛乌素一带受自然条件局限农业依旧规模不大。史料有载西夏在摊粮城、西使城、左村泽、鸣沙州、葭芦城、米脂砦、质孤堡、胜如城、龛谷砦等十多处地方都设有粮仓[35],其中左村泽粮仓在宥州城西,即今城川镇一带,这一区域目前看来也是毛乌素沙地中最适宜耕种之所之一,是鄂托克前旗农田最集中连片的地带。在夏州境内的七里平和桃堆平也有百余所谷窖及密集排列的"国官窖"[36]。而今乌审旗河南乡政府住地仓窑洼(也称仓窑村)东北及西北部的梁地,极其适合窑藏粮食,解放战争时期边区政府即组织当地群众在此挖地窖贮存粮食,当地的古仓窑比现代的窑窖要复杂得多,多为两进式的地洞,由斜坡道进入,每个窑窖都开有天窗和斜坡道,不仅适于贮粮而且能够住人,分布和排列也很有规律,从规模和形制来看,应当是西夏时期的"国官窖"或"御仓"无疑,地表不多的遗存也显示其形成时代应为唐宋时期。由此也说明,今天耕牧皆宜的河南乡一带,西夏时期也曾是种植业生产集中之所。

采集狩猎业应为毛乌素一带党项人的又一生业方式,在西夏早期历史上可能是重要的食物来源途径。通过采集可食植物或植物的可食部分以及猎获野生动物,以替代粮食之不足。在李继迁与宋庭连年作战之际,"其民春食鼓子蔓、咸蓬子;夏食苁蓉苗、小芜荑;秋食席鸡子、地黄叶、登厢草;冬则畜沙葱、野韭、拒霜、灰条子、白蒿、碱松子,以为岁计"[37]。显而易见的是,根据四时不同,各季节有不同的采摘对象,即使是秋季,一样要依赖救荒植物生存。西夏早期盘踞夏、绥、银、宥、静五州时,狩猎业的主要猎获对象是兔鹘、沙狐皮等,如宋淳化元年(990)三月,李继迁遣使至契丹贡"沙狐皮一兔鹘、沙狐千张,兔鹘五只,犬子十只"[38]。沙狐(Vulpes corsac)为犬科动物,主要分布于我国新疆、青海、甘肃、宁夏、内

蒙、西藏及蒙古国及中亚等国的温带草原和沙漠区,一次进贡一千
张沙狐皮,说明鄂尔多斯一带沙狐的数量当不在小数。兔鹘也叫
海东青,是鸟纲隼形目击者隼科的一种(Falco sp.),目前我国北方
就有十余种,驯化后用作捕猎之用,一只驯化好的可谓价值不菲,
进贡兔鹘也说明狩猎业于契丹和西夏一样,都是很重要的。

　　元代立国前后的100多年中,鄂尔多斯地区是蒙元部族的牧
场和猎场,以畜牧业和狩猎业为主要生业方式,由于毛乌素沙地中
北部的伊金霍洛旗一带是成吉思汗的丧葬之地,以守陵为任的达
尔扈特族人蕃息在这一地区,固守着传统的游牧方式生存;毛乌素
沙地的南部分属宁夏路和陕西路管辖,农耕活动也渗透到这里,毛
乌素沙地东南缘的榆林、绥德一带,元代是牧马草地与农田相间。
元世祖中统初年,在绥德州开置了屯田,后来屯田区遍及陕北。
《元史》卷157《张文谦传》和《元史》卷148《董文用传》分别记载
此二人等,曾在西夏地修葺旧渠,灌溉农田。袁裕则将鄂州(今湖
北武昌一带)的万余人移入西夏中兴府(即今银川平原及周边),
计丁给地,而且着力将定居的其他民族人口改业从农,《新元史》
卷173《袁计传》载,袁计建议将"西夏羌、浑杂居,驱良莫辨,宜验
已有从良书者,则为良民",为朝廷采纳,于是"得八千余人,官给
牛具,使力田为农"。另有蒙元亲王朵尔赤等也在毛乌素沙地南
部推行过屯田。上述史料表明,元代毛乌素沙地南缘,农业生产在
唐、宋垦殖的基础上继续发展。以牲畜皮毛为原料的手工业自西
夏时期就是党项族人的重要收入来源,元初马可波罗途经中兴府
(今银川市)时也有所闻,并记载此地白毛毡品质极为优良,销往
世界各地。

三、明清以来

洪武三年（1370），明庭控制了鄂尔多斯及其北部河套地区，依元制设丰州、云内州（今包头一带）和东胜州（今托克托县），但不久即迫于北元攻势压力，撤丰州、云内州，徙民于中立府（今安徽凤阳），东胜卫也于永乐初撤卫南迁至大同地区后，鄂尔多斯一带成为防御蒙元势力的前线，但实际的军事实力部署在毛乌素沙地以南的延安卫、绥德卫一带。由于明初蒙古部族内部混战不已，很少有蒙古族牧民至鄂尔多斯一带游牧，明廷也有所谓"搜套"、"剿套"之举，但均未产生长效，因此，鄂尔多斯地区在明初的70～80年中，少有农牧业生产，只有延绥军镇附近一带土地被军兵及其家属开垦。但正统年间沿旧界（战国秦长城）修建了23个城堡以后，"北二三十里筑瞭望墩，台南二三十里之内植军民种田界石"[39]，虽然未获官方批准，但各营堡的官员依旧役使官军，并招引流民至界石外垦荒种地谋利，而且竞相效法，到成化年间榆林城几次拓筑以后，越界种田已成风气，以至于"远者七八十里，近者二三十里"[40]，其中有的地段更甚，如"缘边墙至烟墩，如清水营一带中间多有耕种百里者"[41]。但是这种情形并没有维持多久，因为"自房居套以来，边禁渐严，我军不敢擅入，诸利皆失"[42]，而且随后不久即因"弃套"之举而将农耕界线缩至明长城一线以内，边墙外的毛乌素沙地在有明一代再未得到大规模的农耕开发。

边墙以内主要从事的是"耕牧"的生业方式。边墙尚未完全筑成，即已开始起科，《宪宗实录》成化十年闰六月甲乙巳条下，余子俊奏疏中称：在筑边墙时"役兵四万余人，不三月功成八、九……其界石迄北，直抵新修边墙内地，俱已履亩起科，令军民屯种，计田税六万石有余"。及至边墙彻底完工后，边内的屯垦开发更加兴盛起来,凡近城堡、墩堠附近的草地,均被开垦。明人魏焕曾言之:"先年县城(花马池,即今宁夏盐池县)一带,全为耕牧。自筑大边以后,零贼绝无,数百里间,荒地尽耕,孳牧遍野,粮价亦平。"[43]

马政也是沿边一带重要的产业,在定边、靖边一带明代就有官方的养马苑,各沿边营堡除经营好自有马匹外,还肩负着为来往的官方军队供给草料的任务,因此,刈割青草也是沿边军兵的兼业。据记载:

> 成化间,陕西例,将在边谷营堡操守官军余丁,尽数查出,于青草成之时,督令前去采打。有马者每名采草一百八十束,各勾自己马匹六个月支用。无马者每名照例采打,堪中草一百二十束,运仓上纳,以备客兵之用。如所采草束延至十月终不完者,应将把总官员俸粮住支,后采草完日放许支俸。[44]

但是由于河套地区的战争和冲突几乎贯穿整个明代,战争与冲突大大限制垦殖的范围,开中法在弘治五年(1492)改制又动摇了商屯的基础,使得明代的边屯并未连续地、大规模地发展下去[45]。清统一以后,毛乌素沙地明边墙内外皆为所属,清廷还规定边墙外25km为禁留地(黑界地)。但是随着内地土地兼并的加剧,流民问题越来越严峻,与此同时蒙古王公贵族为获取地租,也有招民开垦的意愿,甚至在康熙三十六年(1697)伊盟盟长松拉普都正式奏请康熙帝"乞发边内汉人,与蒙古人一同耕种黑界地"[46]。禁留地开禁后,蒙古王公和内地汉民在边外禁留地上开始合伙种地,但因涌出的汉族贫民太多,引起清政府的担忧,遂采取发放准垦凭证的方式控制出界人口,而且规定"有沙者以三十里为界,无沙者二十里为界"[47]。雍正年间则规定只能春去秋归,不准占籍。

但乾隆以后,边内人口压力越来越大,出关耕种者日众,扼制政策基本失去作用,总兵朱国政正式奏请"民人(汉人)越界租蒙地"获准,以至于鄂尔多斯及后套地区在"道光、咸丰年间,愈聚愈众,开渠垦地,几同秦晋"[48]。清末光绪年间,清政府宣布实施"移民实边"、"开放蒙荒"的政策,大批的民人入蒙境开垦荒地,据《清史稿·贻谷传》记载:贻谷在蒙地实施放垦历时六年,"凡垦放逾十万顷,东西二千余里。绝塞大漠,蔚成村落",毛乌素进入前所未有的垦殖开荒阶段,但蒙地的原居民还多以放牧为生,因而,清后期至民国,毛乌素沙地区为耕牧并重的生业方式。民国十三年(1924),由于贻谷放垦时报垦之地并未完全垦殖,绥远省于是设立"勘放鄂托克旗地亩局"继续清丈,虽然由于蒙民的反对未持续下去,但一时期也有大量的汉族人口进入鄂尔多斯,许多人从事甘草挖掘的生业方式,使西蒙(包括阿拉善盟)的甘草资源被大规模地开发。

四、小结

综上所述,毛乌素沙地及其周边秦汉以来的生业方式多有翻覆(表10-1),主要是摆动在畜牧业和农业之间,狩猎业一直作为次要生产方式,在游牧民族统治时期往往成为畜牧业的辅助产业。近现代以来,毛乌素沙地及其周边经历了大规模的农业开发,尽管如此,也没有从根本上替代畜牧业的产业地位,这是农牧交错带的性质决定的。在这一区域内部,两千多年来农牧业结构还存在着明显的内部差异,大抵沿明长城分界,长城以内是以农为主兼营畜牧的区域,长城以外是农牧兼营以牧为主的区域,毛乌素沙地的几次农业开发,也是农牧交错带南北摆动的表现。

表 10 - 1　毛乌素沙地历史时期的主要生业方式及其变化

时代	时段		生业方式
先秦	前 221		畜牧业
秦代	前 221 ~ 206		农业、畜牧业
汉代	前 207 ~ 220	前 207 ~ 126	畜牧业、狩猎业
		前 127 ~ 188	农业、畜牧业
三国魏晋南北朝	220 ~ 580		畜牧业、农业
隋唐	581 ~ 905		畜牧业、农业
宋夏	906 ~ 1279		畜牧业、狩猎业、农业
元代	1281 ~ 1368		畜牧业、狩猎业
明代	1368 ~ 1644		畜牧业、农业
清代	1645 ~ 1911		农业、畜牧业并重
民国	1911 ~ 1949		农业、畜牧业并重

第二节　毛乌素沙地及其周边地区的人类活动强度

一、秦汉至南北朝时期

秦始皇三十二年(前 215),秦始皇以蒙恬为帅,统领 30 万(或称 20 万)秦军北击匈奴,至北边沿边一代与匈奴紧列交战,并"筑长城以拒胡",进而"又使蒙恬渡河取高阙、阳山、北假中、筑亭障以逐戎人"[49]。随后,又将内地 3 万农户迁入北河、榆中一代垦田,三十五年(前 212)蒙恬又奉命修筑直道。假使蒙恬率领的 30 万兵丁的一半留居河南地守御;迁入的 3 万农户也有一半左右入居河南地,每户按 5 口人计;在该地修建秦直道等工程的民夫徭役估计也不过数万人(秦代的长城远在河套北部,本区域遗留的是秦昭襄王长城),累加起来应该不超出 30 万人。秦时全国人口只有大约 2000 万人,30 万人已是一个不小的数字。

秦亡汉兴之后,鄂尔多斯及周边一度地空无人,《史记》卷 30 《平准书》集解引臣瓒曰:"先是,新秦中千里无民,畏寇不敢畜牧,令设亭徼,故民行畜牧也。"汉武帝时推行移民实边之策,前后数次向这一地区移民,其中元朔二年(前 127)10 万人;元狩三年(前 120)70 余万人;元鼎六年(前 111)又在"上郡、朔方、西河、河西开田官,斥塞卒六十万戍田之"[50]。与此同时,鄂尔多斯及周边还安置了大批内附匈奴族人口,元狩二年(前 121)秋,将浑邪王降部约 4 万人安置在陇西、北地、朔方、上郡、云中一带;宣帝五凤二年(前 56),将呼敕累(官号)及右伊秩訾(王号)等 5 万降众安置在西河、北地二郡,至宣帝末,匈奴降众约 10 万人被安置在这一区域[51]。自汉武帝时至西汉末,仍有农业人口陆续徙入。《汉书·地理志》记载的本区域汉代的 6 个郡共计 115 个县,总人口共计 205.7 万人(表 10-2);设在鄂尔多斯高原及毛乌素沙地缘边一带的约有 36 个县,按均匀分布计算出的该区域人口总数为 825497.5 人,考虑到陆续内降的匈奴人口未必计入上述人口数中,故按半数计入入居这一区域的匈奴人口,如此的话,鄂尔多斯及榆林一带总人口大约为 88 万人,是秦代该区域人口的 2.9 倍。

王莽篡位引发的政局动荡、卢芳反汉、汉庭与南匈奴关系的时好时坏等,都严重影响了鄂尔多斯地区的农业开发,在王莽至东汉末的 200 多年中,该区域人口数量有较大的起伏变化,人口总数趋于减少,东汉初年,由于边郡人口锐减,故对郡县进行了大规模的省并,鄂尔多斯及周边 6 个郡治虽得以保留,但县份大量减少,位于本区域的只有大约 20 个县（见表 1–2）。据《汉书·郡国志》记载,6 郡人口总数只有 125304 人（表 10–3）,只相当于西汉时期总人口数的 6.1%。将各郡人口按县平均,那么东汉初期分布于鄂尔多斯及周边各县的汉籍总人口只有 53108 人（表 10–4）。如果匈奴人口仍维持西汉时期水平的话,全部人口大约为 10.3 万人。东汉朝廷实施的招抚政策一度生效,大约在东汉中期该区域人口可能数倍于上面的数据,但距西汉的人口水平依然有很大差距。

表 10–2　鄂尔多斯及榆林市北部西汉时期郡县人口

郡名	户数	口数	县数	区域内县数	每县平均人口	区域内人口
上郡	103683	606658	23	12	26376.4	316517
西河郡	136390	698836	36	14	19412.1	271770
朔方郡	34338	136628	10	8	13662.8	109302
北地郡	64461	210688	19	3	11088.8	33267
五原郡	39322	231328	16	5	14458.0	78890
云中郡	38330	173270	11	1	15751.8	15752
合计	416524	2057408	115	42	—	825498

表 10–3　汉代河套地区六郡的人口（据王天顺:2006）

郡名	西汉		东汉	
	户数	口数	户数	口数
上郡	103683	606658	5169	28599
西河郡	136390	698836	5698	20838
朔方郡	34338	136628	1987	7843
北地郡	64461	210688	3122	18637
五原郡	39322	231328	4667	22957

（续表）

郡名	西汉		东汉	
云中郡	38330	173270	5351	26430
合计	416524	2057408	25994	125304

表10－4　鄂尔多斯及榆林市北部东汉时期郡县人口

郡名	户数	口数	县数	区域内县数	每县平均人口	区域内人口
上郡	5169	28599	10	6	2859.9	17159
西河郡	5698	20838	13	5	1602.9	8015
朔方郡	1987	7843	6	6	1307.2	7843
北地郡	3122	18637	6	2	3106.2	6212
云中郡	5351	26430	11	1	2400.3	2400
五原郡	4667	22957	10	5	2295.7	11479
合计	25994	125304	56	20	—	53108

　　魏晋南北朝时期,鄂尔多斯及周边战事频仍,如在晋元帝大兴二年(319),石勒遣石虎击鲜卑日六延于朔方,"大破之,斩首二万级,俘虏三万余人"[52]。诸如此类惨绝人寰的战争,使边地人口大为减少。据《魏书》卷106《地形志下》载:

　　　　孝昌之季(525～527),乱离尤甚。恒代以北,尽为丘墟;崤潼以西,烟火断绝。齐方全赵,死如乱麻。于是生民耗减,且将大半。

　　《魏书·地形志》中未记载该时段雍州北部各郡县的人口数字,"生民耗减,且将大半"应当指的是落籍汉人的情况,匈奴、氐、羌、羯、乌桓、鲜卑、敕勒等游牧民族在该区域蕃息的人口当不在少数。如晋明帝太宁三年(326),后赵石勒遣将袭前赵上郡,"俘三千余落,牛马羊百余万而归"[53],由此推测该区域人口数也不应少于20万。神麚二年(429),北魏大破柔然、高车等族,各部降众达40余万人,这些人连同家属和奴隶,总数当不下100万人[54],这些内降的人口被迁至漠南游牧为生,鄂尔多斯及周边也是安置区所在。据以上信息粗略估计,本区域魏晋南北朝时期的人口应当不低于秦代的水平,即可达到30万人左右。

统万城即为秦汉之奢延县城,是鄂尔多斯地区人口最为集中的地区之一,也是这一区域唯一一个国都级的城市。西汉时期该地的户数口数,可按上郡的平均数计,为4508户,26376口;东汉时按上郡县域平均户口数折算,为517户,2860口。十六国时期,统万城成为夏国的都城,人口大为集中,公元427年魏军伐夏时,赫连昌率兵3万人出统万城迎战,夏兵战败溃逃后,魏军从统万城俘获王公、将校及后妃上万人,马30余万匹,牛羊数千万头,有如此之多的贵胄人口和牲畜,上述人口合计达4万人,这应是统万城的常住人口。北魏灭掉赫连夏之后,在统万城设统万镇,驻兵3000人,有从事畜牧业的少数民族5000多户,约25000多口(每户按5口计),当地兵、民人口总数约28,000人[54]。上数人口数据说明,由于政治中心的建立和城镇的人口集聚作用,毛乌素沙地南部的统万城一带,在游牧民族占据的十六国时期人口最多,北魏次之,人口密度远高于周边地区,人类活动的环境影响也应当强于周边地区。

按上述人口数折算的秦汉至南北朝时期鄂尔多斯及周边人口密度分别是秦代2.73人/km^2;西汉为8人/km^2;东汉初期为0.94人;魏晋南北朝时期与秦代相当。即使是人口密度最大的汉代,人口压力也未超出现今使用的 20 人/km² 的半干旱区人口的临界指标水平。秦代短促,农业开发的环境影响不大。西汉大规模的农业开发比较稳定地持续了 130 多年,由于农耕对于地表植被、土壤、水等环境要素的影响力比畜牧业大得多,而且西汉时期实行的是建城居住并以城池为中心的农业开发,如果此次开发活动是沙漠化的诱因的话,我们今天看到的西汉古城址及其周边应该出现重度的沙漠化,然而实际情况恰恰相反(见第六章)。由此说明,即使是西汉时期大量移民和农业开发,也并未对鄂尔多斯地区,特别是毛乌素沙地造成很大的环境破坏。

二、隋唐至宋元时期

　　隋代鄂尔多斯及其周边地区人口数量较之前代没有太大的起伏,据《隋书·地理志》记载的各郡户口情况,按户均 5 人估算,隋时该区域在籍人口总数为 245238 人(表 10－5)。由于这一时期的胜、夏二州之间是突厥启民可汗的驻牧地,《隋书·突厥传》称其"人民羊马,遍满山谷",一般认为这一时期鄂尔多斯的突厥人口不下 5 万,累加起来该区域隋时人口可达 29.5 万人。

表 10－5　鄂尔多斯及其周边地区隋代人口分布

郡名	户数	口数(按5人/户计)	县数	区域内县数	每县平均人口	区域内人口
雕阴郡	36018	180090	11	8	16371.8	130975
灵武郡	12330	61650	6	2	10775.0	21550
朔方郡	11673	58365	3	3	19455.0	58365

唐代鄂尔多斯一带为夏州、宥州、盐州和胜州的地界,据《旧唐书·地理志》的记载并参考樊文礼等人的研究[55],辑录出唐代鄂尔多斯及其周边地区户口数如表 10－6 所示,由于灵州大都督府下辖 6 县中只有三个县在本区内,按县平均后,户口数字有所减少,为 57244 户,254713 人。以上数据已计入这一区域先后设立的羁縻州户口,说明史料记载的唐代鄂尔多斯地区的人口数少于隋代。但由于唐廷将这一区域作为内降游牧民族安置的缓冲地,一些部族行如过客,其户口数未能在地理志中记载下来,如唐初为安置昭武九姓人在灵州和夏州之间所设的"六胡州",因参与谋反,开元十一年(723)朝廷下令将六州胡五万余人强制性徙于今淮北、河南南部一带,可见唐初定居于此地的胡人即不下 5 万口。又如以阿史那思摩为首的颉利人在贞观十三年(639)奉命出塞时,"部众渡河者凡十万,胜兵四万人"[56],因不被漠北的薛延陀部所容,在贞观十七年(643)又被迫返回河套,被安置在胜、夏之间。从上述资料可知,鄂尔多斯地区唐时未记入户籍的游牧民族人口应当在 10 万人左右,这个数据显然还是比较保守的估计。累计起来这一区域的总人口大约为 35.5 万人。总体上看,唐时这一带农业人口与畜牧业人口的数量可能大抵相当,因而唐代在该区域的屯田规模也不大,盐州只有 11 屯,垦 550 顷地;夏州 2 屯,垦地 100 顷、胜州 14 屯,垦 700 顷,与汉代相比,唐代屯垦的规模只有其 1/6～1/7,较之唐初的户口数,唐代中后期本区域的在籍户口数有很大增长,如天宝年间与贞观年间相比,夏州的户数增加了 4 倍,人口增加了 4.4 倍。

表 10 - 6　唐代鄂尔多斯及周边人口（据《唐书·地理志》、
《新唐书·地理志》整理）

州郡名	贞观年间户数	贞观年间人口数	天宝年间户数	天宝年间人口数
夏州	2323	12086	9213	53140
宥州	——	——	7083	32652
盐州	932	3969	2929	16665
银州	1495	7720	7620	45527
胜州	——	——	4187	20952
麟州	——	——	2428	10930
灵州	4640	21462	11456	53163
丰州	——	——	2813	9641
云中都督府	——	——	11430	5681
呼延州都督府	——	——	155	650
桑乾都督府	——	——	274	1323
定襄都督府	——	——	460	1463
达浑都督	——	——	124	495
安化州都督府	——	——	483	2053
宁朔州都督府	——	——	374	2027
仆固州都督府	——	——	122	673
燕然州	——	——	190	978
鸡鹿州	——	——	132	556
鸡田州	——	——	140	469
燕山州	——	——	1342	5182
催烛龙州	——	——	117	353
合计			63072	264573

　　西夏时期的人口数量的估算是一项非常困难的研究工作，没

有多少史志资料有过明确的人口数字显示,以至目前对西夏人口
数量的认识分歧很大,有100万、250万、400万、900万之说,一般
在研究中都是根据西夏的兵丁人数推算出丁员人数,进而再推算
出人口总数。西夏建国初期(1032年前后)全国共有12个监军
司,在毛乌素沙地及周边设有两个监军司,分别是驻在银州北的左
厢神勇监军司和宥州嘉宁监军司,当时全国的监军司总兵员只有
20万人,平均一个监军司为1.67万人。当时征兵人口的年龄段
大约在15~60岁,所谓"年六十以下十五以上皆自备弓矢甲胄以
行"[57],这个年龄段的男子正常情况下大约占总人口数的30%,以
就地征兵来看,根据这个比例计算出的总人口数大约为11.1万
人。西夏中后期,兵员多达60~70万,若按仁孝时期(1139~
1193)全国设有17个监军司计,在毛乌素周边的也有2个,分别是
石州(约在今横山县东北)监军司、韦州(在今宁夏同心县韦州镇
一带)监军司,总兵员70万的情况下,每监军司有4.12万人,按当
时已形成的西夏法律文书《天盛律令》中的规定,男子15岁为丁
参战,70岁才能获得免征,现代人口统计数字表明,15~70岁年龄
段的男子正常情况下大约占总人口数的37%,根据这个比例计算
出的总人口数大约为22.3万人。

　　也可以根据个别府州的户口材料并佐以其他相关材料推算西
夏的总人口或其他府州人口数量。杜建录根据郑刚中《西征道里
记》载:"左厢监军司管户二万,宥州监军司管户四万",并考虑其
他一些州的人户,认为宋夏边界东起横山,西至天都山、马衔山一
带,"差不多有八九万户,数十万口"。横山以北的鄂尔多斯地区,
面积大约占了这一区域的1/2~1/3,按人口平均分布折算下来大
约有4~5万户,人口数为20~25万人,与按兵员数折算的总人口
数非常相近[58]。

　　另据赵斌与张睿丽考证[59],银、夏、宥、绥四州作为西夏肇基之地,唐末五代时期战争较少,社会相对稳定,至北宋太平兴国七年(982),不过有"部族五万帐"[60],以每帐5口计,总数约为25万人。而自李继迁举兵反宋以后,双方鏖战交兵二十余年,杀戮、迁移及北宋的招抚政策,曾使这一区域人口锐减,夏州于宋初尚有民21305户,至淳化四年(993)四月时,其与银州两地所管蕃汉户口总共也仅有8000余户,不过4万人。至西夏开国之时(1032),"羌贼所盗陕右数州,于本路(陕西路)十二分之二,校其人众,七八分之一,虽兼戎狄,亦不过五六分之一"[61]。当时北宋陕西路总人口只有80~90万户,西夏全境户数约为15万至18万之间,最多不过20万户,全境人口总数充其量不过百万。以现今毛乌素沙地及其周边地区11万 km²(其中毛乌素现今面积4.6万 km²)与西夏建国初期60万 km² 的国土面积相比,以人口相对集中分布来计,这一区域的人口数也不会超过30万人。

　　以上人口估算数据表明,鄂尔多斯及其周边大约11万 km² 的范围内,在从唐末至西夏灭亡的300多年中,人口数最多也莫过只有35.5万,人口密度最大只有3.23人/km²。这些人口过着以游牧为主,定居农垦与采集狩猎为辅的生活,远不足以对区域环境构成严重的破坏,恰恰相反,他们的生业方式却严重地受到当地环境条件的制约,农业生产局限在宥州周边、夏州南部部分地区及银、绥及横山山界一线,北部地斤泽、安庆泽等地虽然水草丰美,因水热和土壤条件限制,只适于放牧而不利于耕作。西夏与北宋、辽金的频繁战事,虽然可能短时期局部地破坏草场植被(主要因为马匹践踏),但因为战场不总是局于某地,战事也并不在某地屡屡发生。宋夏时期虽然战事不断,但交锋的前缘在横山一带和窟野河流域,双方的城堡也主要修筑于此线两侧,在毛乌素沙地外部,不可能成为毛乌素沙地形成的直接作用力；另一方面，虽然此线两侧尤其是夏国一方的属民在沿线多事农业，不但耕种而且时常抢耕抢收，但因为人口数量少，耕种及樵采活动的破坏力也不会很大。综上所论，在西夏统治期间，毛乌素沙地人为影响的破坏力是有限的，不能成为土地沙化的主要驱动力。

　　元代鄂尔多斯及地周边的人口数据缺乏，仅《元史·地理志三》中记载了元初陕西中书行省延安路的户数和人口数，分别为6539 户、94641 口。延安路下有 8 个县 3 个州，其中三个州下又有8 县，共计 16 个县，平均每县人口只有 5915.1 人。其中葭州下的神木县可算在本研究区域内，府谷、吴堡二县在其边缘，说明元初毛乌素沙地东南部及其边缘地带人口大约只 1 万多人，宁夏府路下辖的灵州一带情形应当也不出其右。而在唐代天保年间这一区域属银州和麟州地界，人口可达 50000 余人。察罕脑尔封地元初人口只有大约 20000 人左右，鄂尔多斯及周边区域元初人口只有40000 人左右。根据《中国人口史》、《伊克昭盟盟志》和《榆林地区志》等文献统计，元朝中期这一区域的人口达到 290000 人左右[62]。

　　毛乌素沙地南部统万城一带是鄂尔多斯地区唐宋时期人口集中分布的区域，这一带的人类活动强度与环境变化有着更为密切的关系。隋初统万城为朔方郡，《隋书》卷 29《地理志上》载："朔方郡，统县三，户一万一千六百七十三。岩绿，宁朔，长泽。"唐时统万城一带为夏州，《旧唐书》卷 38《地理志一》记夏州"旧领县四（为德静、岩绿、宁朔、长泽），户二千三百二十三，口一万二百八十六。天宝，户九千二百一十三，口五万三千一百四"。另有八个"寄在"的羁縻府州，即寄在夏州的云中都督府、呼延州都督府、桑乾都督府、安化州都督府、宁朔州都督府和仆固州都督府，寄在宁朔县的定襄都督府和达浑都督府,以上八府总计3422户,14320口。《新唐书》卷37《地理志一》载:"夏州朔方郡,……户九千二百一十三,口五万三千一十四。"《元和郡县图志》卷4记夏州"开元户六千一百三十二,乡二十。元和户三千一百,乡八……。管县四:朔方、德静、宁朔、长泽"。袁林根据众多史料梳理出隋至宋初统万城一带人口数量[63](表10-7),显示统万城地区自隋至唐中期人口明显减少,中期以后先增后减,唐末(元和年间)该地区的人口只及唐中期(天宝年间)人口总数的30%左右,户数减少了49%。宋代夏州一带为"属民皆杂虏,虏之多党项"[64]。《太平寰宇记》卷37《夏州》中记载宋代初期夏州一带的户籍材料时显示其"管汉户二千九十六,蕃户一万九千二百九十"。袁林在概算夏州面积和人口承载力后,对照清代靖边县的人口数及人口承载力,发现清代夏州南部的人口密度2~4倍于唐中期,如果人类活动是引发该区域沙漠化的主导因素的话,沙漠化会因人口数量的增加而逐步加重,或者沙漠化趋势下人口会逐渐减少。故此,认为统万城一带环境变迁的"主导因素不是人,而是大自然本身"。邓辉将统万城一带西汉以来的农业人口和牧业人口分头统计后,认为"从十六国至北宋初年的500多年间,统万城地区的土地利用方式是农业与畜牧业并存,而且大多数时间是以畜牧业为主的"[65]。对比今乌审旗南部无定河流域几个乡镇的人口数,他认为现代统万城附近的人口数远低于西汉、十六国、北魏、唐代和北宋时期的人口数,说明当时土地利用强度远大于现代水平,正因为此,导致了统万城周边的严重的环境恶化,以至于到北宋淳化年间不得不弃之。根据前面的研究可知,统万城地区沙漠化加剧之时正值唐代,特别是唐代中后期,这一时期人口数量与十六国时期和隋代相当,与北宋时期相比,只少不多。生业方式也是以畜牧业为主,无论是人口压力还是生业方式都不足以成为环境恶化的驱动力,只有自然因素才是当时环境恶化的主要驱动因素。

表 10 - 7　隋至宋初统万城附近地区人口状况统计表(据袁林,2004)

时间	领县名	户数	口数	资料来源
隋(大业年间)	岩绿、宁朔、长泽	11673	58365(以每户5口计)	《隋书》
唐初(贞观年间)	德静、岩绿、宁朔、长泽	2323	10286	《旧唐书》
唐中期(开元年间)	朔方、德静、宁朔、长泽	6132	30660(以每户5口计)	《元和郡县图志》
唐中期(开元年间)	朔方、德静、宁朔、长泽	9200	46000(以每户5口计)	《太平寰宇记》
唐中期(天宝年间)	朔方、德静、宁朔、长泽	7516	42417	《通典》
唐中期(天宝年间)	朔方、德静、宁朔、长泽	9213 + 3422 = 12635	53104 + 14320 = 67424	《旧唐书》
唐中期(天宝年间)	朔方、德静、宁朔	9213	53014	《新唐书》
唐后期(元和年间)	朔方、德静、宁朔、长泽	3100	15500(以每户5口计)	《元和郡县图志》
宋初(约太平兴国年间)	朔方、德静、宁朔	2096 + 19290 = 21386	106930(以每户5口计)	《太平寰宇记》

三、明清以来

　　明朝初期,鄂尔多斯地区人口稀少,连宁夏北部地区都被弃之,原住民被迁至陕西安置,因而基本没有土著民籍人口,洪武年间宁夏大致有四卫兵力,按标准配置计算,军兵及家属合计只有6.9万人[66],宁夏后卫一带按平均数计只有大约1.73万人。明初的绥德卫与宁夏紧领,是沿长城展布的狭窄条带,由于"绥德编氓,多散居乡落,城中居民,不数十户,比屋边巷,俱是卫所丁籍"[67]。故被认为其不应带有民籍人口,而明初边疆的卫所兵员数量有限,大抵上每卫5600人,每所1200人[68],而绥德卫位置偏南,"捐米脂鱼河等地于外、幾三百里"[69],绥德卫城(今绥德县城)至榆林城之间卫戍人口必定很少,军兵及家属合计应不超出2万人。东胜卫设在今内蒙古托克托县境内,管辖着鄂尔多斯东北至呼和浩特南部的五花城、失宝赤、斡鲁忽奴、燕支、翁吉剌等千户所,这些千户所是为安置蒙元降部而建的,以每千所有1000户折5000人计算,估计人口只有2.5万余人,在鄂尔多斯地区分布的人口最多不超过2万人。以上三部分人口总和至多也不超过5.7万人。

　　明代中后期,由于明廷加强边防、推行军屯民屯以及蒙元残部先后入套,人口数量有了较大的回升。到了明代成化年间弃套之时,宁夏镇驻军兵额为:马步官军71918名;实在官军55276名;原额马30197匹;实有30163匹。至隆庆三年(1569),宁夏镇有原额马步官军71963员,实有37873员;原额马22182匹;实有13892匹;榆林镇有原额马步官军80196名,实有51611名;原额马45940匹,实有27851匹。至明代后期万历年间,宁夏镇原额马步官军71693人,现有27934人;原额马22182匹,现有14657匹。延绥镇

万历时原额官军 80196 名,现有 53254 名;原额马 45940 匹,现有
32133 匹。

　　明边墙以外的鄂尔多斯腹地,在弃套以后,于"弘治七年
(1494),虏始入套,抢掠即出,不敢住牧。弘治十三年,虏酋火筛
大举入套,始住牧。正德以后,应绍下,阿儿秃斯,洪官嗔三部入
套"[70]。其时,套内蒙古族兵力达到 7 万人,若按兵额占总人口的
25% 计算,总人口达到 28 万人,人口密度约为 4 人/km²,与宋夏时
期相当,是现代该区域人口总数的 20% 左右。

　　若按明代中叶的数据累计鄂尔多斯及其周边一带的人口,以
"军三屯七"折算军屯人口,军屯 1 人按定居 5 人计算人口,计算
结果为宁夏后卫人口达 28800 人左右;延绥镇人口大约为 181000
人,加上长城以外的蒙古族人口,总人口达到 489800 人上下。至
万历年间,宁夏后卫人口约 29500 人,延绥镇约为 202400 人,加上
边墙外人口,累计为 511900 人。此人口数量已经倍增于唐宋时
期,明代人口的激增也是明后期至清代边外开垦的重要驱动因素
之一。

　　鄂尔多斯明代的屯田始于洪武二十五年(1392 年),至边墙修
筑以后,开始了大规模的屯田开发活动。据《明经世文编》卷 447
《涂司马抚延疏草一》载,至军屯、民屯已成风气的万历年间
(1573～1619),榆林卫屯地达 37960 顷;绥德卫为 6698 顷;延安
卫 3503 顷,三卫屯地共计 48161 顷,只占了该区域总面积的大约
4%。若只算榆林、绥德两卫的屯地,也只占到区域面积的 7% 左
右,虽然无法获取当时的可耕地数量,仅从这个比率来说,当时毛
乌素沙地东南缘的边屯规模并不很大,而且产出并不丰厚。较之
延绥一带的情形,宁夏后卫的垦殖规模似乎更大一些,张萱的《西
园闻见录》卷 54 载:"自筑外大边以后……数百里间,荒地尽耕,

孳牧遍野,粮价亦平。"虽然宁夏镇取得了"天下屯田积谷宁夏最多"的骄人成绩,但屯垦面积在永乐年间只有 8337 顷,屯兵为14184 名;至万历年间屯田规模最大时也只有 18828 顷,其中宁夏后卫有 4359.61 顷,折合 435961 亩或 290.64km^2,按此折算在宁夏后卫一带屯地面积只占到区域总面积的 3% 上下(宁夏后卫据有今盐池县全部、同心县和灵武市大部,折合面积约 10000km^2),开发强度很小,因此,所谓"荒地尽耕,孳牧遍野"可能是一种文学性的夸张,也可能是在城池周围、道路两旁等人迹易至之处所见的情形。万历二十年以后,宁夏后卫的屯田数下降到 1465.07 顷,折合 146507 亩,97.67km^2 还不足本区域面积的 1%,有研究认为应当与这一区域"缘皆沙碛山冈",又缺乏水利灌溉条件,以至"开垦徒费人工,收获全无花利"有关[71],其实灌溉条件恶化应当是主要原因,但也不排除原有耕地因盐渍化而弃耕。至天启年间(1621～1627),毛乌素沙地南缘的屯田全线废弛。整个明代,这一区域的农业开发延续了 220 余年,但成规模的开发只有 150 多年。

延绥、宁夏两镇的额定马匹共计 68000 匹上下,因两镇辖地广阔,依赖毛乌素一带草场的不应超出半数,若是,养活这些马匹需要草场 1400km^2～2700km^2,客兵马匹消耗未计入在内。在毛乌素沙地东南侧 600km 的明长城沿线,即使马匹数量翻番,也不会有太大的草场压力。其实在正德元年(1506),杨一清总制陕西边务时,曾查得陕西原额草场 133777 顷 60 亩,存者止 66888 顷 80 亩;养马军 1220 名,存者止 754 名,牧养儿驹、骡马并孳生马驹止 2280匹[72]。可见明代在这一区域的马政也是很不成功的,马匹数量变动巨大。

明末清初,鄂尔多斯及其邻近地区经过长期战争,人口减少,出现土地抛荒情况,清廷采用招徕流民垦辟荒地的方法,同时实行蒙汉隔离的封禁政策,将边墙内五十里划为禁地,但清廷对蒙古私自招垦处罚较为严厉,所以清初迁入到边墙以北的人并不多。清代在鄂尔多斯腹地区,游牧的蒙古族在清朝的控制下几乎停止了迁移,但内地的汉族人口向这一腹地区的移民却从未停止过,据《榆林府志》卷22《食志·户口》记载,仅榆林、神木、府谷三县迁入长城外的定居人口,已形成农村聚落1507个。清代中后期推行了与前期截然相反的"借地养民"政策,开耕范围从禁留地开始,逐渐外推,形成一条东西长约650km,南北宽25km~100km不等的垦荒带,据《河套图志》卷6载,有熟地1427710亩,折合952km^2。从光绪二十八年至三十四年(1902~1908)的贻谷放垦6年中,伊克昭盟以各种名目被开垦土地共计24685.66顷,王爱召地1267.12顷[73],贻谷革职后又在乌审旗放垦2000顷,清末新政10年中伊盟共放垦27922余顷,折合1397100亩,约合930km^2。肖瑞玲根据《陕绥划界纪要》资料统计,延绥边墙的府谷,神木、榆林、横山、靖边、定边各县流入开边的民户为17148户,开垦滩地13300.32顷,沙地24188.34顷,二者共计37488.66顷,折合374886.6亩,259.9km^2,平均每户耕地面积达220亩之多[74],在当时的生产力水平下,广种薄收问题非常突出。

　　民国时期,鄂尔多斯地区的土地开垦深入到腹地,如驻伊克昭盟守军陈长捷部在今伊金霍洛旗一带开荒1万顷,不仅把达尔罕壕、红海子滩等几处较好的草场开垦了,连部分台吉地、召庙地也在开垦之列,甚至连成吉思汗陵的禁地也未能幸免[75]。虽然鄂尔多斯地区清末以后农垦范围从河套平原及缘边一带逐渐延伸至整个地区,但定居的农业人口并不是很多,而汉人许多为"雁行式",及至民国时期这种人口的生业方式还很普遍,据蒙藏委员会调查室的《伊盟右翼四旗调查报告书》中记载:

　　右翼四旗蒙人,自种地者寥寥无几,要以雇汉人耕种佃与汉人耕种最为普遍,此种佃农或雇农,因无土地权,不作久居之想,春来秋回,又因伊盟土地含有沙性,须行轮种,汉佃今年在此,又不知明年移在何处,加之各旗对汉人抽收建造房屋税,而房屋建好后,每年又须纳地皮租,因之蒙地汉民,不愿建屋久居,演成一种游农性质之特别景象。

　　清朝鄂尔多斯及榆林一带的人口数虽经同治回民起义有较大变动,但《榆林府志》卷22《食志·户口》的有关记载显示人口是逐渐增加的(表10-8)。乾隆四十一年(1776)鄂尔多斯人口达255679人,乾隆四十年(1775)榆林府人口为408420人,忽略年份的差异,以榆林地区一半人口在毛乌素沙丘地周边计,该区域乾隆年间人口大约为46万。同治年间的回民起义使这一区域人口大量损失,陕北地区人口减少大约60万人,后来虽经恢复,但未达到此前的水平,宣统元年(1909)只有340368人[76]。至1950年,鄂尔多斯市共有人口34万,榆林市人口数为123.5万,宁夏盐池县有3万人,按上述算法得出本区域人口数为98.8万人。

表10-8　乾隆至道光朝榆林府沿边州县人口数量及年均增长率[77]

年代	榆林县		神木县		怀远县		府谷县	
	口数	增长率‰	口数	增长率‰	口数	增长率‰	口数	增长率‰
乾隆四十年	85679	75691	83640	71283				
嘉庆十年	96512	4.0	109277	12.3	92212	3.3	85414	6.0

（续表）

年代	榆林县		神木县		怀远县		府谷县	
	口数	增长率‰	口数	增长率‰	口数	增长率‰	口数	增长率‰
道光三年	101283	2.7	109908	0.3	97653	3.2	140036	27.8
道光十九年	103140	1.1	113717	2.1	89031	−5.8	204357	23.9

＊人口数据包含口外近边遥治的人口。

四、小结

　　鄂尔多斯及其毛乌素沙地南缘地区历史时期的人口数变化在数万至近百万之间（表10-9，图10-1,10-2），其中西汉时期的总人口数达88万人，是仅次于1950年的历史时期次高水平，人口密度最大变动在0.52～9.00人/km²之间，低于20人/km²的半干旱区人口承载力水平，但高于7人/km²的干旱区人口承载力水平。统万城是研究区域中唯一的国都级城市，秦汉至宋夏时期的人口变化情形与整个研究区域的情形反差很大（图10-3），隋唐时期多于汉代，犹以宋夏时期为多，而宋廷正是在该地人口最多的时期因其"深在沙漠中"而弃之。

表10-9　鄂尔多斯及毛乌素沙地南缘历代人口和密度

	时代	人口数量（人）	人口密度（人/km²）	备注
	秦代	约30万	2.73	
汉代	西汉	约88万	8.00	汉籍人口88.5万
	东汉	约10.3万	0.94	汉籍人口5.3万
三国魏晋南北朝		约30万	2.73	约在北魏时期
隋		29.5万	2.68	汉籍人口为24.5万

（续表）

时代		人口数量（人）	人口密度（人/km²）	备注
唐		35.5 万	3.23	汉籍人口为 25.5 万/天宝年间
宋夏		25 万	2.27	根据折算数据取中间值
元代		约 29 万	2.64	
明代	洪武年间	5.7 万	0.52	
	万历年间	51.2 万	4.65	
清代	乾隆四十一年	46.0 万	4.18	
	宣统元年	34.0 万	3.10	
1950 年		98.8 万	9.00	1949 年人口数

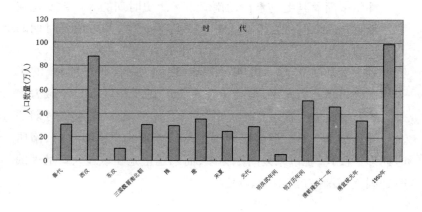

图 10 - 1　鄂尔多斯历代人口数量变化图

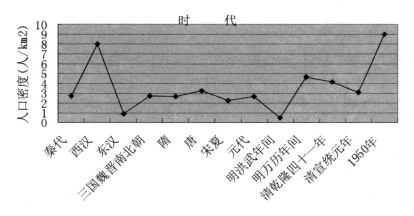

图 10 – 2　鄂尔多斯历代人口密度变化图

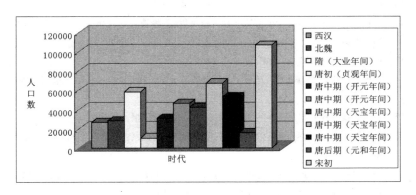

图 10 – 3　统万城一带西汉至宋初人口数量变化图

参考文献

1、12 史念海:《两千三百年来鄂尔多斯高原和河套平原农林牧地区的分布及其变迁》,《北京师范大学学报(社会科学版)》,1980 年第 6 期。

2 《汉书》卷 24 上《食货志上》。

3 《史记》卷 30《平准书》。

4 《汉书》卷 110《匈奴传》。

5 《汉书》卷 6《武帝纪》。

6 《后汉书》卷 117《西羌传》。

7 吴祥定等:《历史时期黄河流域环境演变与水沙变化》,气象出版社,1994 年。

8 《史记》卷 110《匈奴列传》。

9 《宋书》卷 95《索虏传》。

10 陈育宁:《鄂尔多斯史论集》,宁夏人民出版社,2002 年。

11 荣新江:《中古中西交通史上的统万城》,见《统万城遗址综合研究》,三秦出版社,2004 年。

13 《资治通鉴》第 150 卷《梁纪六》。

14 李丹婕:《唐代六胡州研究述评》,《新疆师范大学学报(哲学社会科学版)》,2004 年第 4 期。

15 张广达:《唐代六胡州等地的昭武九姓》,《北京大学学报》,1986 年第 2 期。

16 陈海涛:《唐代粟特人聚落六胡州的性质及始末》,《内蒙古社会科学》,2002 年第 5 期。

17 穆渭生:《唐代宥州变迁的军事地理考察》,《中国历史地理论丛》,2003 年第 3 辑。

18 蔡鸿生:《唐代九姓胡与突厥文化》,中华书局,1998 年。

19 王义康:《六胡州的变迁与六胡州的种族》,《中国历史地理论丛》,1998 年。

20 艾冲:《论毛乌素沙漠形成与唐代六胡州土地利用的关系》,《陕西师范大学学报(哲学社会科学版)》,第 2004 年第 3 期。

21 《资治通鉴》卷 37,元和三年六月条。

22 杜建录:《论西夏畜牧业的几个问题》,《西北民族研究》,2001 年第 2 期。

23 李并成:《西夏时期河西走廊的农牧业开发》,《中国经济史研究》,2001 年第 4 期。

24 转引自李蔚:《简明西夏史》,人民出版社,1997 年。

25　《全唐书》卷 737。

26　《西夏书事》卷 1。

27　《西夏书事》卷 5。

28　《续资治通鉴长编》卷 17。

29　《西夏书事》卷 12。

30　《长编》卷 130,庆历元年正月条。

31、35　钟侃等:《西夏简史》,宁夏人民出版社,2001 年。

33　《西夏书事》卷 32。

36　陈育宁:《鄂尔多斯史论集》,宁夏人民出版社,2002 年。

37　《西夏书事》卷 9。

38　《契丹国志》卷 21《外国贡进礼物·西夏国贡进物件》。

39　《明宪宗实录》卷 107《成化八年三月庚申》。

40　余子俊:《地方事》,见《明实录》卷 61。

41　《读史方舆纪要》卷 61《陕西十》。

42　《明经世文编》卷 232,榆林镇条。

43　魏焕:《巡边总论二》,见《明经世文编》卷 249。

44、70　魏焕:《巡边总论三》,见《明经世文编》卷 250。

45　韩昭庆:《明代毛乌素沙地变迁及其与周边地区垦殖的关系》,中国社会科学,2003
　　　年第 5 期。

46　《清圣祖实录》卷 181。

47、74　肖瑞玲:《清末放垦与鄂尔多斯东南缘土地沙化问题》,《内蒙古师范大学学报
　　　（哲学社会科学版）》,2004 年第 1 期。

48　《清德宗实录》卷 490。

49　《史记》卷 6《秦始皇本纪》。

50　《汉书》卷 24《食货志》。

51、54、68、72　王天顺:《河套史》,人民出版社,2006 年。

52　《资治通鉴》卷 91。

53　《晋书》卷 103《载记第三》。

54、65　邓辉等:《从统万城的兴废看人类活动对生态环境脆弱地区的影响》,《中国历
　　　史地理论丛》,2001 年第 2 期。

55 樊文礼:《唐代鄂尔多斯地区的人口与经济略论》,《内蒙古社会科学》,1988 年第 2 期。

56 《旧唐书》卷 194 上《突厥传上》。

57 《隆平集》卷 20《夏国赵保吉传》。

58 杜建录:《论西夏的人口》,《宁夏大学学报(人文社会科学版)》,2003 年第 1 期。

59 赵斌等:《西夏开国人口考论》,《民族研究》,2002 第 6 期。

60 (宋)曾公亮:《武经总要前集》卷 19《西蕃地理》(转引自赵斌等:《西夏开国人口考论》,《民族研究》,2002 第 6 期)。

61 《续资治通鉴长编》卷 146。

62 何彤慧等:《对毛乌素沙地历史时期沙漠化的新认识》,见《历史环境与文明的演进——2004 年历史地理国际学术研讨会论文集》,商务印书馆,2005 年。

63 袁林:《从人口状况看统万城周围环境的历史变迁——统万城考察札记一则》,《中国历史地理论丛》,2004 年第 3 期。

64 沈亚之:《夏平》,见《全唐文》卷 737。

66 曹树基:《中国移民史(第六卷)》,福建人民出版社,1997 年。

67 杨一清:《论绥德卫迁改榆林城事宜状》,见《明经世文编》卷 118。

69 《大明会典》卷 130。

71 张维慎:《试论宁夏中北部土地沙化的历史演进》,《古今农业》,2005 年第 1 期。

73 韩昭庆:《清末西垦对毛乌素沙地的影响》,《地理科学》,2006 年第 6 期。

75 任秉钧:《伊克昭盟三·二六事变》,《内蒙古文史资料(第二册)》(内部资料),1979 年。

76 薛平栓:《陕西人口地理》,人民出版社,2001 年。

77 王卫东:《鄂尔多斯地区近代移民研究》,《中国边疆史地研究》,2000 年第 4 期。

第 十 一 章

毛乌素沙地历史时期环境变化的
考古学与地层学记录

第一节 毛乌素沙地历史时期环境变化的考古学记录

环境考古学（Environmental Archaeology）是在考古学、第四纪地质学、生物学等学科发展的基础上产生的,自 1964 年 Butzer 的《环境与考古学》专著问世以来,这个考古学下的新兴学科快速发展,目前已进入多学科综合研究阶段[1]。自然环境、人文环境和文化传统是影响考古学文化形成的三要素,考古资料蕴涵着丰富的环境信息,能够直接或间接地从诸多方面反映当时当地的生态环境特征,借助于考古资料,可以研究环境演变事件,建立演变序列和空间变化格局,在提高环境演变的分辨率方面,较之其他代用指标要优越得多[2]。对于堆积地层的研究——即地层学,既是地学研究的重要方法,也是开展环境考古研究的出发点,它不仅能够体现文化层的早晚及年代关系,而且能够反映环境变迁过程,"揭示遗址的形成过程,遗址所处的古环境条件、聚落生存活动,以及古环境及文化之间的关系等等"[3],使用地层学方法并借用多种代用指标,可以得到多侧面的环境变化信息,将这些信息相互比对,才能够比较准确地把握环境变化的过程和原因。

沙漠地区环境变化是环境考古学研究的热点区域,联合国教科文组织曾联合多学科专家在一些典型区域(如中东地区)运用环境考古手段进行沙漠化研究,多学科多手段介入的沙漠地区环境变化国际合作研究也广泛开展起来,至今方兴未艾。毛乌素沙地区域的一些文化遗址在进行考古挖掘时,已开展了一些环境考古研究。兰州大学地球系统科学研究所在毛乌素沙地进行了多年的野外工作,其中也从一些有文化遗存的综合剖面中获取了大量的环境变化的信息。

一、朱开沟等遗址

朱开沟位于伊金霍洛旗纳林塔乡境内,在毛乌素沙地东北部,1977～1997年,内蒙古自治区考古所等单位在此先后进行了多次发掘,出土了大量的陶器、骨器、石器和铁器,对出土文物进行综合分析后,专家们认为朱开沟遗址的时代上限相当于距今4200年的龙山时代晚期,下限约相当于距今3500年的商代前期。朱开沟遗址的文化遗存共分五阶段,这五阶段的时代、环境、文化以及经济特征见表11-1。从表中可以看出,朱开沟遗址在为期700年的文化时期内,耐寒旱的蒿类和藜科植物逐渐增多,乔木由暖性阔叶树种转变为耐寒针叶树种,反映了气候由暖湿向冷干的转变;生产工具中农耕所需的石刀、石斧等有减少趋势,羊、牛等牧畜的数量则逐渐超过家畜猪的数量[4]。朱开沟遗址的考古研究证明,该区域在这一时期,先民们的生业方式经历了由农耕、狩猎、采集向畜牧业为主方向的渐进过程。朱开沟遗址因其内涵丰富,特别是出土器物中以具有花边口沿和饰附加堆纹陶鬲及小件青铜器为特征,被学术界命名为朱开沟文化,在环境特征方面,朱开沟文化表征着夏商之交畜牧业在鄂尔多斯的兴起[5]。

表 11 - 1　朱开沟遗址各阶段和年代及环境、
文化和经济特征对照表(据韩茂莉,2003)

文化阶段	年代	环境特征	出土生产工具	动物骨骼中猪、羊、牛的比率
第一段	相当龙山文化早期	木本花粉很少,主要为草本花粉,其中蒿、藜花粉占全部花粉的50%。	石刀、斧、石磨棒、磨石、骨镞、骨凿、针。	1∶0.5∶0.6
第二段	相当龙山文化晚期	木本花粉中出现了少量的胡桃和漆等阔叶树种;草本树物中蒿类、藜科花粉增多,约占全部花粉的70%以上。	石斧、凿、刀、镰、铲、杵、纺轮、砍砸器、矛形器、角锄、骨刀、镞、匕、骨针管、骨针、陶垫。	1∶1.9∶0.3
第三段	相当于夏代早期	属草本植物的蒿类、藜科花粉继续增多,约占全部花粉的90%以上。	生产工具中石器、骨器、陶器与前段相差不大,但出现了铜器,而且石器中细石器的比重略有增加。	1∶1∶0.7
第四段	相当于夏代晚期	木本植物花粉中出现了耐寒流的云杉、桦、榆、等树种,以松、桦类针阔叶混交林为主。	生产工具数量、种类、制法与前段无明显区别,骨镞、纺轮的数量较前段增加,铜器仍为小件工具。	1∶1.5∶1.5

（续表）

文化阶段	年代	环境特征	出土生产工具	动物骨骼中猪、羊、牛的比率
第五段	相当于商代二里冈文化阶段	木本植物以松、杉类针叶林为主，草本植物中蒿类、藜科花粉约占全部花粉的93%。	石器中除细石器与石斧、石刀外，其他种类都有所减少。骨镞的数量有明显增加。铜器中除小件工具外，出现了铜短剑、铜戈、铜刀、铜镞、铜鍪、铜护牌、铜项饰等大型工具、兵器和装饰品。	1:1:1

包头市东北侧河套中的阿善遗址和西园遗址共有三期，一期文化相当于仰韶时代的早、中期（距今 6000～7000 年），从出土的石磨盘、石磨棒等生产工具来看，当时的居民主要从事农业，妇女是当时从事农业劳动的主力。砍砸器、石球等器物则表明男子当时主要从事一些狩猎活动；二期属庙底沟文化的阿善类型，时代相当于中仰韶文化晚期（距今 5000 年左右）出土工具有斧、刀、铲、磨盘、磨棒、台体状凹形器、纺轮等磨制石器，石镞、刮削器、钻刻器、石核、石叶、石片等细石器，还有铲、刀等陶制工具和骨器，说明农业为主狩猎业为辅的生产类型；三期属阿善文化遗存，相当于龙山文化时期（距今 3000 年左右），出土的生产工具中大型石器以磨制为主，有斧、刀、铲、锛、凿、磨棒、磨盘等，细石器有刮削器、钻刻器和石镞，陶制品主要是用陶片改制的刀、铲及直接烧制的凹形器和纺轮，骨角器有锥、刀柄、茅、鱼钩等，反映这一时段仍以农耕经济为主，还兼有家畜饲养业和渔猎、采集业，但是从阿善二期至阿善三期文化的前半段，再到后半段，大型磨制石器明显减少，而用于狩猎的骨角器却明显增加，说明畜牧业和狩猎业的地位开始提

升[6]。

二、神木新华遗址

　　新华遗址位于神木县西南大保当镇东北的新华村,遗址分布在新华村西北一个名为"彭素圪塔"的土丘上,榆神铁路从遗址北侧经过。该遗址 1978 年发现,1996 年和 1999 年,为配合国家重点工程——"陕京天然气管道"及"神延铁路"的建设,陕西省考古研究所和榆林地区文管会组成考古队对遗址进行了两次发掘,共发掘房址 20 余座、灰坑 208 个、陶窑 6 座、墓葬 82 座、瓮棺 13 个、祭祀坑 1 座,出土玉器 30 余件,三足鬲、瓮、鬲、罐、尊、甑、盆、豆、碗等陶器千余件,以及石斧、石锛、石刀等石器,时代大约在新石器时代晚期至夏代,根据器物类型特征,考古研究者比定新华遗存的绝对年代在前 2150～1900 年之间,新华遗址的发掘中发现一些墓葬、灰坑、房址等有叠压关系,也能说明"彭素圪塔"一带在很长时期内都有人类活动[7]。

　　新华遗址中众多的房址、固定的墓地和大量的灰坑,加上种类复杂的陶器等生活用品、各种石制生产工具、较多家猪骨骼的发现,都说明先民们当时主要的生业方式是定居农业。但在考古挖掘中还出土了骨锥、骨镞、骨笄和骨匕等制玉的工具,这些骨制工具是用牛、羊、鹿、猪等的动物的骨头磨制而成的,反应了畜牧业和采集业在当时的生活中也占有重要地位。大量细石器镞的发现,则表明狩猎业也占有一定地位,但较之定居方式下的农业,可能居于次要地位,否则不会有大量精致玉器的生产。

　　北京大学环境学院和考古文博学院、陕西省考古研究所等单位,对新华遗址进行了环境考古联合研究,对地层剖面进行了土壤学、孢粉学、磁化率、粒度等方面的分析,研究表明:在距今 8000～

5000 年的中全新前期,是新华遗址剖面中气候最佳的时期,暖湿气候下沙丘长期固定,植被为典型草原或草甸草原。其后气候开始转凉,沙丘虽然仍处在固定状态,但植被也相对退化。到距今4000 年左右的龙山时期晚期和夏代早期,气候又开始转暖,植被又变得茂密,呈现干草原或草甸草原景观,新华遗址的先民就生活在这一时段,但全新世大暖期就此进入尾声。在进入3500a. B. P. 以后,沙丘活化,植被呈干冷的荒漠草原景观,直至新冰期(3300a. B. P. ~2100a. B. P.)中期发育的古土壤,才结束了该剖面[8]。

通过对榆林神木一带的新石器遗址的综合分析,研究者们认为:"仰韶时代优越的气候条件促进了农业生产的大发展,人口大量繁衍,但气候趋于恶化的总趋势加剧了人口压力,这种局面促使人类不断的开拓新领地。于是,人类才开始涉足毛乌素沙地","新华遗址正是这样一个地点"。"新华遗址人类活动时期的气候尽管不是全新世最好的,但与其上下层比较,还是相对好的。而其小地貌环境则更佳,遗址地处沙丘南坡,背风向阳,北临野鸡河宽缓河滩,无用水之忧,亦无水患之虞,岸边可能就是耕地之所在。南面则为灌丛草地覆盖的沙丘,可以进行打猎和采集活动"。由此可见,新华遗址所在的毛乌素西南部,在4000aB. P. 前后龙山文化期人类入住之前,已有固定沙丘分布,此时的沙地显系为全新世大暖期固定下来的,为此前的堆积。

彭素圪塔剖面结构如图(图 11 - 1、图 11 - 2),图 11 - 2 中 B 层即为新华先民的遗存,说明他们定居于此以前,当地即有风沙堆积,在新华先民生活的时代及其后,这一地区仍然有风沙沉积。考古学家张忠培先生 2000 年考察了新华遗址,他也认为"夏时期居民选择此地作为住址之前,附近已存在黄沙堆积,居住该地之时,还不断遭受流沙侵袭,致使村落被废弃,遗弃的村落又被流沙掩埋"[9]。陕西省考古研究所的王炜林从新华遗址的考古地层学特征,并考虑到毛乌素沙地南沿的多处汉代墓葬遗址中都有早期沙漠化迹象,据此认为毛乌素沙地应该形成于秦汉大规模的定居以前[10],笔者深以为然。新华遗址最近的地表水源,是其北侧的野鸡河,该河目前是一条时令河,河滩宽缓低平,水道狭窄,仅有 4 ~ 5m,彭素圪塔东西南侧都有伸向该河的引水渠,显然过度引水是造成断流的原因,而在距今 4000 年时,野鸡河必定是全年水量比较稳定的一条宽浅河流,虽然定居点在沙丘上,但先人们用水等其他生活条件都是便捷的。

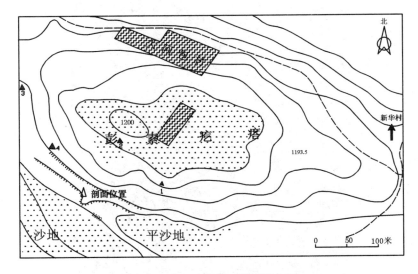

图 11 - 1　彭素圪塔文物点位置图

图 11 - 2   彭素圪塔剖面实拍图

三、大保当古城

　　大保当古城及其周围墓葬的考古挖掘,也揭示了当地在汉代时期已有地表积沙的事实。一方面,对大保当汉代城址试掘时发现,在每个夯层之间都夹一层细沙、城壕内汉代堆积层下发现了间歇成层堆积的沙层、在城址中汉代 Fl 的第三层堆积中发现有大量的含沙;另一方面,在大保当汉代画像石墓群大部分墓葬的墓道填土中,都发现了较大量含沙的情况,与墓道壁显现的原生黄土土质形成了明显的反差。由于墓道上基本没有盗洞,其填土不存在后代扰动的问题,加上这种现象相对比较普遍,所以,含沙量较大的墓道填土应是当时的原生堆积似乎不成问题[11]。

　　王炜林依据考古地层学原理分析大保当夯层沙和墓道填沙的环境信息,认为"墓葬填土中沙子肯定应早于墓葬的修筑年代",而从墓葬所打破的原生土为很好的马兰黄土的事实,又基本否定了其成因是把黄土层下所掩盖的"暗沙"翻为"明沙",即所谓"就地起沙"的推测。说明在修筑墓葬时这一带地表可能有积沙,最起码局部地方存在这种现象,夯层间的夹沙显然是为筑墙时的某种需要而人为的,也说明当时取沙很方便(当然,现在还不能排除是河沙)。Fl 中被汉代地层所叠压的堆积层内大量含沙的情况及城壕里的沙层,可以理解为城池在使用中的某一个时期或季节的堆积,是认识该地区沙漠化最直接也是最重要的考古证据。[12]

　　大保当古城位于任家伙场村二社的村落中,古城内原有积沙,为近现代入居居民所清理。城址内有一处白灰窑遗址,白灰层中夹有炭灰层,有可能是后期居民所留。从考古发掘探沟中可看到古城墙在今地表沙层下 1m 左右,说明大保当古城一带 2000 年以来的地貌过程主要是风积过程而非风蚀过程。任家伙场的窑场一带有大量的汉墓,已挖掘过的汉墓墓道在地面以下 1m~2m,现状地表主要是固定半固定沙丘,其上主要生长白刺和沙蒿。因墓道较浅,应为从地表整体开挖,回填土中的含沙也应为当地地表积沙。目前任家伙场窑场一带的固定半固定沙丘一般高 2m~3m,2000 年以来的地貌形成过积也应当以风积为主,如果古墓形成时代当地只为有较浅浮沙的平沙地的话,那么这一带的风沙沉积速率平均值在 1mm~2mm/a 左右。

在进行大保当古城的考古挖掘时,考古人员还在古城的西垣外侧约 22m 处发现了一段壕沟,应为筑城时取土形成。沟底距地表深约 4m,沟内的堆积层共有 9 层(图 11 - 3),各层厚度及堆积物特征如下:

图 11 - 3　大保当古城剖面实拍图

第 1 层:厚度约 190cm,黄灰色沙土,颗粒较小,纯净,为壕沟废弃后的填充堆积。

第2层:青灰色淤土,层次明显,夹有汉代陶片,厚度约10cm。

第3层:黄沙层,厚度约为5cm,风成黄沙。

第4层:灰色淤泥层,厚度约10cm。

第5层:黄沙层,厚度约5cm,风成黄沙。

第6层:灰色泥层,厚度约15cm,淤层明显。

第7层:黄沙层,厚度约10cm。

第8层:黑灰色淤层,厚度约20cm。

第9层:青灰色淤层,厚度约30cm。

根据出土的流通货币种类和时代,研究人员认定大保当古城建于西汉晚期,废弃时间在东汉中晚期。对大保当城址的钻探及试掘发现,汉代文化堆积层中也包含大量的沙子。上述壕沟的堆积层和城址钻探结果都显示:在该大保当古城使用的时代,该地区已经有大规模的间歇性风沙活动。

四、宁夏灵武窑遗址

宁夏灵武窑遗址位于灵武市磁窑镇回民巷村,中国社科院考古研究所于20世纪80年代中期对其进行了考古挖掘,通过对3座西夏窑炉、8座西夏瓷场作坊及1座元代作坊、1座清代窑址的挖掘清理中,共出土瓷器、制瓷工具、窑具等3000余件。在700m²的窑场上开挖了14个探方,其在三个典型探方(T7、T9和T10)的地层剖面图如下(图11-4),这些探方的地层剖面中土质均以沙土为主(表11-2)[13]。

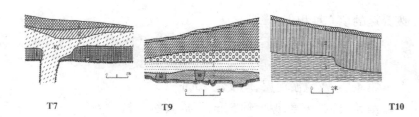

T7   T9   T10

1. 表土；2. 灰色沙土；   1. 表土；2. 灰色沙土；   1. 表土；2. 红色土及碎块；

3. 灰黑土；4. 黄色沙土   3. 黄色沙土；4. 路土；5. 灰色沙土   3. 黄色沙土

图 11-4　宁夏灵武窑第一次挖掘剖面构造图

表 11-2　宁夏灵武窑地层剖面构造

地层	T7	T9	T10
第1层	表土层，黄褐色硬土，厚 10cm～100cm。	表土层，黄褐色沙土，厚 10cm～20cm。	表土层，黄褐色沙土，较硬，厚 15cm～20cm。
第2层	灰色沙土，厚 0cm～90cm，内夹红烧土块、炭砟等物。	灰色沙土，厚 100cm～200cm，内有炭砟等物，为瓷片堆积层。	红烧土层，厚 130cm～170cm。
第3层	以灰黑色土为主，质松软，夹有黄沙土、红烧土、炭渣等物，均呈斜坡状层层叠压，厚 75cm～95cm。	黄色沙土，厚 25cm～75cm，上部有一薄层红烧沙土，且有一人字形坑。	黄色沙土，夹有薄的灰层，开挖厚度 80cm～160cm。
第4层	黄沙土，中间夹有薄层灰土层，质松软，厚 20cm～135cm。	由浅灰色坚硬路土相叠压形成，厚 50cm～80cm，共六薄层，有的地方两层间夹有沙土。	
第5层		黄色沙土，厚 25cm～90cm，局部有灰脏土，并有若干小坑。	

灵武窑剖面中出土了大量的器物，中科院考古所根据地层中出土的钱币、器物上的铭文、墨书以及器物类型特征等划分出五期

文化层。第一期为西夏中期前后,相当于西夏十主中的崇宗乾顺(1087～1139)晚期到仁宗乾祐年间(1170～1193),是西夏的鼎盛时期;第二期在西夏晚期,是西夏政治经济走向衰落的时期;第三期器物有元代特点,同时又与前两期器物有一定继承性,疑其时代在元代或西夏末至元代建国前期;第四期只在 T10 第 2 层有少量出土,时代不详;第五期也只在个别窑炉内发现,是清代器物。

　　前述三个典型探方剖面中,T7 的第 3、4 层属一期文化层,第 2 层为三期文化层;T9 的第 4、5 层为一期文化层,第 3 层为二期文化层,第 2 层为三期文化层;T10 的第 3 层属一期文化层,第 2 层为四期文化层。一期文化层即西夏中期的地层在整个窑址区都有分布,黄沙土是该时期地层的主要组成物质,而且还与灰色路土或灰层相互叠压分层,说明黄沙土在时间和空间上都有充足的物质来源,应当是天然的沙物质堆积,在不到 100 年的时间里,黄沙土与灰层叠加起来的厚度达到 80cm～200cm。二期文化层只在 T9 剖面中出现,是厚度 25cm～75cm 的黄沙土层,反映风沙沉积过程在西夏晚期依然存在着。三期文化层出现在 T7 和 T9 剖面的第 2 层中,均为内含物丰富的灰色沙土,厚度 0cm～90cm、100cm～200cm 不等。地层中未夹有黄沙层,说明蒙元时期或元代,灵武窑一代并没有强烈风沙活动的地层记录出现。T10 探方的剖面中还有一个厚达 130cm～170cm 且时代不明的文化层,三个探方的表土为黄褐色沙土或硬土,厚度不大,由于灵武窑窑址距村镇很近,近现代的人类活动对其环境影响很大,虽然现在这里的风沙活动很强烈,但表土层并不能很好地记录元明以来当地的风沙活动情况。

　　1997 年 9～10 月,为配合陕宁天然气输气管道工程施工,宁夏文物考古研究所和灵武市文物管理所对灵武窑再一次进行了抢救性挖掘,在遗址中心地段挖掘的探方剖面(图 11 – 5)也显示在三个基本的文化层中都有疏松的黄色沙土亚层,特别是其中的 2a 层,是表土层与文化层之间的一个过渡层,组成物质为松散的黄褐色沙土,厚 0.1 ~ 0.7m,而且在高处薄低凹处厚,无疑是风积沙,说明在该窑址废弃以后的该地还有风沙活动。

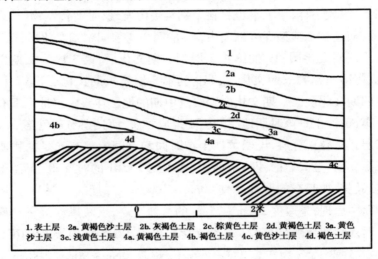

图 11 – 5　宁夏灵武窑第二次挖掘剖面构造图

五、三岔河及二道川剖面

　　乌审旗河南乡的三岔河古城前已考证为元代察罕淖尔镇所在,前身应为宋夏时期古城。该古城西北角因红柳河侧蚀而坍塌,由此也形成了一个天然剖面,剖面上的文化层厚约 3m(图 11 – 6),呈青灰、灰黑至黑色,夹有大量的兽骨、炭屑、黑色和绛色瓷片,还发现有食肉动物的犬齿。文化层中上下两个炭屑层的碳 14

测年,下部炭屑层的物理年龄为 1134 年,相当于宋夏时期;上部为 1281 年,相当于元代,两个碳屑层之间有两个风沙夹层,显示在宋元之间的 100 多年中经历着沙漠化过程。元代碳屑层上部的湖相地层并非是原生地层,可能是元代夯筑城墙所搬运的筑城原料,该剖面西侧另一剖面显示(图 11 –7),碳屑层上部还有风沙层,用湖泥掺沙筑成的元代城墙是直接叠压在风沙层之上的。城池内的沙丘有的高达 5m ~6m,反应明清以来的风沙堆积过程。

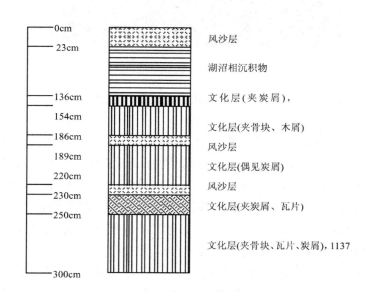

0cm	风沙层
23cm	湖沼相沉积物
136cm	文化层(夹炭屑),
154cm	文化层(夹骨块、木屑)
186cm	风沙层
189cm	文化层(偶见炭屑)
220cm	风沙层
230cm	文化层(夹炭屑、瓦片)
250cm	
	文化层(夹骨块、瓦片、炭屑), 1137
300cm	

图 11 –6　三岔河古城文化层剖面简图(据彭超,2007)

图 11 - 7　三岔河古城下部文化层实拍图

　　二道川剖面位于鄂托克前旗三段地镇二道川村,剖面位置邻近蒙宁界石,西北距北大池约 5km。该剖面如图 11 - 8 所示:在沙丘下叠压着一个楔状的文化层,文化层南侧约 1.5m 处,有一高约 60cm 的灰陶罐,做剖面时已破碎,但罐里还有原装的动物骨头,碳 14 测年显示其物理年龄为 1091;文化层层位稍高于罐顶,其中兽骨的年代为 1100,两者时代相当,均为宋夏时期。

　　这样的层位关系,最合理的解释是:当时居住于此的党项人主要从事游牧业,住室应为毡帐,毡帐应当就扎在沙丘之上,而瓮罐当时是放在帐内的,其底部相当于当时的居住面。风沙在毡帐北侧堆积并逐渐形成一个斜坡,于是人们将沙坡的下部作为倾倒生活垃圾的场所,使地面逐渐隆高找平。由于文化层的土质亦为风成沙,说明该居民点就是建在流动沙丘中,此前此后都有风沙堆积。

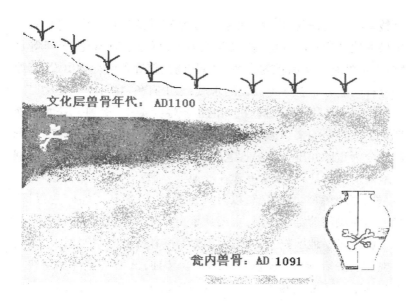

文化层兽骨年代：AD1100

瓮内兽骨：AD 1091

图 11 - 8　二道川剖面示意图

六、其他文物遗存

近年来,我国考古工作者越来越多地关注文物考古地层中记录的环境信息,陕西榆林地区的考古挖掘在这方面的工作尤其出色,除前述新华遗址、大保当遗址两处的考古挖掘报告中有环境变迁信息外,有些遗址点的挖掘报告虽还未问世,但已有一些环境变迁信息被报道。

靖边县五庄果梁位于县城北侧的黄蒿界乡,属仰韶晚期遗存,大约 4.5a. B. P. 前后,2001 年夏季进行的考挖掘中,发现在半地穴式的房址中,有 20cm 左右的黄沙土垫层;一个圆形筒状葬坑内堆积着质地疏散的浅灰色沙土,坑内分层埋葬着人个体 20 余个,完整动物 8 具,胡松梅等人根据出土动物骨骼进行的研究表明,五庄果梁遗址当时的环境是"以草原为主,草原上有草兔、黄羊等食物;不远处有一定面积的森林,其间有豺、猫等食肉动物出没,草原和森林间还分布着一定面积的水域,水中有鱼、鳖等水生动物"[14]。

2006 年 4 月对榆林新机场的抢救性挖掘中,探到一处龙山晚期至夏代时期的文物遗址,距今大约 4500～3800 年,遗址中发掘出迄今为止此间出土的最古老的铜器。该遗址的黑色沙层中有圆形地面房屋遗址,显示房屋建在沙地上。遗址中还出土大量骆驼、牛、羊、鹿和猪等动物骨骼,以及大量骨器、石器和陶器碎片等,似能说明先民们营定居生活,主要从事畜牧业和农业。[15]

鄂尔多斯地区先秦时期的匈奴墓葬中出土的青铜器上,普遍以虎、鹿、野猪、羚羊、怪兽等动物纹为装饰,这种文化特征反映了匈奴的生活环境[16],说明当时鄂尔多斯地区有着各种野兽经常出没,这些动物既有可能栖息在森林中,也有可能蕃息在草原中,其中如马鹿、羚羊、黄羊等,本来就是温带草原(包括荒漠草原)上的大型食草动物,它们的存在,显示温带干草原至荒漠草原的景观,而早期匈奴也以猎业为重要生计方式,如宁夏同心县倒墩子匈奴墓出土的双马相斗纹、猛虎噬鹿纹铜带饰,反映狩猎生活。神木县西南部大保当镇的纳林高兔村、西北部中鸡镇的李家畔村、瑶镇的中沟村以及西部的麻家塔、北部的孙家岔等地,都出土过匈奴文物,文物中除有上述动物造型外,还有刺猬、狗等[17]。

新近才进行抢救性挖掘的靖边县杨桥畔镇汉墓群,墓道口均开在沙层中,墓道向下伸入硬土层直到墓室,说明在墓葬群形成的汉代时期,该地已有一定程度的地面积沙,即沙漠化过程已存在。宁夏盐池县宛记沟汉墓位于积沙梁地上,墓葬开口在一白、褐相间的细沙土层上,时代在西汉晚期至王莽时期,即公元前 1 世纪前

后。墓葬口以上的风成沙应为 2000 年以来的堆积物,厚度只有
50~60cm;墓道的上半部为细沙土,下半部为沉积岩;墓穴中有棺
花、柒皮和朽木,说明当时应有木棺;众多出土的随墓器物中有三
件扁壶,即背水壶,是一种旅行用的盛水器具,被认为是畜牧经济
的代表性器物,说明畜牧业在当时占有重要地位。与宛记沟相距
约 25km 处的盐池县窨子梁唐墓群,已挖掘的 6 座墓葬均为依山
开凿的平底墓道石室墓,墓室岩层为钙质胶结的灰绿色沙岩,沙岩
上部的为黄色风成沙,厚度在 0.6~2.0m 之间。墓葬中无木棺
果,墓主被放在石床上,但是出土的 31 件文物中就是 16 件木桶。
联系唐代墓葬在毛乌素周边数量少且少木棺的情况,认为木材在
唐时已较难获取了。另有盐池县苏步井乡的尖尖山石窟,为北魏
时期所开凿,共有 5 座洞窟,彼此相连,长 22m,高 2.5m,上有浮雕
佛像 10 余组,但至清末民初已为风沙所埋。清代《定边县志》也
记载该县曾有古石窟庙宇一座,明清时期偶然被乡民从北部沙漠
中发现,后来又不知去向。

七、毛乌素沙地文物点数量及分布

根据《中国文物地图集》(内蒙古分册)和《中国文物地图集》
(陕西分册),并参看《伊克昭盟志》及《榆林市志》,统计了毛乌素
沙地所在 9 市县的清代以前的文物点数量(表 11-3),宁夏的新
版文物地图集尚未出版,故未统计在内。由于人口数量和空间分
布状况非常复杂,后代对前代遗迹的干扰情况各地情况不同,加之
不同的省区和市、县、旗在文物调查时的详细程度不一、政区范围
差异大、时代不同挖掘价值不同等原因,文物点分布情况只能作为
参照指标,相关统计数据不适合与其他代用指标做准确比对,因
此,下表反映的只是毛乌素沙地(狭义)及周边历史时期大致的人

类活动情况。

表 11 - 3　毛乌素沙地各时期文物点的数量和分布 *

时代	旧石器时代	新石器时代	青铜时代 - 春秋战国	秦汉	魏晋南北朝	隋唐 - 五代	宋夏辽	元代	明清
乌审旗	4	4	3	13	8	3	17	11	4
鄂托克旗	0	4	6	24	1	3	5	5	4
鄂托克前旗	1	9	1	19	0	8	33	4	2
伊金霍洛旗	0	23	41	58	30	1	24	3	3
榆阳区	0	5	16	51	2	0	8	4	29
神木县	0	108	16	64	0	4	23	5	25
横山县	1	83	20	66	1	4	21	10	36
靖边县	0	52	46	87	2	6	38	1	12
定边县	0	93	6	185	3	11	64	16	31
合计	6	381	155	567	47	40	233	59	146

　　* 子目不重复计(如战国秦长城、明长城、各代烽燧等在各县只计一次),长城沿线古城单个计数。文化层叠压之文物点分别计入各代;寺观庙宇不计,单个文物出土点不计。

　　毛乌素沙地及周边文物点数量的时代分布与人口数量的时代分布有一定对应之处,秦汉以来都是以汉代最多,明清人口虽然较多但因遗址的文物价值往往较之前代,特别是石器时代、青铜时代及商周时期要低得多,一般性墓葬不太受到重视,很难反映在文物图集中。新石器时代遗址众多,一方面和文物价值高而得到关注有关,另一方面也因为历时长达万年,在一定程度上似也能说明当时自然环境和气候较为优越,适宜于原始人类的生存。墓葬数量的时代分布(表 11 - 4,图 11 - 9),也能明显地反映这种分布特征,以秦汉墓葬最多,其次为宋夏时期,再次才是明清、隋唐和春秋战国时期。

表 11 - 4　毛乌素沙地各时期古墓葬的数量和分布 *

时代	旧石器时代	新石器时代	青铜时代 - 春秋战国	秦汉	魏晋南北朝	隋唐 - 五代	宋夏辽	元代	明清
乌审旗	0	0	0	4	4	3	3	2	1
鄂托克旗	0	0	3	10	0	3	0	1	1
鄂托克前旗	0	0	0	5	0	0	0	0	0
伊金霍洛旗	0	1	10	28	3	0	7	2	3
榆阳区	0	0	2	22	0	4	1	1	5
神木县	0	2	1	16	0	2	9	3	8
横山县	0	0	9	29	0	4	19	7	13
靖边县	0	0	1	37	1	5	1	0	0
定边县	0	0	1	28	3	3	15	1	1
合计	0	3	27	179	11	24	55	17	32

　　毛乌素沙地及周边文物点数量的空间分布则表现出南部多于北部、东部多于西部、边缘多于腹地的特征,墓葬的分布亦然,秦汉时期文物点和墓葬分布的这一特点最为突出(图 11 - 10),这在一定程度上与人口的分布格局对应,也是历史时期土地利用强度空间差异的体现。尽管前文研究表明,毛乌素沙地的腹地中秦汉时期也有十余处古城址,但很显然,该区域最优越的筑城和定居环境还是在南部和东南部的河谷地带。有关调查显示,毛乌素沙地东南缘的 156 处新石器遗址中,有 20 处遗址含仰韶文化遗存,它们毫无例外地分布在窟野河、秃尾河及无定河的主要支流榆溪河、海

流兔河两岸,显示仰韶文化时期的先民们也优选河谷地带定居,与现状的城镇和人口分布格局非常一致。另外在毛乌素沙地及其周边,文物点上文化层叠压的现象也非常突出,如新石器遗址同时也是商周和汉代遗址,甚至宋夏时期也有人类活动,等等,这虽然不足以说明历史时期的人类活动与土地沙漠化的关系,但至少可以表明适合人类居住的场所在历史时期可以沿用很长时间(几个至几十个世纪),沙进人退也不是必然过程。

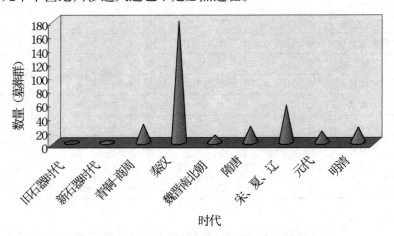

图 11 – 9　毛乌素沙地及周边墓葬群的时代分布

毛乌素沙地中汉墓广泛分布,从毛乌素东南部的榆林、神木、伊金霍洛旗,到中部乌审旗、鄂旗,西南部的鄂前旗与宁夏灵盐一带的沙区,都有数量较多的汉墓,其中除南部边缘地带外,东胜梁地——鄂旗乌兰镇——鄂前旗北部,是汉墓又一集中分布区域,其中可能有汉代厚葬习俗的影响,但很显然,这与人口数量与活动范围有更密切的关系。唐宋时代墓葬主要分布在鄂前旗与乌审旗南部,与当时古城的分布一致。榆林市 80 年代后期挖掘过蒙古王公墓一处,明清古墓与古墓群 10 处,而汉朝古墓与古墓群则有 17 处之多,同样也反映出汉时此地人口密度之高,甚于后世。榆林大保当古城和古墓葬群的考古发掘还证明,西汉甚至更早时期,已有间歇性的风沙侵袭,只是后来的风沙作用更强,使位于小台地上的古墓葬完全隐没在流沙之下了。

a 秦汉文物点分布 ； b 秦汉墓葬的分布

图 11 - 10　毛乌素沙地及周边市县秦汉文物点和古墓葬的分布关系

八、小结

仰韶文化的早期居民在 7ka. B. P. 时就入住鄂尔多斯地区,到 5ka. B. P. 前后,逐渐形成了以旱作农业为主、狩猎业为辅的海生不浪 - 老虎山文化系统;青铜时代,这里又出现了以定居农业为主、畜牧业为辅的朱开沟文化(4. 2a. B. P. ~3. 5ka. B. P.),但是在朱开沟文化系统中畜牧业已经开始显示出越来越强的发展态势,这种变化是与 3. 5ka. B. P. 前后我国北方的一次变干变冷的过程相对应的,据估算降水量减少了约 100mm[18],处于农牧交错区的鄂尔多斯,在这种气候变化的背景下,旱作畜牧业以其比旱作农业更强的气候适应能力而繁荣起来,至李家崖文化时期(3. 8a. B. P. ~

3.4ka. B. P.），农牧交错带向东南退缩，大约从现代等雨量线
400mm 左右南移到 450mm～500mm 一线；至阿善三期文化(2.8a.
B. P. 以后)时期，出土的细石器的骨角器开始超出研磨石器，反映
畜牧业渐居主导地位。新华遗址、朱开沟遗址和阿善遗址基本在
一条南北经线上（110E 左右），三地的考古资料都程度不同地记
录了 3a. B. P.～4ka. B. P. 的气候变化，说明这次气候变化过程至
少影响了鄂尔多斯及其周边地区，这一区域的先民们通过调适生
业方式适应气候变化，而且在毛乌素沙地的东南部，这一时期已有
了比较普遍的地表积沙，先民们即生活在平沙地上或沙地边缘。

　　此后的 2000 多年中，畜牧业一直是鄂尔多斯地区的主要生业
方式，只是在西汉、清代至民国时期，一度形成半农半牧的格局。
农业生产较之畜牧业生产对环境有更高的要求，大保当古城、杨桥
畔古城、古城滩古城等汉代大型居民点周围其时是有着较好的农
耕环境的，一般都在河谷阶地上，或者在湖滩地上，但是农地外围
的丧葬用地上，已经有了一定程度的积沙，反映在秦汉时期，毛乌
素沙地的东南部普遍有风沙活动，大保当古城风成沙层和湖泥层
相间分布的特点，则说明干旱风沙活风与洪涝灾害有交替发生的
特征。宋夏时期是毛乌素沙地风沙活动非常强烈的时段，毛乌素
沙地东南至西南都普遍发育这个时期的风沙层。营游牧生活的党
项族平夏部虽然主要活动在河湖草滩上，但也在流动沙丘上住营，
也充分说明风沙活动的常规性和其对这种环境条件的适应。

　　毛乌素沙地的文物点、特别是墓葬群的分布则表明，该区域新
时器时代的人类活动就比较密集；秦汉时期是明清以前毛乌素沙
地人类活动范围最广、强度最大的时期，以上两个时段该区域的环
境和气候条件都是比较有利于人类生存的[19]。在空间上，历史时
期毛乌素沙地的人类活动强度具有南部多于北部、东部多于西部、

边缘多于腹地的特征,东南部的河谷地带是该区域历朝历代优选的生业之地,有的居民点可能断续沿用数百年甚至数千年。毛乌素沙地中汉墓广泛分布,从毛乌素东南部的榆林、神木、伊金霍洛旗,到中部乌审旗、鄂旗,西南部的鄂前旗与宁夏灵盐一带的沙区,都有数量较多的汉墓,其中东胜梁地—鄂旗乌兰镇—鄂前旗北部,是毛乌素沙地腹地中汉墓集中分布区域,其中可能有汉代厚葬习俗的影响,但很显然,这与人口数量与活动范围有更密切的关系。唐宋时代墓葬主要分布在鄂前旗与乌审旗南部,与当时古城的分布一致。榆林市 80 年代后期挖掘过蒙古王公墓一处,明清古墓与古墓群 10 处,而汉朝古墓与古墓群则有 17 处之多,同样也反映出汉时此地人口密度之高,甚于后世。榆林大保当古城和古墓葬群的考古发掘还证明,西汉甚至更早时期,已有间歇性的风沙侵袭,只是后来的风沙作用更强,使位于小台地上的古墓葬完全隐没在流沙之下了。

第二节　毛乌素沙地历史时期环境变化的地层学记录

毛乌素沙地广泛发育着古风成沙,不同质地的古风成沙或埋藏地下或出露于地表,并以这些古风成沙为母质发育了古土壤,其中沙壤土是不同地质时期的古流沙经过较强生草成壤过程形成的固定、半固定沙地,而沙壤土(包括沙质黑垆土与沙质褐色土)与新老黄土中的粉沙壤土(包括沙质黑垆土和褐色土)从发生层位与理化性质来比对,都属于同一类型古土壤[20-21]。以往的研究已确定了萨拉乌素组上部的古风成沙与马兰黄土为"同期异相"关系,也即从空间关系上来看,鄂尔多斯的晚更新世风成沙与黄土高原区的黄土"具有共同的成因和时代联系"。从时间序列上看,毛

乌素沙地地层中的风成沙是在干燥气候下形成的;古土壤则是在
相对湿润的气候下形成的[22-23]。地层学、孢粉学、环境考古学等的
综合证据,都比较支持董光荣等提出的以下观点:毛乌素沙漠自第
四纪即得以形成,属于草原性沙地,由于冰期气候波动和冬、夏季
风进退所致的生物气候带水平摆动,沙地一直在固定与出现、扩大
与缩小之间变化。但是不同的地层学代用指标中提取的环境信息
既有共性,也有差异性,综合分析这些信息对于我们揭示毛乌素沙
地的环境变化过程是非常必要的。

一、全新世以来几个典型的成壤阶段

　　毛乌素沙地的地层中,全新世风成沙与黑色砂质古土壤交互
堆积的剖面很常见。史培军测定的鄂尔多斯 5 层古土壤的沉积时
代分别是 10500a. B. P. ~9500a. B. P. 、8500a. B. P. ~7500a. B.
P. 、6500a. B. P. ~5500a. B. P. 、4500a. B. P. ~3500a. B. P. 和
2500a. B. P. ~1500a. B. P. ,其中早期的古土壤为黑垆土或淡黑垆
土,晚期为栗钙土和棕钙土,反映成壤环境由森林草原向干草原及
荒漠化草原的转化,而又以全新世大暖期中 6500a. B. P. ~5500a.
B. P. 的古土壤最为发育[24]。董光荣、高尚玉等在榆林城附近所做
的剖面中也发现 5 层砂质古土壤,其沉积年代分别是 9560a. B. P. ±
160a. B. P. 、7500a. B. P. ~5000a. B. P. 、4800a. B. P. ±170a. B. P. 、
4500a. B. P. ~4000a. B. P. 、2800a. B. P. ,其中第 2、3、4 层发育较
成熟[25-26]。毛乌素沙地低洼区河湖相堆中黑色砂质古土壤的年龄
分别分布在 6200a. B. P. ~5100a. B. P. 、4300a. B. P. ~3500a. B.
P. 、2700a. B. P. ~2300a. B. P. 及 1600a. B. P. ~1100a. B. P. 之
间[27-28];毛乌素沙地东南部的几层古土壤的生成时代是 8500a. B.
P. ~7000a. B. P. 、6500a. B. P. ~5000a. B. P. 、3500a. B. P. ~

2000a. B. P. 以及 1500a. B. P. ~1000a. B. P.；西北部地层中没有全新世古土壤，只有 2~3 层发育较好的黑沙土和泥炭，其中5000aB. P. 以前为泥炭发育期、3500a. B. P. ~2000a. B. P. 为黑沙土或泥炭的主要发育期、1500a. B. P. ~1000a. B. P. 为发育程度较差的黑沙土[29]。

　　刘清泗等对毛乌素沙地及其周边区域的全新世古土壤发育有较高分辨率的年代数据，显示全新世中后期以来有三个古土壤及富含泥炭物质的地层剖面（表 11-5），并且具有与全球变化相同步的特点[30]。

　　曹红霞等对毛乌素沙地全新世地层所做的粒度组成研究表明，自西北至东南，毛乌素沙地各层位都呈现粒度逐渐变细、磁化率值逐渐变大的特征，而且越往东南部黑垆土的厚度越大，说明该沙地地层的形成过程与夏季风联系密切，整个全新世中，暖湿的中全新世是土壤发育最好的时段。全新世晚期至现在，可能由于受到人为扰动作用，地层厚度没有什么空间变化规律，但成壤作用的强弱有明显的差异，即当北部仍为亚砂土时，南部已变为砂质黄土，全新世晚期以来，毛乌素沙地的气候向干冷的方向转化，但变化幅度远小于末次冰期，也小于全新世早期，以上信息显示，毛乌素沙地全新世主要的成壤阶段都在全新世中期前后，秦汉以来显域地境上没有很明显的古土壤层，只是湖相地层中有 1 个或 2 个黑色沙质古土壤层，时代大约在两汉时期和隋唐时期[31]。

表 11－5 毛乌素沙地及其周边中晚全新世的古土壤及泥炭物质沉积年代关系[32-33]

	第1层 （4500－6000a. B. P.）	第2层 （2500－2300a. B. P.）	第3层 （2000a. B. P. 以来）
代表剖面及 ^{14}C 年代	靖边芦西剖面 4500±90 准格尔杨四圪咀 4580±90 乌审旗陶利滩 4470±90 岱海苜花河口 4790±90 岱海弓沟沿 4510±90 萨拉乌苏滴哨沟 4470±90	岱海苜花河口 2450±80 岱海石门水库 2520±85 岱海石门水库南 2450±80	岱海芦苇场 1990±75 岱海瓦匠沟（上） 1970±75 岱海汗海人工剖面 1060±75 岱海三苏木（上）1545±70 岱海三苏木（中）1930±70

二、湖泊消长的地层学记录

毛乌素沙地所在的鄂尔多斯地区，在气候适宜期，水系和湖泊发育，地面上适宜乔灌木生长，经历着生草成壤过程。在气候不适宜期，湖泊萎缩，草场退化，沙漠扩大。湖泊沉积物往往是记录高分辨率气候环境变化的良好载体，而沙漠地区封闭的湖泊对于古气候情景的重建特别有价值。

兰州大学地球系统科学研究所 2003 年在乌审旗中部的沙沙滩村采集了一个地层剖面，其粒度分析结果（图 11－11）表明，该剖面以湖相沉积为主，但其间夹有 2 个明显的风沙层，位置靠中下部，中上部以灰绿色和灰白色两层湖相沉积为主，地表发育着大约 20cm 厚的现代粟钙土。说明 2624a. B. P. 以来，该地存在着百年尺度的气候旋廻，沉积物粒径有三次比较大的变化周期，而且在剖面中，粉沙与粘土在时代越晚的地层中，占的百分比越高。

沙沙滩村剖面位于海流兔河左岸下湿滩地间的分水岭上，与

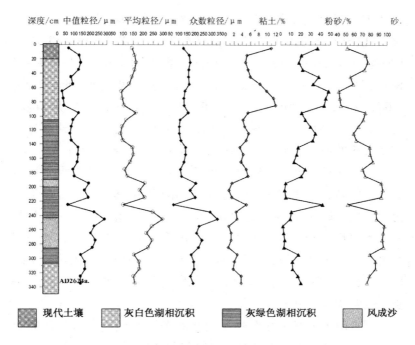

深度/cm　中值粒径/μm　　平均粒径/μm　　众数粒径/μm　　粘土/%　　　粉砂/%　　　　砂

现代土壤　　　灰白色湖相沉积　　　灰绿色湖相沉积　　　风成沙

图 11 – 11　沙沙滩全新世晚期地层剖面粒度分析

滩地中央低凹积水处的相对高差在 5m 以上。在年代学数据较少的情况下,我们假设沉积速率是均匀的(约为 1.296mm/a),在整个剖面中,反映深湖环境的灰绿色湖相沉积物厚度占总厚度的42%;反映浅湖环境的灰白色湖相沉积物厚度占 35%;风成沙厚度仅占 16%,说明在全新世晚期大约 3/4 的时段中,沙沙滩剖面所在地是为湖沼,湖泊干涸后曾有流沙堆积,近现代则为荒漠草原环境,发育粟钙土。

新近的有关毛乌素沙地北端巴汗淖的湖泊沉积物多指标分析表明,约在 7.65ka. B. P. 前气候寒冷干燥;7.65ka. B. P. ~5.40ka.

B. P. 时气候温暖湿润,其中 7.65ka. B. P ~ 6.70ka. B. P. 气候相对暖湿,以湿度条件改善更明显,随后 6.70ka. B. P ~ 6.20ka. B. P. 气候偏暖干,6.20 ~ 5.40ka. B. P. 研究区温湿组合状况最佳;5.40ka. B. P. 以后,鄂尔多斯高原总体向干凉方向发展,但在 4.70ka. B. P ~ 4.60ka. B. P. 和 4.20ka. B. P ~ 3.0ka. B. P. 间出现过两个明显的相对湿润时期;约 3.70ka. B. P. 后巴汗淖湖泊完全干涸[34],这与考古信息反演的鄂尔多斯地区全新世中期的环境变化完全吻合。

泊江海子是毛乌素沙地西北缘的又一大湖,在全新世中期有着频繁的湖面波动与沙漠进退[35]。史培军对毛乌素沙地北部泊江海子地层的研究,揭示了近 1000 年来的环境变化(图 11 - 12),其中宋元以后(635 ± 70a. B. P.)泊江海子的地层中风水两相沉积、水风两相沉积及湖积物交替出现,其中也经历短暂的风化成土阶段,但没有流沙层。此前虽然也是水风两相沉积和湖积为主,但是更早的时代曾为流动沙丘[36]。

翟秋敏等根据钻孔取样对泊江海子沉积地层所做的研究表明:600a. B. P. 以来,泊江海子一带气候总体上由干变湿,湖面有所扩张,但从 20 世纪 50 年来以来气候向干旱化方向发展,具体来看,湖面变化和湖区气候演变可分为以下几个阶段:①600a. B. P. ~ 360a. B. P.,冬季风较强,气候干冷,湖面较低,其中 600 ~ 540a. B. P. 和 450a. B. P. ~ 420a. B. P. 湖水退缩,剖面位置出露成为湖滩,此阶段相当于中世纪暖期后的小冰期气候。②360a. B. P. ~ 270a. B. P.,冬季风仍较强,长期干旱造成湖泊收缩,剖面位置出水成陆,剖面沉积为含砾砂层,灰黄色为主。此阶段相当于小冰期的第二阶段。③270a. B. P. ~ 120a. B. P.,冬季风较弱,湖面略有增高,气候较前期湿润,剖面沉积以黄褐色粉细砂为主。④120a. B. P. 至今,湖面继续增高,冬季风较弱,相当于 20 世纪暖期。本

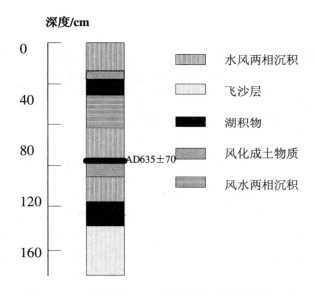

图 11 – 12　东胜泊江海子地层剖面(据史培军)

世纪 50 年代以来,湖面有所下降,冬季风势力略有增强。剖面沉积为灰黄色粗粉砂[37]。鲁瑞洁等对泊江海子 90cm 厚沉积物取样,研究其粒度和元素地球化学特征,反演当地近 130 年以来的气候变化特征,结果表明:1932 年前,气候总体上较为寒冷干旱,其中 1876 年~1888 年湖泊水位较低,气候温暖干旱,温度有下降的趋势;1888 年~1908 年气候较上一阶段湿润,而温度有所降低;1908 年~1932 年气候干旱并且波动频繁,又以 1917 年前后以及 1924 年~1932 年干旱程度最为严重,可能有强沙尘暴发生。1932 年~1962 年间,气候温暖湿润但有变冷的趋势;1962 年~1976 年气候频繁波动;1976 年以来气候温暖湿润但有变干的趋势,尤其是 1990 年以后气候波动幅度增大并且出现了暖干化趋势[38](表 11 –

6）。

表 11 - 6　基于湖泊研究的明清以来高分辨率的湖面及气候记录

（据翟秋敏等,2000;鲁瑞洁等,2008）

时期	湖面	气候
1350 ~ 1590	较低,其中在 1410 年以前和 1500 ~ 1530 年间剖面位置干涸	干冷,小冰期来临
1570 ~ 1680	剖面成陆面,沉积灰黄色含砾砂层	干冷,小冰期第二阶段
1680 ~ 1870	有水并且湖面较前期略高	较前期略湿润,冬季风较弱
1876 ~ 1888	湖泊水位绞低	气候温暖干旱,温度有下降的趋势
1888 ~ 1908	湖泊水位抬高	较上一阶段湿润,而温度有所降低
1908 ~ 1932	湖泊水位较低	气候干旱并且波动频繁,有强沙尘暴
1932 ~ 1962	湖泊水位较高	气候温暖湿润但有变冷的趋势

三、环境变化的孢粉记录

周昆叔等对鄂尔多斯全新世地层进行的孢粉分析显示,草本花粉在鄂尔多斯全新世地层中占据主导地位,达 83 ~ 100% ,其中又以蒿属和藜属占绝对优势,其他如禾本科、菊科其他属、莎草科的孢粉比例达不到 10% ,松、杉、桦、栎、鹅耳枥、榆等乔木树种的孢粉只在泥炭发育期少量出现[39]。刘清泗对我国北方农牧交错带进行的孢粉分析表明,全新世以来的气候变化趋势是由早期的干凉或干冷,至中期的相对温润,再到晚期的温凉偏干,其中全新世晚期鄂尔多斯所在的农牧交错带西段是含松花粉,以蒿、藜为主的草原[40]。许海清等在伊金霍洛旗杨家湾古土壤剖面进行的高分辨率孢粉分析显示,4500a. B. P. 以前,毛乌素沙地区曾出现过流沙的扩张,此后因气候变得湿润,流沙固定并开始有土壤形成;4200a. B. P. ~3550a. B. P. 时当地气候适宜,有松、冷杉(Abies)、柏、胡桃(Juglans)、榆、柳、槭(Acer)、杨等针阔叶树组成的针阔混交林生长;3550a. B. P. 经后,气候变得干燥,森林逐渐消失,草本花粉种类减少;2700a. B. P. ~2400a. B. P. 以后,该地藜科植物孢粉增加明显,但古土壤仍能继续发育;2400a. B. P. 古土壤被沙层取代,表明流动沙丘再次出现[41]。以上研究所做的炭屑测试则显示:4200a. B. P. ~3550a. B. P. 是高炭屑阶段,这和龙山文化时期营定居生活有关。3500a. B. P. ~2400a. B. P. 时其炭屑浓度明显降低,这与游牧文化为主的生活方式有关。陈渭南等对毛乌素沙地几个典型剖面全新世地层的孢粉组合对比研究显示:7500a. B. P. ~7000a. B. P. 是其全新世最适宜期;6000a. B. P. ~5000a. B. P. 是全新世降水最多的时期,但温度稍低;5000a. B. P. ~4100a. B. P. 气候温和略干;4100a. B. P. ~3000a. B. P. 为夏商温暖期,气候比较暖湿;3000a. B. P. ~2700a. B. P. 气候温和略干;2700a. B. P. ~2000a. B. P. 温暖偏湿润;2000a. B. P. ~1600a. B. P. 寒冷干燥;1600a. B. P. ~1400a. B. P. 冷暖交替;1400a. B. P. ~900a. B. P. 相对湿润,且前期温暖后期寒冷;900a. B. P. 以来趋于干旱化[42]。黄赐璇对靖边海则滩乡柳树湾村剖面的孢粉分析表明:全新世中期(距今约9000~4000年),植被是以蒿属为主的疏林草原,初期湖泊水生植物仍较多,后来逐渐减少,至大约距今5000年时消失,随之莎草科植物发展,再后是藜科渐渐增多,显示气候向干旱发展,盐碱地扩大;全新世晚期(距今4000年以来),乔木植物消失,以藜或以蒿为主的草原相继出现,气候干旱,风沙堆积出现,其中在距今4000~2000年间,植被为以藜属为主伴有蒿和麻黄、酸刺等的干草原,土壤盐渍化较高,气候比现今干旱,2000年以来气候和景观与现今该区域相近。而且认为毛乌素沙地南缘全新世植物群的变化大致为:散生松、桦、柳的蒿、麻黄草原——散生松、栎的蒿、莎草草原——黎、蒿草原——蒿、黎草原;气候的变化是:干旱偏凉湿——干旱偏暖湿——干旱温和,干旱是全新世气候变化中的主导因素[43]。李秉成对宁夏水洞沟全新世地层的孢粉分析结果显示:中全新世(距今8500~2500a)的孢粉图式是乔木花粉激增,显示森林茂盛、草木丛生的景象,其中中全新世早期水洞沟一带为森林草原景观,水生香蒲较丰富,反映湖沼面积逐渐扩大,其间也有波动,曾出现过灌丛草原和干草原环境;中全新世晚期为有阔叶树的疏林草原,但为时很短。晚全新世(距今2500年)以来,水洞沟孢粉显示为干草原植被[44]。柳树湾剖面是毛乌素沙地南部全新统地层中比较有代表性的河湖相沉积剖面,通过孢粉分析,揭示沙地南缘全新世植物群的变化,以大约距今4000年为明显的界线,植被由4000年前的疏树草原演替为以后的蒿草草原,气候由干旱偏湿变化为干旱[45]。

整合以上孢粉分析结果可以发现,即使在温湿的全新世大暖期,毛乌素沙地的孢粉组合依然显示为草本植物为主的植被,可能为草原。距今5000年~4000年时全新世大暖期进入尾声,孢粉组合中耐旱的菊科蒿属与黎科植物增多,大约在春秋战国时期地带性植被转为荒漠草原,近湖地区植被状况略好。杨志荣等对泊江海子剖面进行的高分辨率研究表明,近800余年来该区域的气候与环境变化经历了三个明显的阶段:第一阶段(1175~1369)气候比现代略为温湿,植被虽为典型草原,但密度和盖度比现代高;第二阶段(1370~1730)环境恶化,降水明显减少,植被退化为荒漠和荒漠草原;第三阶段(1730~1985)气候好转,气温和降水接近现代水平。

四、其他地层学代用指标的环境变化记录

1. 晚全新世以来毛乌素沙地的冰卷泥及沙楔

冰卷泥也叫冻融褶曲,是在永冻层上面的季节性冻土经冻融作用形成的,其发育期与干寒气候期一致。位于鄂尔多斯北部乌兰察布盟凉城县的岱海地区,冻融褶曲非常发育,全新世一共可分出五层,其中第四层的年代为2300a. B. P. ~2000a. B. P. ,相当于战国末期到东汉;第五层年代为1500a. B. P. ~500a. B. P. ,相当于南北朝中期到明初。萨拉乌素滴哨沟湾一带发育了第四层的褶曲,其沼泽相沉积物形成于2300a. B. P. ±90a. B. P. ,褶典可能形成于前445年~0年之间,大致相当于战国至西汉时期[46]。

2. 地球化学元素

靖边县海则滩剖面3000a. B. P. 以来的沉积物中,Ca、Mg氧化物含量和Sr、Ba元素含量明显增加,结合粒度、孢粉浓度的分析,显示这一阶段比起全新世大暖期有明显的旱化特征,气候以半干旱气候为主,但也出现短暂的温凉期,在2300a. B. P. 和1600a. B. P. 前后发育两个沙质黑垆土层,为稀树草原景观[47]。沉积重矿物组合与古土壤养分分析结果也显示毛乌素沙地在8500a. B. P. ~5000a. B. P. 、4000a. B. P. ~3500a. B. P. 、2700a. B. P. ~2000a. B. P. 、1500a. B. P. ~1000a. B. P. 几个时段气候较为潮湿,土壤和植被发育较好;介于其间的时段气候较为干旱,土壤的风蚀风积作用比较强烈。

3. 风成沙的光释光测年

光释光和热释光是目前国际上通用的地层断代法,近年来在第四纪研究和考古学领域广泛使用。周亚利等利用毛乌素沙地地

层的光释光年代数据和沉积物序列特征进行的分析显示,毛乌素沙地在 2750a. B. P. ,1530a. B. P. 和 710a. B. P. 前后,沙丘处于固定状态;而在 2390a. B. P. 以后和 290a. B. P. 以来沙丘开始活化,并认中前一阶段是因气候冷湿,后一阶段则可能与人类的活动有关[48-49]。

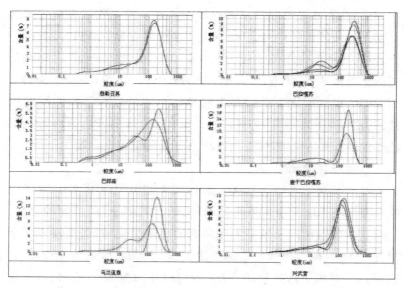

图 11 - 13　六胡州古城址夯层沙及现代风成沙的粒度曲线分析

4. 筑城物质的粒度组成

古代筑城用的建筑材料一般为就地取材,鄂尔多斯地区许多古城的城墙中都存在着夯层沙,王乃昂等对准格尔旗十二连城、神木县大保当古城、鄂托克前旗巴彦呼日呼等古城夯层沙的实验分析表明,其成因皆为风成,反映在筑城之前这些古城所在区域已经是地表流动沙丘或半固定、固定沙丘的广泛分布的景观[50]。六胡州古城夯层物质分析,结果也显示为风成沙(图 11 - 13),说明唐初六胡州一带也存在普遍的风沙堆积。

五、小结

由于研究方法有别、剖面点不一、分辨率相差悬殊、断代材料和方法的差异及实验过程中的误差等,使得地层学记录揭示出的鄂尔多斯地区环境变化过程线条很粗,结果很难比对,越是长时段的环境变化越如此(图 11 - 14)。历史时期毛乌素沙地的气候与环境变化则相对比较统一,一般都认为有两次湿润期和 2 ~ 3 次干冷期,对隋唐时期为温暖时期的认识比较一致(图 11 - 15);对元代是温湿还是凉湿意见不统一;对东汉时期是温湿还是冷干存在争议。由于分辨率的提高,明清以来气候变化的过程的研究成果有很强的可信度。

总得来看,毛乌素沙地对气候变化的响应非常敏感,地层中土壤发育代表植被繁茂、沙丘固定、气候温湿,而风沙沉积则标志气候干冷;湖泊面积扩大、水深增加是气候湿润的标志,反之则是气候干旱的标志;木本植物种类和孢粉数量的增加,象征气候暖湿;反之象征气候冷干。将古土壤层、淤泥和泥炭层的形成时间与湖面波动曲线、孢粉分析结果等相对比,在进行信息的简合以后,可以得出以下结论:战国到西汉时期为一寒冷期;西汉时期转为温湿后至东汉又逐渐转为冷湿;魏晋南北朝时期气候冷偏干;隋唐时期是一明显的温暖期;宋夏时期气候冷干;元代相对温湿;明清小冰期对毛乌素沙地影响很大;19 世纪以来则开始变得暖湿。

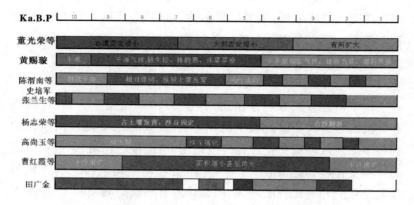

图 11 - 14　地层记录显示的鄂尔多斯全新世气候变化序列

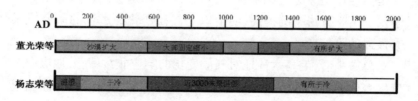

图 11 - 15　地层记录显示的鄂尔多斯历史时期气候变化序列

参考文献

1　周昆叔、宋豫秦:《环境考古研究》,科学出版社,2000。

2　荆志淳:《西方环境考古学简介》,见《环境考古研究(一)》,科学出版社,1991 年。

3　赵春青:《环境考古中地层学研究的几个问题》,《东南文化》,2001 年第 3 期。

4　韩茂莉:《论中国北方畜牧业产生与环境的互动关系》,《地理研究》,2003 年第 1 期。

5　邵方:《中国北方游牧起源问题初探》,《中国人民大学学报》,2004 年第 1 期。

6　王明柯:《华夏边缘:历史记忆与族群认同》,中国社会科学文献出版社,2006 年。

7、8　陕西省考古研究所:《神木新华:陕西省考古研究所田野考古报告》,科学出版社,

2005 年。

9　张忠培:《河套地区先秦两汉时期的生业、文化与环境》,《中国文物报》,2000 年 6
　　月 18 日。

10、12　王炜林:《毛乌素沙漠化年代问题之考古学观察》,《考古与文物》,2002 年第 5
　　　期。

11　胡华强等:《陕西神木大保当》,科学出版社,2001 年。

13　中国社科院考古研究所:《宁夏灵武窑发掘报告》,中国大百科全书出版社,1995
　　年。

14　胡松梅、孙周勇:《陕北靖边五庄果墚动物遗存及古环境分析》,《考古与文物》,
　　2005 年第 6 期。

15　《陕西沙漠发现龙山晚期遗址,发掘古老铜器》,中新网,http://tech.163.com,
　　2006 年 5 月 15 日。

16　戴应新、孙嘉祥:《陕西神木县出土匈奴文物》,《文物》,1983 年第 12 期。

17　田广金:《关于鄂尔多斯动物纹的研究》,《鄂尔多斯文物考古文集》(内部),1981
　　年。

18　方修琦等:《3500aBP 我国北方农牧交错带降沙突变的幅度与速率》,《地学前缘》,
　　2002 年第 1 期。

19　呼林贵:《由榆林长城沿线文物考古资料看毛乌素沙漠变迁》,《中国历史地理论
　　丛》,2001 增刊。

20、25　董光荣等:《毛乌素沙漠的形成、演变和成因问题》,《中国科学(B 辑)》,1988
　　　年第 6 期。

21　董光荣等:《鄂尔多斯高原晚更新世以来的古冰缘现象及其与风成砂和黄土的关
　　系》,见《中国科学院兰州沙漠研究所集刊》,科学出版社,1986 年。

22　李容全:《三万年以来中国北部风沙期的划分》,见《地貌与第四环境研究文集》,海
　　洋出版社,1996 年。

23　贾铁飞:《萨拉乌苏河地区若干第四纪沉积与环境问题初探》,《内蒙古师大学报
　　(自然科学汉文版)》,1996 年第 4 期。

24、26　史培军:《地理环境演变研究的理论与实践》,科学出版社,1991 年。

26、27　高尚玉等:《全新世中国季风区西北边缘沙漠演化初步研究》,《中国科学(B
　　　辑)》,1993 年第 2 期。

28　陈渭南,高尚玉,孙忠:《毛乌素沙地全新世地层化学元素特点及其古气候意义》,《中国沙漠》,1994 年第 1 期。

29　陈渭南、宋锦熙、高尚玉:《从沉积重矿物与土壤养分特点看毛乌素沙地全新世环境变迁》,《中国沙漠》,1994 年第 3 期。

30、32、40　刘清泗:《中国北方农牧交错带全新世环境演变与全球变化》,《北京师范大学学报(自然科学版)》,1994 年第 4 期。

31　曹红霞、张云翔、岳乐平等:《毛乌素沙地全新世地层粒度组成特征及古气候意义》,《沉积学报》,2003 年第 3 期。

33　吕智荣:《朱开沟古文化遗存与李家崖文化》,《考古与文物》,1991 年第 6 期。

34　郭兰兰等:《鄂尔多斯高原巴汗淖湖泊记录的全新世气候变化》,《科学通报》2007 年第 5 期。

35　隆浩等:《毛乌素沙地北缘泊江海子剖面粒度特征及环境意义》,《中国沙漠》,2007 年第 2 期。

37　翟秋敏等:《内蒙古安固里淖—泊江海子全新世中晚期湖泊沉积及其气候意义》,《古地理学报》,2000 年第 2 期。

38　鲁瑞洁等:《近 130a 来毛乌素沙漠北部泊江海子湖泊沉积记录的气候环境变化》,《中国沙漠》,2008 年第 1 期。

39　周昆叔等:《环境考古研究(第二辑)》,科学出版社,2000 年。

41　许海清等:《鄂尔多斯东部 4000 余年来的环境与人地关系的初步探讨》,《第四纪研究》,2002 年第 2 期。

42　陈渭南、高尚玉、邵亚军:《毛乌素沙地全新世孢粉组合与气候变迁》,《中国历史地理论丛》,1993 年第 1 期。

43　黄赐璇:《毛乌素沙地南缘全新世自然环境》,《地理研究》,1991 年第 2 期。

44　李秉成:《宁夏灵武水洞沟遗址全新世的古气候环境》,《吉林大学学报(地球科学版)》,2006 年第 1 期。

45　那平山:《毛乌素沙地生态环境失调的研究》,《中国沙漠》,1997 年第 4 期。

46　李容全:《中国北方冰缘与分期》,《第四纪研究》,1990 年第 2 期。

47　苏志珠等:《晚凉期以来毛乌素沙漠环境特征的湖沼相沉积记录》,《中国沙漠》,1999 年第 2 期。

48　周亚利等:《高精度光释光测年揭示的晚第四纪毛乌素和浑善达克沙地沙丘的固

定与活化过程》,《中国沙漠》,2005 年第 3 期。

49　周亚利等:《浑善达克沙地的光释光年代序列与全新世气候变化》,《中国科学(D辑)》,2008 年第 4 期。

50　王乃昂等:《鄂尔多斯高原古城夯层沙的环境解释》,《地理学报》,2006 年第 6 期。

第 十 二 章

毛乌素沙地历史时期的环境
变化及成因分析

第一节　毛乌素沙地历史时期的环境变化特征

前述研究中根据古城数量和分布、历史文献、地名、物产、考古记录、地层记录等,分别获得了一定的环境变化信息。这些信息单独来看,是支离破碎的,但放在一起分析却是互为补充的。整合这些信息,特别是将人类活动强度和过程方面的信息与环境变化过程的信息加以对照(表 12 – 1),才能够全面地勾勒出毛乌素沙地环境变化的过程和速度,从而比较真实地揭示环境变化的影响因素。

一、水环境变化特征

秦汉时期是毛乌素沙地 2000 多年来地表水环境最优越的时段,主要表现在湖沼面积广大、腹地区有一些常年河通往内陆湖、外流河水量较大等方面。秦汉以后,毛乌素沙地的地表水环境呈现整体恶化趋势。

表 12－1　毛乌素沙地人类活动、气候背景及环境变化信息总览

	时段	人口数量(人)	大气候背景	古城兴废	牧畜种类	狩猎动物	野生植物	文物点(个)	苗葶(群)	地名信息	考古信息	地层信息	文献信息
先秦		不详	全新世大暖期后转冷,其间多次波动	不详	不详		栎、橙、漆、椋、榛松、柏、芍药、川芎	155	27	边缘有森林	东南部有森林缘环境,局地有积沙	有古土壤和泥炭发育,但气候数级动的性温	环境优良,有森林
秦代	前221~前206	约30万										说法不一,多倾向为较湿润成暖温	多数良示环境较好,温干耕作;少数显示土地不利于生产;环境较差,寒冷等影响大。
西汉	前207~25	约88万	暖湿期	金墉内大量建坞池	羊、牛、马	鹿、虎	松、柏、榆、柳	567	179	几无古地名;有大型动物和广阔水域	古城址附近为平旷地,有间歇性风沙活动。	说法不一,总体上偏干冷。	
东汉	25~220	约10.3万		建置省并古城废弃						有川塘出现	城墙下有风成沙。		南缘环境较好,中北部已有积沙。
魏晋南北朝	220~581	35.5	较冷干期	重建和沿用少量城池	马、牛、羊、骆驼	野马、虎、豹	柞、松、柏、侧柏	47	11	有草大流动沙丘;树木少湖沼多。	不详	总体上偏暖湿,有黑垆土发育,前暖后冷。	沙漠环境,乔木稀见,有适于放牧的草甸,曾发生强烈风沙活动。
隋唐~五代	581~905	35.5万	暖湿期	在南缘大量建城	马、牛	野马、羚子、鹿、獐子、狩羊	棕、木瓜、徐长卿、芍药	40	24				
宋(夏)	906~1279 (1031~1227)	25万	冷干期	以沿用前代旧城为主	马、骆驼、牛、羊	麋鹿、沙狐、羚羊	甘草、锦鸡、蒺藜、灰蓬、地黄、沙蓬、野韭、灰条、白蒿	233	55	积沙多、风沙危害严重,沙漠界偏东、环境偏旱。	有严重风沙活动,人口在地有上孔低蓬。	总体寒冷,干暖。	风沙活动强烈,灾害频繁,人口主要依水泽之地,从事生产生活,不利农耕。
元代	1280~1368	约29万	温湿期	仅筑夏罕领尔城	马、牛、羊、骡、驴	鹿	不详	59	17	多沙草,适于畜牧。	不详	较暖,有薄层土壤形成。	较之其他地区环境优良,适于放牧。
明代	1368~1644	51.2万	小冰期 18世纪后期转温湿					146	32	多沙、海子	古城墙下有流沙,风沙湖满深沟。	前期干冷,后期较温暖。	东南部风沙频繁,潮湿地适于农垦。
清代	1645~1911	46.0万		在东缘至南缘大量筑城垦	羊、苑、马、牛	赤狐、兔子	麻黄、甘草、侧柏						烈,旱灾频繁,沙漠地适于农垦。

1. 湖沼萎缩和消亡

这是毛乌素沙地水环境变化最突出的表现。张记场、阿日赖村和敖柏淖尔等秦汉古城,是临近或紧邻湖沼而建的,目前与近边湖沼的距离在数里至十数里之间,秦汉时期湖沼的面积要比现今大得多。以张记场古城东侧平滩地现今的海拔测算,建城时北大池的面积至少为 $100km^2$,水深至少达 30m(也不排除张记场古城临河而近湖的可能性)。大池子古城位于北大池的另一侧,因其在唐宋时期也以产盐为主业,无疑也应该是临湖而建的,建城时水域面积大约为 $20km^2$;水深至少达 18m。但是北大池现在的面积只有 $8.7km^2$,水深 4.5m,可见秦汉至隋唐的 700 年 ~ 800 年中,湖泊面积缩小了 80%;其后的 1000 多年中,又缩小了 65%。宁夏盐池县惠安堡镇的老盐池古城原为明代盐池县城,城址海拔 1373m,东侧有当时著名的盐池——小盐池,大约在清代后期已不产盐,目前只残留一个 $1km^2$ ~ $3km^2$ 的时令湖,周边有大片盐碱滩和固定沙地,若按 1370m 等高线量测,湖泊面积大约 $15km^2$,说明明代小盐池的规模至少为这个水平。在榆林市榆阳区芹河以南至横山县北一带,有多处通名为"海子"(或海则)的地名,如杨官海子、桑海子、酸梨海子、草海子、崔海子、天鹅海子等,明清时期这里有数个大大小小的湖泊,清代康熙十二年(1673)的《延绥镇志》犹有记载,但是到清末民国,这些湖泊大多都干涸了,只有杨官海子目前尚存,但已分裂成东西两个小湖泊。榆阳区西部的巴拉素镇、补浪河乡、小纪汗乡和马合镇境内也曾有众多湖泊,地名显示有王玉海子、马家海子、火连海子、三连海子、鄂托海子、方家海子、散沙兔海子、大海子、大鱼海子、小鱼海子、臭海子、脑岽海子、乔沙海子等,由于位于明长城以及边墩之外,这些地名只能形成于清代招民放垦时期,指示的应当是 18 ~ 19 世纪的自然景观,目前这些海子也多已消失。由此可见,秦汉以来的 2000 多年中,毛乌素沙地中大湖萎缩分裂,小湖干涸消亡是一个普遍规律。

　　湖泊的地层学记录能更准确地揭示了湖泊的变化,湖泊水位和升降和面积增减是对气候变化的直接响应,从地质时期至历史时期都存在着。毛乌素沙地的地层记录显示湖沼相地层往往与风砂层相间分布,在历史时期应有着多次的沉积相变,低洼地带的剖面这样的变化存在至今,但在高亢地带(如沙沙滩剖面),大约在距今 800 年时变成浅湖相沉积;距今 150 年前后变为栗钙土层,说明其周边的湖泊水面逐渐缩小,即使近 100 多年气候变得湿润,但湖泊面积也没扩大到先前的水平。

2. 常年河变成时令河

　　常年河变成时令河,也是历史时期毛乌素沙地水环境变化中的一个普遍现象,尤其在内陆湖周边表现的最为突出。考古资料显示大保当古城曾是东汉时期上郡的一处重要古城,为它供水的野鸡河目前只是一条时令河,这种水系条件与古城的地位是不相符的,虽然在大保当古城附近的野鸡河河道中发现东汉的陶管井,但仅以井水供给是不符合汉代的建城原则的,野鸡河当时必定为水量充沛的常年河。温家河、红庆河等古城也有同样的情况,虽然在内流区,两汉时期必定是滨河而建,地名也说明到明清时期临近的河道里还有水源,但现今这些古城附近的沟道常年干涸,往往只有雨季和灌溉季节才有水。古城壕古城处在窟野河的上源支流牸牛川上,依水而建,目前牸牛川在冬春枯水期河道无水,这显然是不符合汉代的建城原则的。

　　杨守敬的《水经注图》中在今城川一代标出名为"通哈拉克泊"的湖沼,其南侧有一河道,朱士光认为该湖为汉代奢延泽的遗存,上个世纪中叶已分裂为若干小湖,这与河流深切排水不无关系[1]，目前城川一带确有一条时令河入萨拉乌素河，应当是由于湖泊渐趋消亡，河流才变成时令河。清代的《鄂尔多斯七旗地图》中标识出一河流由南向北入北大池，北大池清代亦称为"锅底池"，罗凯等据《蒙古游牧记》和《钦定大清一统志》等文献进行的考证表明，该湖之东南有兔河、赤沙河两条水流注入其中[2]，两条资料相互印证，也说明此河流存在的真实性，但是目前从地形图上很难比定这两条河流。

3. 外流河深切且水量减少

毛乌素沙地历代古城有大约 2/3 的近河分布，其中有一半左右就筑在临河的山坡上或阶地上，这也是《考工记》中"高勿近旱而用水足，下勿近水而沟防省，因天才，就地利"的我国传统城邑布局思想的体现。但是目前来看，一些古城址距下面的河道十数米和数十米，如果人工到河边取水显然颇费周折，这种情况在三岔河古城和统万城非常突出，统万城当时主要的水源是引自黑水的黑渠，但其前身——即汉时的奢延县则要依赖无定河供水。古城壕古城和瑶镇古城都是建在曲流的凹岸，有一侧城墙外是壁立的河岸，如果架上栈桥直接取水是完全可行的，只是目前来看河床下切 10m 以上，主流线上平水期的水位不足 1m，在汉代选址建城时这样的水源条件是不可能考虑的，因此，当时河流下切的肯定没有这么深，水量也会比现在大的多。《延绥镇志》卷之一《地理》记载：

> 保宁（堡）、波罗（堡）相去八十里，中虽有响水一堡，去边七十里。旧恃无定河为限，所虑者冰坚之时耳。今河水浅不足恃，宜于保宁波罗之间添置一堡。

同卷还记载刘敏宽所言：

保宁(堡)昔称水泽之区,年来潴水渐涸,马无所饮。

说明在明代,无定河的二级支流芹河—渡河水变浅,湖沼也逐渐干涸。

4.泉眼消失

泉水是溢出地表的地下水,在毛乌素沙地泉水广泛出露,往往成为湖泊和河流的重要的补给来源。历史文献曾记载了毛乌素沙地的多处泉水,但这些泉水已经或正在消失。例如,宋夏时期的荒堆三泉大约位于夏州和银州之间,即今毛乌素沙地东南缘,但明清以来这三个泉已无人提起,不知所属。明代花马池县的铁柱泉是一"水涌甘洌⋯⋯日饮数万骑弗之涸",而且"幅员数百里,又皆沃壤可耕之地,北虏入寇,往返必饮于兹"[3]。当时为守泉专门建筑了铁柱泉城并开始了军屯,但只持续了不到100年就荒废了。20世纪60年代初,侯仁之先生考察铁柱泉时,这里是一片荒漠,泉水几近干涸。又如《读史方舆纪要》卷62载:

东湖,所(韦州千户所,位于今宁夏同心县韦州镇)东三十里。湖北三里,又有鸳鸯湖,互相萦注。所境田畴,多藉以灌溉。

可见东湖和鸳鸯湖是两个水源贯通的湖泊,两者的湖水均可溉田,必然有稳定的淡水补给,或为泉水,或为大罗山下泄的溪流。至清末民初,东湖和鸳鸯湖均已基本消亡,田地荒芜,地表积沙,但因地下水位较高,尚存在很好的芨芨草草原,直到近二三十年才出来沙丘连绵的景观,说明水环境恶化与沙漠化有密切的关系。成书于康熙十二年(1673)的《延绥镇志》记载当时常乐堡以北也有一处鸳鸯湖,但道光年间(1830~1850)成书的《榆林府志》中就未见记载了。《榆林府志》卷四载榆林城东有龙王泉水,亦名普惠泉或南泉,被引入城中使用,榆林城拓筑后泉水补引至学校"泮池",但现今该泉水不知所终。

5.个别湖沼的出现和扩大

毛乌素沙地的湖沼有着明显的季节和年际变化。季节湖在旱季往往是盐碱滩地,雨季积水成湖,而后积水逐渐干涸,毛乌素沙地内流区的汉代古城、唐宋古城周边,都可见季节湖。毛乌素沙地夏季降水量占全年降水量的60%~70%,降水变率特别大,暴雨次数占全年总次数的80%~86%,如东缘的陕北神木县杨家坪一带1971年7月25日的12小时雨量达408.7mm,比年平均降雨量还多,暴雨以后内流区滩地和湖盆很快积水成湖,而后在一段时期内又逐渐缩小和消失。湖泊干涸与消亡是毛乌素沙地地表水环境变化的大背景,反向的变化除暴雨成湖外,还有一些湖沼为逐渐扩大。如毛乌素沙地东北部的红碱淖和北部的泊江海子。红碱淖现状面积67km²,是鄂尔多斯台地上最大的湖泊,据研究,其1929年前后才积水成湖,初期湖泊面积仅1.3km²,至1947年,逐步扩大到20km²。1958年湖水量增加,湖水面积猛增到40km²,60年代初期,湖泊水位接近现在水平,成为一个稳定的深水湖。红碱淖成湖前是一片低洼湿地,盆地内广泛分布富碱绛红色沙壤,历史时期一直为产碱之所。毛乌素沙地的盐碱湖通常"水大产盐,水小产碱",红碱淖在20世纪20年代形成淡水湖之前,应为季节性浅水湖环境,湖水近干涸时盐分在地面结晶,红碱淖地名也就此而来。

二、植被变化特征

1.群落种类组成的单调化

历代见诸于地名的植物在毛乌素沙地及其周边不外乎榆、杏、杨、柳、松、柏、木瓜、山桃、柏、杜梨、桑、槐、酸刺、酸椿、红柳、芨芨草、白草、黄蒿等,其中沙地腹地区较为常见的树木无外乎榆、杏、臭柏、柳等,说明这些植物已经是该区域非常有代表性甚至可以说是少见的植物。孢粉研究发现该区域的植物孢粉组合主体上是禾本科、菊科蒿属及藜科之间的消长关系[4-6],其他科属的孢粉都比较鲜见。物产记录显示自先秦时期以来,毛乌素沙地及其周边地区的植物种类组成逐渐呈现出单调化,这种变化与放牧牲畜的变化、狩猎动物的小型化相对应(表12-2)。

表 12-2　毛乌素沙地及周边历代主要物产一览

时代	野生植物	牧畜种类	狩猎动物
先秦	栎、檀、漆、棕、榛、松、柏、芍药、川芎	牛、羊、猪、驼	虎、狼、仁牛、臧羊
秦汉	松、柏、榆、柳	羊、牛、马	鹿、虎
魏晋	柞、松、柏、侧柏	马、牛、羊、骆驼	野马、虎、豹
唐代	桦、木瓜、徐长卿、芍药	马、牛	野马、獐子、鹿、麝、爻守牛
宋夏	甘草、银柴胡、碱蓬、苁蓉、地黄、沙葱、野韭、灰条、白蒿	马、骆驼、牛、羊	麝、沙狐、羚羊
元代	(不详)	马、牛、羊、騾、驴	鹿
明清	麻黄、甘草、侧柏	羊、驼、马、牛	赤狐、兔子

2. 旱生沙生资源植物增加

毛乌素沙地及周边地区贡赋的时代递变非常明显,如唐代有拒霜荠、徐长卿、芍药、桦皮、木瓜等,拒霜荠可能为一种温代旱中生植物,其余四者皆为中生植物产品。宋初党项与汉地互市时的大宗植物物产主要是甘草、苁蓉、柴胡、红花,党项平民常用的救荒植物除前几者以外,还有沙米、猪毛菜、沙葱、席芨子等,均为沙生植物,有的还是盐生植物。明清以来,甘草、麻黄、苦豆子等荒漠植物越来越成为本区域大宗的物产,而抗逆性稍差的银柴胡、远致等渐渐都因产量低没有了商业价值。从牧畜种类来看,牛、马的比例越往近代越低,羊、驼的数量则反之。由于前两者更喜多浆汁的草场,后两者对草场的耐受力较强,牧畜种类的变化也显示沙生植物资源的增加和环境的整体旱化。

3. 荒漠植被地位明显上升

文献、物产、地名等显示,先秦时期在毛乌素边缘地区有栎树、青檀、漆树等组成或参与组成的落叶阔叶林;秦汉至魏晋时期有松、柏组成的针叶林,柞树等组成的落叶阔叶林;唐宋时期有桦木林、松林、侧柏林;明清则只有侧柏林。毛乌素腹地区唐代以前的历史地名罕见有植被涵义的,这与自然地名难以进入史籍有关;宋夏时期记载的这一类地名增多,可以指示白草草原、黄蒿及艾蒿草甸、蒲草沼泽等;明清时期除指示有白草草原、黄草草原、红柳灌丛等。甘草、麻黄、苁蓉等药用植物日渐成为大宗出产,也显示沙生植被面积的增加,群落类型组成中荒漠化特征增强。孢粉研究指示蒿属和藜科植物在历史时期有逐渐增多的趋势,与根据物产、文献等得到的结论可以互相映衬。毛乌素沙地的现代植被组成中,除农田植被及极少的森林、灌丛植被外,主体上都是典型草原、荒漠草原和沙生、盐生植被,2000多年来,以沙生、盐生植被为代表的荒漠植被类型的地位呈逐渐增强趋势。

4. 植被带无明显移动

孢粉分析和环境考古研究成果显示:全新世中期(仰韶文化~齐家文代时期)毛乌素沙地东部和南部可能存在林缘环境,乔木树种主要是油松、白桦及云杉、冷杉类,先民们在森林里采摘,在草地和湖泊边缘狩猎,这种"林缘环境"应为森林草原景观,但是秦汉以来,这种景观只存在于窟野河沿岸山地区的局部地形部位(阴坡),毛乌素沙地大部无论是森林草原群落还是森林草原带都没有存在过。森林草原群落是一个类型概念,是"在旱中生和中旱生植物组成的草甸草原背景上,稀疏的分布着一些旱中生矮乔木"[7],即相当于疏林草原[8-9];森林草原带是一个区划概念,指显域地境上分布着草甸或草甸草原群落,河谷和阴湿沟坡等隐域地境上出现落叶阔叶林的地带。以往的一些研究根据该处有榆、柳之类林木的记载而认定其为森林草原带是不科学的,我国黄土高原的森林草原带(亚带)的主要植被类型是草甸草原,在其背景上分布着小面积的落叶阔叶和温性针叶林,如油松林、侧柏林、杜松林等,构成森林草原景观。榆、柳、杨、槐等乔木属种是很早就驯化的栽培树种,在不详其是否野生种的情况下,不适宜用其来指示环境特征,特别是植被特征。另外对统万城中桩木的木材分析和地层中孢粉分析虽然显示有侧柏、桦木、桤木、胡桃、椴树、冷杉、云杉等针阔叶树种,但由此推定当地筑城时为温带疏林干草原却比较牵强,因为这些树种同时产于一地几无可能性,只能说明统万城建城时曾从异地采集木材。

文献、地名和物产等均指示毛乌素沙地历史时期的松柏类植物(臭柏除外)和桦木、木瓜等阔叶乔木的分布范围,限于东南部的横山和东部、东北部的山地,未进入毛乌素沙地腹地,至于白草、黄蒿、艾蒿、黄草等有典型草原指示意义的植物地名也多在毛乌素沙地东部和东南部的黄土区,说明毛乌素沙地历史时期以来一直不属于森林草原地带。秦汉以来的2000多年中,毛乌素沙地一直处在温带草原带上,可能为典型草原带向荒漠草原的过渡区,但现有的手段都不能确定其历史分界线。

三、土地退化与沙漠化特征

1. 沙漠化是土地退化的主要表现

古城考古结果、文献资料和本研究使用的其他代用指标都表明,历史时期毛乌素沙地经历了土地退化过程,土壤风蚀和沙漠化是其主要表现。例如从古城的时代与空间分布来看,秦汉时期不论其为"土地良沃"还是"上郡地恶",毛乌素沙地从周边的外流区至腹地的内流湖盆区,都有相当广阔的建城空间和建城环境;唐代以后,沙地中北部已不太适合建城,朝廷将内降的少数民族聚落集中建在该区域的南部;明清以后则因"沙漠相连"不堪利用和军事上的需要而退至沙地东南缘筑城。历代城池的选址都会考虑环境条件,毛乌素沙地的古城无不建在近河、近湖或有泉水的地段,当时大多有好的耕作条件,充其量为平沙地,然而现在看来,近 2/3 的汉代古城和绝大多数的唐宋古城都发生一定程度的沙漠化,明代延绥镇和宁夏后卫的 40 余个边堡中,大约 40% 的营堡都有一定的积沙,几乎所有分布在毛乌素沙地边缘地带的明时营堡都有积沙。

考古学证据表明:距今 4500 年的新石器时代,毛乌素沙地边缘就有固定和半固定沙丘。杨桥畔古城、大保当古城等汉代城池使用时,周边也有轻度积沙。国都级城市统万城选建在"临广泽而带清流"、并且在整个河套地区都是非常优越的位置上,然而考古发现其城墙下部原本就有风成沙,建城时的环境可能为平沙地。灵武窑遗址、二道川剖面、三岔河剖面等则说明宋元时期毛乌素沙地南缘就有着严重的沙漠化过程。古城墙里的夯层沙则说明部分汉唐古城在建城前,地面上就有风沙堆积。上述证据也足以说明,沙漠化作为主要的土地退化过程,在历史时期的毛乌素沙地是一个普遍现象。

2.沙漠化过程具阶段性

全新世以来,毛乌素沙地的风成沙要么与湖相地层和风水两相沉积交替出现;要么在风成沙层间夹有薄层古土壤;地层剖面上的沉积物粒度组成往往有很大变化,等等这些地层学证据,都说明沙漠化过程具有不连续性,也即是具有阶段性。古城的环境考古研究表明:毛乌素沙地历史时期主要有过三次沙漠化过程,第一次发生于东汉至南北朝时期;第二次发生于唐末至宋夏时期;第三次发生于明清时期。文献记录显示魏晋南北朝时期毛乌素沙地有沙带出现;隋唐时期人口集中的毛乌素南部地区存在植被日益退化、风沙日益严重的趋势;宋夏时期是毛乌素沙地历史时期风沙危害最严重的时期;明代中后期也是鄂尔多斯和榆林地区灾害频仍的时期。毛乌素沙地含"沙"地名在汉代已出现,魏晋南北朝时期已有数个、在宋夏时期多见、在明清时频出;无"沙"而有环境意义的地名也在一定程度上显示这三个时段是环境的恶化期。从物产情况来看,宋夏和明清时期是两个明显的转折期,前一阶段出现植物物产的旱生化、牧畜中牛的减少和骆驼的增加、狩猎产品中野马、鹿的消失和沙狐的出现;后一阶段的大宗植物产品均为沙生植物,牧畜以羊和骆驼为主,沙狐和野兔是主要猎物。

3.沙漠化过程和程度具空间差异性

古城环境考古和文献研究表明,历史时期毛乌素沙地的三个主要的沙漠化阶段中,第一次主要影响其中北部,沙地的雏形在这一阶段形成;南部地区也有局部地段积沙严重,唐初"六胡州"虽然选建在湖滩地上,但周围在此前已形成沙带和高大的沙丘。第二次沙漠化过程主要影响毛乌素沙地南部地区,统万城一带的土地沙漠化格局在这一时期已形成;西南部的"六胡州"古城因为沙埋而大多未沿用。第三次主要影响毛乌素沙地的东南部,长城及沿线各堡的积沙非常严重,一些城堡屡次扒沙都难以奏效。文献记载表明,宋夏时期横山一线是毛乌素沙地的南界所在,但是沙带的分布已达今庆阳一线;明清时期风沙堆积的南界大约在今明长城一线,河谷地带沙带往往伸展更远。

毛乌素沙地的现状沙漠化程度总体上是东南部最强,中北部、南部和东部次之,并向其他方向呈递减趋势,这种格局大约在秦汉时期已经出现,在南北朝以后迅速发展,唐代基本形成。从局部地段来看,沙漠化程度则有从远湖一侧向近湖一侧递减趋势;沿河古城比较复杂,似有近梁地一侧甚于远梁地一侧、北侧甚于南侧的特点。

第二节　毛乌素沙地历史时期环境变化成因分析

一、历史时期的气候波动——背景因素

自格陵兰冰芯记录显示全新世气候有较大波动以来,全新世气候波动中几个代表性过程,已逐渐得到认可,全新世大暖期即是其中之一。8500a. B. P. ~3000a. B. P. 之间的全新世大暖期(国际上认为其为9000a. B. P. ~5000a. B. P.),在我国也称为仰韶温暖期,是全新世的1.2万年中气候最温暖湿润的时期,其中在仰韶中期(约5000a. B. P.),我国西北地区的年平均气温较现代高2℃~3℃,七月的平均温度比现在高3℃~5℃[10]。到3000a. B. P. 的西周时期,这一暖湿期结束,整个晚全新世再未有过这样的温暖气候。晚全新世的气候变化过程比较复杂,不同的研究者根据不同地点的不同代用指标,往往得到不同的结论。例如李容全等对中

国北方农牧交错带全新世的研究表明:在这1.2万年中气候变化经历了4个温暖期和4个寒冷期,总体上是温暖湿润时期长于冷干时期,各冷干时期的降水量大小相比有自古而今逐期增高的趋势;暖湿阶段的降水量却呈递次减少的趋势。其中从2300a.B.P.～1970a.B.P.,北方农牧交错带进入全新世第三个冷干时段,温度和降水量降幅不大;1世纪～1350年为第三温暖期;1350～1495年为第四冷干期;1495年以来为第四温暖湿润时期[11-12]。

表12-3　中国历史上气温变化周期[13]

夏商温暖期	前21～前12世纪
西周寒冷期	前11～前8世纪中叶
春秋温暖期	前8世纪中叶～前5世纪中叶
战国至西汉初期寒冷期	前5世纪中叶～前2世纪中叶
西汉中叶至东汉末期温暖期	前2世纪中叶～2世纪末
魏晋南北朝寒冷期	3世纪初～6世纪中叶
隋至盛唐温暖期	6世纪中叶～8世纪初
中唐至五代寒冷期	8世纪中叶～9世纪末
五代中至元前期温暖期	10世纪初～13世纪末
元后期至清末寒冷期	14世纪～19世纪末

有关我国历史时期气候变化过程的研究成果中,竺可桢等人的最有权威性,认为春秋时期到西汉末年是一温暖期,平均气温比现在高大约1.5℃左右;东汉到南北朝时期为一寒冷期,年均温可能比现在低大约1℃～2℃甚至2℃～4℃;隋唐至北宋,为一温暖期,气温比现在高出1℃左右,但有可能从8世纪开始气温逐渐下降;自1000年～1200年,为南宋寒冷期;1200年～1300年,称为

元代温暖期;公元 1400 年～1900 年,为明清宇宙期或小冰期,是一个低温多灾的时期;20 世纪则是明清以来最暖的世纪,由小冰期向暖期的过渡异常迅速[14]。张丕远等人的研究显示我国自夏商以来有五次冷暖交替变化过程(表 12 – 3),较之竺可桢先生的冷暖期划分在春秋至宋元时段更细致一些,冷暖期划分有一定差别,但对西汉、隋唐的温暖期和魏晋南北朝、明清的寒冷期的认识方面是一致的。

孙继敏等根据竺可桢先生等的研究,做出的 1700 年来中国温度与湿度变化对比图(图 12 – 1),显示在 300 年～600 年、1000 年～1250 年、1550 年～1750 年为三个相对干燥期;而公元 300 年～600 年、1120 年～1350 年、1600 年～1700 年为三个相对寒冷期,干冷气候有很好的对应关系。

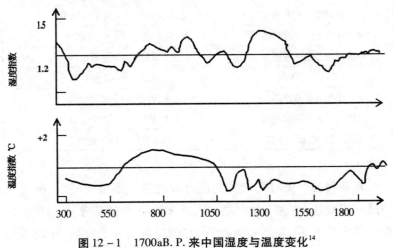

图 12 – 1　1700aB. P. 来中国湿度与温度变化[14]

秦汉以来的 2000 多年中,我国北方地区经历了多次冷暖波动已是不争的事实,季风气候下,温度的变化必然导致降水变化,半干旱与半湿润地区,必然产生沙漠化正逆过程互相转变。董光荣等的研究表明:在秦汉暖湿期和隋唐、五代暖湿期,我国北方地区的沙漠化以逆过程为主,流沙地面积减小时期;在东汉至南北朝较寒冷干旱期、北宋寒冷干旱期和明清小冰期,沙漠化则以正过程为主,流沙地面积扩大[16-19]。毛乌素沙地历史时期的几个沙漠化阶段与我国北方地区气候的寒冷干寒期有很好的对应关系,植物发生旱生化和植被明显荒漠化的阶段也恰好与之对应。从人类影响的角度来看,毛乌素沙地沙漠化发生的几个历史阶段的土地利用方式多为游牧畜牧业,只是在明清时期农耕规模和强度有所增加,但人口密度从未超出半干旱区的临界标准。由此可以确信,毛乌素沙地历史时期环境变化的肇因是百年尺度的气候冷暖和干湿波动。

"沙漠就是干燥气候的产物"[20],干燥的气候是毛乌素沙地形成的首要气候因素,降水量的年季变化大是干旱半干旱地区的重要气候特征之一,毛乌素沙地的降水变率在40%以上,地表植被也因此产生很强的年际变化,在干旱导致湖泊萎缩、植被覆盖度严重降低时,固定半固定沙丘活化,流沙面积增加。在本研究过程中,2006年春季的野外考察中作者发现,由于严重的春旱,一些古城内外的草滩地上形成厚度不等的积沙,前两年考察中走过的道路被掩埋现象也非常突出。气候干旱是毛乌素沙地形成的最基本的气候因素,它造成地表植被退化,使地表粗糙度降低,风力侵蚀作用加强。和撒哈拉沙漠等世界其他沙漠一样,毛乌素沙地的沙漠化主要也是在持续干旱期间发生和增强的[21]。气候变化既是毛乌素沙地环境变化的主要表现,同时也是主宰其他环境要素变化的背景因素。

二、地貌及冬季风——动力因素

毛乌素沙地大部分处在鄂尔多斯高原向黄土高原的过渡区，海拔在 1200m～1600m，地势西北高东南低，呈现梁地和滩地相间分布，西北－东南向延伸，东北－西南向更迭的波状起伏的地表形态。西南部海拔多在 1400m 以上，而东南部榆林的金鸡滩一带海拔只有 1100m，无定河及其支流在下游河谷地带只有不足 1000m。毛乌素沙地的东部和南部边缘地带为黄土高原边缘山地，主要有东南侧的横山和南侧的白于山，横山海拔一般在 1200m～1500m；白于山海拔一般在 1200m～1600m。

毛乌素沙地虽为季风气候，但因深居内陆，处于夏季风尾闾区，冬季风强盛且维持时间长，盛行风向主要为偏西风或偏北风，>5m/s 的起沙风每年出现次数为 85 次～371 次，风大且频繁，主要集中在干旱的冬、春季节，而此时地表缺乏覆被，含水量小，极易起沙，从而为风沙活动和运移创造了条件。

毛乌素沙地有严重积沙的古城无一例外地表现为沙链由西侧或北侧跃入城内，古城址外侧土地沙漠化程度总是西北部甚于东南部，即使是西侧或北侧临近湖滩，这种情形也非常明显。有轻度积沙的古城，则表现为古城之北墙和西墙外侧积沙程度较强，其他墙体部位较弱。一些古城近年来因沙丘南移西北侧城墙逐渐出露。毛乌素沙地的湖泊沼泽多呈西北－东南向串珠状分布，这是地形作用使然，由于水蚀和风蚀搬动的物质都会在低洼地沉积，因此湖泊的消亡也是地貌过程的必然结果。毛乌素沙地的流沙带大部分呈西北—东南方向延伸，而且这种情形在沙地的南缘和东南缘表现尤为突出。流沙中的沙丘或沙带则多为东北－西南走向，只有在夏季有时形成反向沙帽，流动沙丘的移动方向均为自西北趋向东南。毛乌素沙地流沙的分布形式,无疑是以西北风为主导风向的冬季风作用的结果。从沙物质的粒度组成来看,从毛乌素沙地内部到黄土高原北部地区,地表沉积物粒度随纬度增高而变大,随经度升高而变小[22],中值粒径从 $200\mu m \sim 230\mu m$ 下降到 $40\mu m \sim 50\mu m$,换言之,风成沙粒径呈自西北向东南逐渐减小的趋势。毛乌素沙地沙丘及沙物质的上述分布特点,反映了冬季风是其风沙活动的主要动力。

　　毛乌素沙地西北高东南低的地形,非常有利于西北风为主导的风沙搬运,东南部横山的阻挡使风速减弱,风沙便在榆林一带沉积下来。河谷区由于地势低洼和地形的狭管作用,风沙堆积的厚度大且延伸得更靠东南一些。在毛乌素沙地西部、北部、甚至西南部的梁地下部和滩地上,都常见沙质黑垆土风蚀残丘,风蚀和风积过程并存,但东南部却是以风沙堆积过程为主。毛乌素沙地在鄂尔多斯市的部分,沙漠化土地占总土地面积的 81.16%;在榆林市域的部分,沙漠化土地占总土地面积的 83.4%。毛乌素沙地的流动沙丘,密集连绵成片的只见于南部、中东部和东南部,多为新月形沙丘链和格状沙丘,其中东北部乌审召一带的流动沙丘高达 8m～20m;东部神木县西南至榆林一带沙丘高 7m～20m;定边孟家沙窝至靖边高家沟一带的小毛乌素沙带,沙丘高度达 7m～15m。半流动沙丘、半固定沙丘主要分布在滩地、洼地和河流阶地上,随降水量的年际变化而有很强的动态性。毛乌素沙地全新世沉积物的厚度总体上有自西北向东南变深的特征(不同地形部位不可比),风沙粒度自西北至东南逐渐变细、磁化率值逐渐变大。这一规律不仅表现在地表,而且在不同地点同一层位也有明显反映[23]。常乐堡、波罗堡、响水堡、清平堡等横山边缘的明代城池在修筑时以沙筑城、启用后不久就需要除沙,而且随除随壅,所谓

"数日之功不能当一夜之风力而"[24]，即是该东南部风沙强烈堆积的体现。与横山一带不同，白于山北麓风沙堆积情况较轻，主要是因为毛乌素沙地西南端的主导风向是西风，定边县在夏季还盛行南风，可以说强风是从沙地外侧吹向内部的，故而没有适合风沙搬运堆积在山麓的风场条件。总体上看，冬季风是毛乌素沙地风沙搬运的主要动力；西北——东南向倾斜的地势是沙物质搬运的助动力；横山山地是风沙搬运路径上障碍和反向作用力，毛乌素沙地形成就是在气候波动大背景下这些自然力作用的结果，而且强沙暴对沙物质搬运作用重大。

三、地层中的沙物质——物源因素

毛乌素沙地的形成不仅和干旱的气候、稳定的风场和 $>5m/s$ 的起沙风，还要有充沛的沙物质。毛乌素沙地地层中的埋藏古风成沙记录显示在中更新统、晚更新统、全新统都已经存在大片沙漠。这些沙质松散沉积物广泛出露，特别是末次盛冰期形成的古风成沙，具有分布广、厚度大、埋藏浅等特征，成为现代沙漠化过程的主要沙源[25]。毛乌素沙地的地层在滩地上通常为第四纪风积物和沙质河湖相沉积物，剖面一般呈风成沙（或黄土）、砂质古土壤（或黑垆土）与河湖相沉积物等组成互层结构；梁地上一般由白垩系紫红色砂岩和侏罗系灰绿色砂岩组成，极易风化。一些地段松散堆积物的厚度近百米，仅以全新统地层来看，即达数米至数十米，如萨拉乌素河河谷出露的地层中，全新统中下部大沟湾组是由湖沼相的锈黄色细沙、灰白或灰绿或灰黄色粘土质粉沙、粉沙或亚粘土组成；上部滴哨沟湾组由淡黄色风成粉沙质细沙、沙质黑垆土、风成沙、冲积黄土和现代风成砂组成，整个地层厚 $4m \sim 10m$ 不等[26]。北部的库布齐沙漠处在毛乌素沙地的上风向，大概在秦汉时期就已存在,北魏就被称为库结沙、隋唐称为破纳沙,一般认为其形成时代早于毛乌素沙地[27]。

　　毛乌素沙地的滩地区域,常见古土壤和沙层数层重叠的剖面,现状地表也存在草甸和沼泽土为流沙覆盖的情形。较之滩地而言,梁地上的覆沙一般较薄,但在梁坡上常分布着流动沙丘、半固定沙丘和固定沙丘。湖滩地和河流阶地上的流动沙丘和半固定沙丘非常发育,在无定河、秃尾河及其支流上,这种情形尤为突出。这种沙漠化空间格局的形成,除受偏北风为主的气流场制约以外,与沙物质来源有密切关系。北京大学地理系等单位的研究表明,基岩上流动沙丘的矿物质含量,与下覆基岩的矿物质含量比较相似,说明它们之间有物源关系;湖积－冲积平原上的风成沙是混合型的,应当有多样的来源;滩地和丘间低地上的风成沙中,细沙含量显著高于丘顶;东南缘黄土梁地上的风成沙细沙含量达80%以上,与北部软梁地上的粒度构成完全不同,显示与黄土在物源上有直接联系[27-29]。毛乌素沙地中在风蚀作用下形成很多残存的古沙丘,尤其在定边、靖边县北部、榆阳区西部、鄂托克旗东部及乌审旗境内比比皆是,因此,整体上讲,“就地起沙”和“古沙翻新”是毛乌素沙地主要的形成原因。

　　最新的研究根据毛乌素沙地形成的构造地貌差异和粒度分布特征,将其沙漠化类型划分为沙地内部就地起沙型、河流谷地就地起沙型、风沙侵入型和风化残积型四类[30]。其中就地起沙的沙物质来源,主要就是地层中(特别是黑垆土层下)的古风成沙,其次是地表的风化残积物;再次为湖泊和河流的冲积沙,本地地表和地层中的沙物质是毛乌素沙地形成的主要物源。沙物质在干燥状态下松散无结构,第四纪以来的构造抬升致使河流深切,地下水位下降,致使地层中的干燥沙物质广泛出露;干旱又使地表植被退化,覆盖度降低,地面沙丘活化,在强大的风力作用下,沙物质必然经历风蚀－搬运－堆积的过程。由此可见,地表和地层中的沙物质与气候干旱、强劲风力相配合,决定了毛乌素沙地的形成,是沙漠化的物源因素。

四、地表水环境恶化——引致因素

董光荣等对萨拉乌素河地区第四系地层的研究显示:全新世大暖期时主要为湖沼环境,其中一些地势较高的地段则为浅小湖泊和沼泽沉积,距今 5000 年~3200 年时众多湖沼开始干涸,地表为草原环境,其上发育黑垆土。新冰期来临后鄂尔多斯高原转为干冷、多风的荒漠化、半荒漠化草原环境,毛乌素沙地所在的鄂尔多斯东南洼地在风力和流水两种外力作用下被加高填平,形成目前这样波状起伏的形态。近 2000 年来,鄂尔多斯台地的抬升使许多河流回春下切,形成深切曲流,地下水位下降,地面湖沼水体也逐步疏干。毛乌素沙地的古城反演的地表水环境也正是经历了这样一个变化过程[31-34]。

毛乌素沙地中秦汉时期众多的古城,尽管是选择了当时最优越的地段,但在后世得以沿用的并不多,主要就是因为河流水位的下降及湖泊的萎缩而不能继续利用,水环境的这种变化现代依然存在。据 1963 年中国科学院考察队调查,鄂尔多斯境内有大小湖泊 600 个,湖水面积 540km²。20 世纪 80 年代的调查显示,鄂尔多斯约有湖泊 820 个,集水面积在 1km² 以上的湖泊 68 个,总集水面积 334km²,20 年中,鄂尔多斯的湖泊数量增加了 220 个,湖泊面积却缩小了将近一半[35]。

毛乌素沙地的土地沙漠化过程与湖沼的萎缩和消亡有直接对应关系。湖泊沉积地层的研究表明,干旱阶段湖水干涸风沙沉积;

湿润阶段湖泊水位抬升面积扩大,风沙退缩。较长期的定位观测也显示随着湖水面的缩小,湖泊外围的下湿滩地变为干滩地,原来的干滩地变为固定半固定沙丘地;植被则经历由中生草甸至盐生草甸,再到盐生或中生灌丛的演替,进而沙舌入侵,再演化为高大的流动沙丘。统万城唐代至宋夏时期逐渐"深陷沙漠之中",与其周边湖泊的干涸及渠道的湮废有关,也说明在这一时期经历的沙漠化过程与湖沼消亡呈反向对应关系。清代放垦土地从下湿滩地 -干滩地 - 沙地,而风沙堆积则从沙地向干滩地和下湿滩地扩展[36-37]。

地表水环境的恶化是毛乌素沙地环境变化的表现之一,但同时又是植被退化和沙漠化的引致因素,其中湖泊是毛乌素沙地环境变化最敏感的响应因子和引致因素。湖泊水位下降或消亡,势必造成干滩地面积的增加,表土的含水量降低,植被覆盖度下降,干燥的地表沙层很容易在强劲风力的作用下古沙翻新。盐湖和泉眼在干涸后的很长一段时期,因地下的盐分被毛管水带到地表,而沦为盐碱地,是土地盐渍化的引致因子[38-39]。而毛乌素沙地东缘无定河与秃尾河干支流河谷阶地的积沙,与河谷深切、水量缩小有密切关系。

五、人类活动——叠加和局部主导因素

古城环境考古研究发现,毛乌素沙地的沙漠化土地并不存在围绕古城展布的格局[40]。古城是各历史时期人口聚集和生产活动集中的场所,在其使用时代,土地利用强度必定存在着由古城向外围的梯度衰减,如果是人类活动引发环境变化的话,那么植被覆盖度将由古城址向外围降低,土地沙漠化程度将逐渐递减,但事实并非如此。因而可以认定:人类活动在毛乌素沙地的环境变化过程

中并非主导因素,而是发挥着使环境变化程度加强的作用,可称为叠加作用,在较小范围和较短时段内,可能是主导因素。

　　例如,毛乌素沙地南缘及东缘山地在先秦时期确有森林(落叶阔叶林和温性针叶林)分布,而且典型植物种已有明显的次生性,说明先人的活动已使森林植被有所退化。森林植被在毛乌素沙地边缘的减少和一些乔木树种的消失,前文已证明与气候变化非常对应,应是自然因素作用所致,人类作用只是叠加因子。上世纪50~70年代,毛乌素沙地区曾有过三次大规模有组织的开荒,遥感分析表明,撂荒地上有的表现为草场的迅速恢复,有的表现为斑点状或羽毛状的草场退化,开荒活动突出表现为自然景观的破碎化,但并未引起大面积的土地沙化[41]。又如在1926年~1929年间,内蒙古南部一带连续大旱,呼和浩特气象站记录的降水量只有35.2mm~42.8mm[42],鄂尔多斯最大的湖泊红碱淖却在这一时期的形成[43],无疑要排除气候因素的作用,其他如地震、地下突水等自然原因也未见诸于记载,故此其形成可以排除自然因素。红碱淖所在的神木县尔林兔乡,东南侧的瑶镇、东北侧的中鸡镇和西侧伊金霍洛旗的新街镇,都属于光绪二十八年(1902)以后陆续放垦的牌子地,其中尔林兔乡清末才由蒙地划归神木县,陕西农民入界后主要从事农耕活动,大兴灌溉,使这一区域逐渐实现了由牧区向半农半牧区的转变。有7条季节性河流补给的红碱淖,在形成时间上与其周边由农区变为半农半牧区的时间恰好吻合,故此可认定,其形成和人类活动有密切关系。按水量平衡原理考查,红碱淖的积水成湖与其流域外围的水资源减少是相对应的。

　　人类活动的方方面面都对环境产生一定的影响。传统理论认为在我国北方农牧交错区,农垦必然造成环境破坏,游牧则使得植被恢复环境改善,但在鄂尔多斯及其周边地区,这个理论是不成立的。这一区域历史上经历了三次大的农业开发,第一次在秦代,因农业开发的成功而使之有了"新秦中"的美誉;第二次在西汉中期至东汉末,历时大约300年;第三次在明清时,大规模的要从清代中后期算起,历时大约200年。如果说畜牧业是农牧交错区休养生息的时段的话,第一次养息只有大约100年,第二次则经历了大约1500年,而且前述多种证据证明的环境恶劣阶段恰恰出现在第二个养息阶段,环境最恶化的宋夏时期不是历史上这一地区人口最多、人类活动强度最大的阶段,而是毛乌素沙地战事最频仍的时段[44-45]。种种信息都表明,不是人类活动左右毛乌素沙地的环境状况,而是环境状况左右毛乌素沙地的人类活动,在气候相对好的时段,人口众多人类活动强度较大,农业生产与畜牧业生业相得益彰;气候相对差的时段,人口密度较小,人地矛盾尖锐[46]。

宋夏时期出于战事需要、明代出于防御需要,在毛乌素沙地都有过大规模的烧荒行为。烧荒虽然可能在短时间内造成大规模的植被破坏,但对沙漠化的影响有限,原因有三:其一,生长季中植物不易燃烧,即使放火也酿不成大火灾,过火范围不会很大;其二,毛乌素沙地植被以灌木、多年生及一年生草本组成,多年生草本植物为地下芽或地面芽植物,旧叶和茎秆分解很慢,阻碍新芽生长,放火烧除老的禾草能刺激新草生长,促使牧草提前萌发;旱中生和旱生灌木的萌蘖能力很强,过火后2~3年就可恢复到此前的水平;第三,过火土地易板结并形成结皮,不易起沙。不过流动沙丘和半固定沙丘上的植被过火以后,因地表粗糙度降低,可能在冬春季节流动性加强。

对于薪柴的需求是人们采伐树木(草原和荒漠地区会挖草皮)的第一原因[47],对毛乌素沙地的环境应当也产生过或多或少的影响。据联合国世界环境与发展委员会估算,目前发展中国家使用薪柴者每人每年要烧掉木柴 350kg ~ 2900kg,考虑到本研究区冬季严寒,取暖季较长;食物中肉食比例高,加工时耗能多等因素,这里取 2500kg/人·年为薪柴消耗水平,按 100kg/亩的干草原干物质产量计算,每人每年采伐薪柴需要 25 亩地。由此推算各历史时期毛乌素周边薪柴用地的规模,人口最多的西汉时期大约需要 147 万 ha 的薪柴用地,占了这一区域总面积的 13.4%,影响程度显然不亚于农牧业生产。但是由于薪柴用地在各聚落周边,分散在广大的区域内,对环境的影响也是局地性的,古城址周边环境状况也不显示采伐活动的影响,可见采伐活动的负面影响是短期的。

古代的建筑活动、军事活动、节庆活动和丧葬活动等同样也会对当地环境产生一定的影响。例如毛乌素沙地历史上重大的建筑工程有各代城障、战国秦长城、秦直道、统万城、明边墙等,夯土板筑时要用大量木材,要取土和铲除地表植被,等等。野外考察和历史文献研究都没多少证据可以证明毛乌素古代军事要塞或古战场与环境恶化有对应关系,对于节庆及丧葬活动的环境影响目前的考古证据较少,尚难以做深入讨论。

总而言之,毛乌素沙地人类活动的环境影响在先秦时期就已出现,早期的影响程度是轻微的,是叠加在自然因素之上起作用的,不足以造成大范围、长时段的环境变化。但是,明清以来人类活动的强度逐渐增强,在控制和改变局地环境方面开始发挥出主导作用,尤其在改造水环境方面影响很强烈,进而引起地表植被和土地类型的变化。

参考文献

1 朱士光:《内蒙城川地区湖泊的古今变迁及其与农垦之关系》,《农业考古》,1982 年第 1 期。

2 罗凯等:《清代鄂尔多斯地区水文系统与水文景观》,见《鄂尔多斯高原及其邻近地区历史地理学术讨论会论文集》(内部),2007 年。

3 《嘉庆灵州志迹》16 上《艺文志》。

4 周昆叔等:《环境考古研究》,科学出版社,2000。

5 黄赐旋:《毛乌素沙地南缘全新世自然环境》,《地理研究》,1991 年第 2 期。

6 史培军:《地理环境演变研究的理论与实践——鄂尔多斯地区晚第四纪以来地理环境演变研究》,科学出版社,1991 年。

7 朱志诚:《黄土高原森林草原的基本特征》,《地理科学》,1994 年第 2 期。

8 朱志诚:《陕北黄土高原杜松疏林草原初步研究》,《林业科学》,1991 年第 4 期。

9 朱志诚:《陕北黄土高原侧柏疏林草原的初步研究》,《武汉植物学研究》,1993 年第 1 期。

10 龚高法等:《历史时期我国气候带的变迁及生物分布界限的推移》,见《历史地理(第五辑)》,上海人民出版社,1987 年。

11 李容全等:《中国北方农牧交错带全新世环境演变》,见《北方资源开发与环境研究》,海洋出版社,1992 年。

12 董光荣等:《末次间冰期以来沙漠－黄土边界带移动与气候变化》,《第四纪研究》,1997 年第 2 期。

13 张丕远:《中国历史气候变化》,山东科学技术出版社,1996 年。

14 竺可桢:《中国近五千年来气候变迁的初步研究》,《考古学报》,1972 年第 1 期。

15、33 孙继敏等:《2000aB. P. 来毛乌素地区的沙漠化问题》,《干旱区地理》,1995 年第 1 期。

16、25、32 董光荣等:《毛乌素沙漠的形成、演变和成因问题》,《中国科学(B 辑)》,1988 年第 6 期。

17 李保生等:《鄂尔多斯萨拉乌苏河地区马兰黄土与萨拉乌苏组的关系及其地质时代问题》,《地质学报》,1987 年第 3 期。

18 高尚玉:《全新世中国季风区西北边缘沙漠演化初步研究》,《中国科学(B 辑)》,1993 年第 2 期。

19、26 董光荣等:《鄂尔多斯高原晚更新世以来的古冰缘现象及其与风成沙和黄土的关系》,见《中国科学院兰州沙漠所集刊(第 3 号)》,科学出版社,1986 年。

20　朱震达等:《中国土地沙质荒漠化》,科学出版社,1994 年。

21　吴正:《风沙地貌学》,科学出版社,1987 年。

22、30　李智佩等:《毛乌素沙地东南部边缘不同地质成因类型土地沙漠化粒度特征及其地质意义》,《沉积学报》,2006 年第 2 期。

23　曹红霞等:《毛乌素沙地全新世地层粒度组成特征及古气候意义》,《沉积学报》,2003 年第 3 期。

24　涂宗浚《议筑紧要台城疏》,见《明经世文编》,卷 447。

25　王尚义:《历史时期鄂尔多斯高原农牧业的交替及其对自然环境的影响》,见《历史地理(第五辑)》,上海人民出版社,1987 年。

27　北京大学地理系等:《毛乌素沙区自然条件及其改良利用》,科学出版社,1983 年。

28　贾铁飞:《毛乌素沙地地貌发育规律及对人类生存环境的影响》,《内蒙古师范大学学报(自然科学汉文版)》,1992 年第 3 期。

29　吴正:《浅议我国北方地区的沙漠化问题》,《地理学报》,1991 年第 3 期。

31　董光荣等:《鄂尔多斯高原的第四纪古风成砂》,《地理学报》,1983 年第 4 期。

34　翟秋敏等:《内蒙古高原安固里淖 – 泊江海子全新世中晚期湖泊沉积及其气候意义》,《古地理学报》,2000 年第 2 期。

35、42　伊克昭盟地方志编撰委员会:《伊克昭盟志(第一册)》,现代出版社,1994 年。

36　肖瑞玲:《清末放垦与鄂尔多斯东南缘土地沙化问题》,《内蒙古师大学报》,2004 年第 1 期。

37　吴波等:《内蒙古沙漠化土地动态变化》,远方出版社,2001 年。

38　张强等:《毛乌素沙地土壤的持水特性研究》,《林业科学研究》,2004 年增刊(B12)。

39　黄利江等:《宁夏盐池沙地水分动态研究初探》,《林业科学研究》,2004 年增刊(B12)。

40、44　何彤慧等:《历史时期中国西部开发的生态环境背景及后果——以毛乌素沙地为例》,《宁夏大学学报(人文社会科学版)》,2006 年第 2 期。

41　张明:《榆林地区脆弱生态环境的景观格局与演化研究》,《地理研究》,2000 年第 1 期。

43　沈吉等:《湖泊沉积记录的区域风沙特征及湖泊演化历史:以陕西红碱淖湖泊为例》,《科学通报》,2006 年第 1 期。

45　吴祥定等:《历史时期黄土高原植被与人文要素的变化》海洋出版社,1994 年。

46　王铮:《历史气象变化对中国社会发展的影响》,《地理学报》,1996 年第 4 期。

47　芦琦等:《全球沙尘暴警示录》,中国环境科学出版社,2001 年。

附录1　图目

附录 2 表目

图书在版编目（CIP）数据

毛乌素沙地历史时期环境变化研究/何彤慧 王乃昂.
-北京：人民出版社，2010
（黄河文明丛书/张秀平策划）
ISBN 978-7-01-008546-3

Ⅰ.①毛…　Ⅱ.①何…②王…　Ⅲ.①毛乌素沙地-生态环境-研究
Ⅳ.P942

中国版本图书馆 CIP 数据核字（2009）第 230747 号

毛乌素沙地历史时期环境变化研究

MAOWUSU SHADI LISHISHIQI HUANJING BIANHUA YANJIU

作　　者：何彤慧　王乃昂
责任编辑：张秀平
装帧设计：徐　晖

人民出版社 出版发行

地　　址：北京朝阳门内大街 166 号
邮政编码：100706　www.peoplepress.net
经　　销：全国新华书店经销
印刷装订：永恒印刷有限公司
出版日期：2010 年 4 月第 1 版　2010 年 4 月第 1 次印刷
开　　本：880 毫米×1230 毫米　1/32
印　　张：13
字　　数：350 千字
书　　号：ISBN 978-7-01-008546-3
定　　价：35.00 元